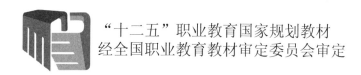

"十二五"职业教育国家规划教材
经全国职业教育教材审定委员会审定

女装 CAD 工业制板

（第2版）

陈桂林　编著

U0241423

中国纺织出版社

内 容 提 要

本书依托富怡服装 CAD 软件 V9 版本为基础平台，全面系统地介绍最新服装 CAD 技术，着重介绍如何进行女装工业制板操作。本书最大的特点是完全按照女装 CAD 工业制板模式，并遵循女装 CAD 工业制板顺序进行编写。每一款都是经过工艺成衣验证效果后，才正式将数据编录书中。每个步骤都是图文并茂进行讲解，并配有结构图、裁片图、放码图，再结合富怡服装 CAD 软件的各种功能，以具体的操作步骤指导读者进行女装 CAD 工业制板。

本书不仅是职业教育服装专业的国家级规划教材，同时也适合服装院校师生、服装企业技术人员、短期培训学员作为学习教材。也可作为服装企业提高从业人员技术技能的培训教材，对广大服装爱好者也有参考价值。

图书在版编目（CIP）数据

女装 CAD 工业制板 / 陈桂林编著 . —2 版 .—北京：中国纺织出版社，2015.6（2022.10重印）

"十二五"职业教育国家规划教材

ISBN 978-7-5180-1493-4

Ⅰ.①女… Ⅱ.①陈… Ⅲ.①女服—计算机辅助设计—高等职业教育—教材 Ⅳ.① TS941.717-39

中国版本图书馆 CIP 数据核字（2015）第 067612 号

策划编辑：华长印　责任编辑：裘 康　责任校对：余静雯
责任设计：何 建　责任印制：储志伟

中国纺织出版社出版发行
地址：北京市朝阳区百子湾东里 A407 号楼　邮政编码：100124
销售电话：010—67004422　传真：010—87155801
http://www.c-textilep.com
E-mail：faxing@c-textilep.com
中国纺织出版社天猫旗舰店
官方微博 http://weibo.com/2119887771
三河市宏盛印务有限公司印刷　各地新华书店经销
2012年1月第1版　2015年6月第2版　2022年10月第5次印刷
开本：787×1092　1/16　印张：21.25
字数：338千字　定价：39.80元（附赠光盘）

出版者的话

　　全面推进素质教育，着力培养基础扎实、知识面宽、能力强、素质高的人才，已成为当今职业教育的主题。教材建设作为教学的重要组成部分，如何适应新形势下我国教学改革要求，与时俱进，编写出高质量的教材，在人才培养中发挥作用，成为院校和出版人共同努力的目标。2012 年 11 月，教育部颁发了教高［2012］21 号文件《教育部关于印发第一批"十二五"普通高等教育本科国家级规划教材书目的通知》（以下简称《通知》），明确指出我国本科教学工作要坚持育人为本，充分发挥教材在提高人才培养质量中的基础性作用。《通知》提出要以国家、省（区、市）、高等学校三级教材建设为基础，全面推进，提升教材整体质量，同时重点建设主干基础课程教材、专业核心课程教材，加强实验实践类教材建设，推进数字化教材建设。要实行教材编写主编负责制，出版发行单位出版社负责制，主编和其他编者所在单位及出版社上级主管部门承担监督检查责任，确保教材质量。要鼓励编写及时反映人才培养模式和教学改革最新趋势的教材，注重教材内容在传授知识的同时，传授获取知识和创造知识的方法。要根据各类普通高等学校需要，注重满足多样化人才培养需求，教材特色鲜明、品种丰富。避免相同品种且特色不突出的教材重复建设。

　　随着《通知》出台，教育部组织制订了"十二五"职业教育教材建设的若干意见，并于 2012 年 12 月 21 日正式下发了教材规划，确定了 1102 种"十二五"国家级教材规划选题。我社共有 47 种教材被纳入国家级教材规划，其中本科教材 16 种，职业教育 47 种。16 种本科教材包括了纺织工程教材 7 种、轻化工程教材 2 种、服装设计与工程教材 7 种。为在"十二五"期间切实做好教材出版工作，我社主动进行了教材创新型模式的深入策划，力求使教材出版与教学改革和课程建设发展相适应，充分体现教材的适用性、科学性、系统性和新颖性，使教材内容具有以下几个特点：

　　（1）坚持一个目标——服务人才培养。"十二五"职业教育教材建设，要坚持育人为本，充分发挥教材在提高人才培养质量中的基础性作用，充分体现我国改革开放 30 多年来经济、政治、文化、社会、科技等方面取得的成就，适应不同类型高等学校需要和不同教学对象需要，编写推介一大批符合教育规律和人才成长规律的具有科学性、先进性、适用性的优秀教材，进一步完善具有中国特色的普通高等教育本科教材体系。

（2）围绕一个核心——提高教材质量。根据教育规律和课程设置特点，从提高学生分析问题、解决问题的能力入手，教材附有课程设置指导，并于章首介绍本章知识点、重点、难点及专业技能，增加相关学科的最新研究理论、研究热点或历史背景，章后附形式多样的习题等，提高教材的可读性，增加学生学习兴趣和自学能力，提升学生科技素养和人文素养。

（3）突出一个环节——内容实践环节。教材出版突出应用性学科的特点，注重理论与生产实践的结合，有针对性地设置教材内容，增加实践、实验内容。

（4）实现一个立体——多元化教材建设。鼓励编写、出版适应不同类型高等学校教学需要的不同风格和特色教材；积极推进高等学校与行业合作编写实践教材；鼓励编写、出版不同载体和不同形式的教材，包括纸质教材和数字化教材，授课型教材和辅助型教材；鼓励开发中外文双语教材、汉语与少数民族语言双语教材；探索与国外或境外合作编写或改编优秀教材。

教材出版是教育发展中的重要组成部分，为出版高质量的教材，出版社严格甄选作者，组织专家评审，并对出版全过程进行过程跟踪，及时了解教材编写进度、编写质量，力求做到作者权威，编辑专业，审读严格，精品出版。我们愿与院校一起，共同探讨、完善教材出版，不断推出精品教材，以适应我国职业教育的发展要求。

中国纺织出版社

教材出版中心

前言

　　随着科学技术的发展及人民生活水平的提高，消费者对服装品位的追求发生着显著的变化，促使服装生产向小批量、多品种、高质量、短周期的方向发展。这就要求服装企业必须使用现代化的高科技手段，加快产品的开发速度，提高快速反应能力。服装CAD技术是计算机技术与服装工业结合的产物，它是企业提高工作效率、增强创新能力和市场竞争力的一个有效工具。目前，服装CAD系统的工业化应用日益普及。

　　服装CAD技术的普及有助于增强设计与生产之间的联系，有助于服装生产企业对市场的需求做出快速反应。同时服装CAD系统也使得生产工艺变得十分灵活，从而使服装企业的生产效率、对市场敏感性及在市场中的地位得到显著提高。服装企业如果能充分利用计算机技术，必将会在市场竞争中处于有利地位，并能取得显著的效益。

　　传统的服装教学，远远不能满足现代服装企业的用人需求。现代服装企业不仅需要实用的技术人才，更需要有技术创新的人才和能适应服装现代技术发展的人才。为了满足现代服装产业发展的需要，本书采用工业化服装CAD打板模式进行编写，并遵循工业服装CAD制板顺序进行编排。每一款都是经过工艺成衣验证效果后，才正式将数据编录书中。

　　本书采用国内市场占有率较高的富怡服装CAD软件作为实操讲解。本书所有纸样均采用工业化模板1∶1比例绘制，然后按等比例缩小。保证了所有图形清晰且不会失真。同时，本书根据服装纸样设计的规律和服装纸样放缩的要求，抛开了纸样设计方法上的差异，结合现代服装纸样设计原理与方法，科学地总结了一整套纸样独特打板方法。此方法突破了传统方法的局限性，能够很好地适应各种服装款式的变化和不同号型标准的纸样放缩，具有原理性强、适用性广、科学准确、易于学习掌握的特点，便于在生产实际中应用。

　　本书的编写紧紧围绕"学以致用"的宗旨，尽可能将教材编写得通俗易懂，便于自学。本书不仅是职业教育服装专业的国家级规划教材,同时也是社会培训机构、服装企业技术人员、服装爱好者、初学者的学习参考工具书。

本书在编写过程得到了富怡集团董事长李晋宁、教育事业部总经理高雪源等朋友的热心支持。在此表示感谢！由于编写时间仓促，本书难免有不足之处，敬请广大读者和同行批评赐教，提出宝贵意见，以便于本书的再版修订，将不胜感激。

2015年1月于深圳

《女装CAD工业制板》教学内容及课时安排

章/课时	课程性质/课时	节	课程内容
第一章 （6课时）	基础篇 （12课时）		· 女装工业制板概述
		一	女装工业样板的概念及作用
		二	女装制图符号与制图代号
		三	女装成衣尺寸的制定原理
第二章 （6课时）			· 服装CAD概述
		一	认识服装CAD
		二	服装CAD系统硬件
		三	服装CAD的发展现状与趋势
第三章 （18课时）	原理篇 （18课时）		· 富怡V9服装CAD系统
		一	富怡V9服装CAD系统的特点与安装
		二	富怡V9服装CAD系统专业术语与快捷键介绍
		三	开样与放码系统功能介绍
		四	排料系统功能介绍
		五	常用工具操作方法介绍
		六	读图与点放码功能介绍
第四章 （8课时）	入门篇 （20课时）		· 服装CAD原型制板与转省应用
		一	新文化式服装原型绘制
		二	服装CAD转省应用
第五章 （12课时）			· 女装CAD快速入门
		一	女装CAD制板
		二	女装CAD推板
		三	女装CAD排料
第六章 （16课时）	实操篇 （60课时）		· 女裙CAD制板
		一	直筒裙
		二	褶裙
		三	拼接裙
		四	时装裙

章/课时	课程性质/课时	节	课程内容
第七章 （16课时）	实操篇 （60课时）		· 女裤 CAD 制板
		一	直筒裤
		二	牛仔裤
		三	无侧缝休闲裤
		四	时装短裤
第八章 （16课时）			· 女上装 CAD 制板
		一	女西服
		二	连衣裙
		三	时装棉衣
		四	休闲大衣
第九章 （12课时）			· 工业样板制作流程与管理知识
		一	工业样板的基本概念
		二	工业样板制作流程
		三	工业样板检查与复核
		四	板房管理知识

注 各院校可根据自身的教学特色和教学计划对课程时数进行调整。

目录

基础篇——

女装工业制板概述

> **课题名称：** 女装工业制板概述
>
> **课题内容：** 1. 女装工业样板的概念及作用。
>
> 2. 女装制图符号与制图代号。
>
> 3. 女装成衣尺寸的制定原理。
>
> **课题时间：** 6课时
>
> **训练目的：** 1. 了解女装工业样板的概念及作用。
>
> 2. 掌握女装制图符号与制图代号。
>
> 3. 掌握女装成衣尺寸的制定原理。
>
> **教学方式：** 讲授法、举例法、示范法、启发式教学、现场实训教学相结合。
>
> **教学要求：** 1. 让学生了解女装工业样板的概念及作用。
>
> 2. 让学生掌握女装制图符号与制图代号。
>
> 3. 让学生掌握女装成衣尺寸的制定原理。

第一章　女装工业制板概述

女装工业制板是建立在批量测量人体并加以归纳总结的基础上，其裁剪要以批量测量后归纳出的系列数据为依托。该类型的裁剪最大限度地保持了消费者群体体态的共同性与差异性的对立统一。

女装工业化生产通常都是批量生产，从经济角度考虑，服装企业自然希望用最少的规格覆盖最多的消费群体。但是，规格过少意味着抹杀群体的差异性，因而要设置较多数量的规格，制成规格表。值得指出的是：规格表当中的大部分规格都是归纳过的，是针对群体而设的，并不能很理想地适合单个个体，只可以一定程度地符合个体。

在服装企业生产过程中，服装工业制板或工业纸样是依据规格尺寸绘制基本的中间标准纸样（或最大、最小的标准纸样），并以此为基础按比例放缩推导出其他规格的纸样。

第一节　女装工业样板的概念及作用

女装工业纸样是为服装工业化大生产提供符合款式要求、面料要求、规格尺寸和工艺要求的可用于裁剪、缝制与整理的全套工业纸样（样板）。

女装工业制板是在女装设计这一个系统工程中，由分解立体形态产生平面制图到加放缝份产生样板的过程。是建立在批量测量人体并加以归纳总结得到的系列数据基础上的裁剪方法，它最大限度地保持群体体态的公共性与差异性的对立统一。

女装工业推板：为满足不同消费者的年龄、体型特征和穿衣习惯，同一规格的服装需要制作系列规格或不同号型。工业推板就是以中间规格标准样板为基础，兼顾各个规格或号型系列之间的关系，通过科学计算，正确合理的分配尺寸，绘制出各规格或号型系列的裁剪用样板的方法。

一、服装号型标准的概念

1.服装号型标准设置的意义

服装的工业化生产，要求相同款式的服装生产多种规格的产品并组织批量生产，以满足不同体型的穿着需求。服装号型规格正是为满足这一需求而产生的。初期的服装号型规格是各地区、各厂家根据本地区及本企业的特点制定的。随着工业化服装生产的不断发展，区域的界线逐渐模糊，商品流通范围不断扩大，消费者对产品规格的要求日益提高。为了促进服装业的发展，便于组织生产及商品流通，需将各地区、各企业的号型规格加以统一规范。因此，根据我国服装生产的现状及特点，制定了全国统一的服装号型标准。1991 年正式颁布实施，GB1335—1991《服装号型》国家标准，随后又在该标准基础之上，进行了修订，使之更加科学、实用，并向国际服装号型标准靠拢，于 1997 年颁布实施了 GB1335—1997《服装号型》国家标准。2008 年进行了再次的修订，并颁布实施了 GB1335—2008《服装号型》国家标准。

号型标准中提供了科学的人体结构部位参考尺寸及规格系列设置，可由服装设计师或纸样设计师根据目标市场的具体情况采用。号型标准是设计、生产和流通领域的技术标志和语言。服装企业根据号型标准设计生产服装，消费者根据号型标志购买尺寸规格适合于自身穿着的服装。因此，服装设计者及生产者应正确地掌握和了解号型标准的全部内容。

2. 服装号型标准的概念

（1）号：指人体的身高，以 cm 为单位，是设计和购买服装时长短的依据。

（2）型：指人体的胸围或腰围，以 cm 为单位，是设计和购买服装时胖瘦的依据。

（3）体型：仅用身高和胸围还不能很好地反映人体的形态差异，因为具有相同身高和胸围的人，其胖瘦形态也可能会有较大差异。按照一般规律，体胖者腹部一般较丰满，胸腰的差值较小。因此，新的号型标准以人体的胸围与腰围的差数为依据，将人体体型分为 Y、A、B、C 四种类型。从 Y 型到 C 型胸腰差值依次减小，Y 体型为瘦体型，A 体型为正常体；B 体型为胖体型；C 体型为肥胖体。A 体型的覆盖率最高。各体型的胸腰差值见表 1-1。

表 1-1　体型分类和胸腰落差值 单位：cm

体型代码	Y（瘦体型）	A（正常体）	B（胖体型）	C（肥胖体）
大概所占比例（%）	21	47	18	14
女子	19 ~ 24	14 ~ 18	9 ~ 13	4 ~ 8
男子	17 ~ 22	12 ~ 16	7 ~ 11	2 ~ 6

3. 服装号型的标志

服装号型表示方法：号与型用斜线隔开，后接人体分类，例如：上装 160\84A 表示该服装适合于身高为 158 ~ 162cm，胸围为 82 ~ 86cm，体型为 A 的人穿着；下装 160\68A 表示该服装适合身高为 158 ~ 162cm，腰围为 66 ~ 70cm，体型为 A 的人穿着。

二、服装号型系列设置

1. 分档范围

（1）基本部位规格分档范围：人体尺寸规格分布是在一定范围内的，号型标准并不包括所有的穿着者，只包括绝大多数穿着者。因此，服装号型对身高、胸围和腰围确定了分档范围，超出此范围的属于特殊体型（表1-2）。

表1-2 基本部位规格分档范围　　　　　　单位：cm

部位	身高	胸围	腰围
女子	145 ~ 175	68 ~ 108	50 ~ 102
男子	150 ~ 185	72 ~ 112	56 ~ 108

（2）中间体：根据人体测量数据，按部位求得平均数，并参考各部位的平均数确定号型标准的中间体。人体基本部位测量数据的平均值和基本部位的中间体确定值，分别见表1-3和表1-4。一般情况下，应尽量以成衣规格的中间号型制作基码（又称母板）。以减少放缩时产生的累计误差。

表1-3 人体基本部位平均值　　　　　　单位：cm

部位		Y（瘦体型）	A（正常体）	B（胖体型）	C（肥胖体）
女子	身高	157.13	157.11	156.16	154.89
	胸围	83.43	82.26	83.03	85.78
男子	身高	169.16	169.03	165.14	166.01
	胸围	86.79	84.76	86.48	91.22

表1-4 人体基本部位中间体确定值　　　　　　单位：cm

部位		Y（瘦体型）	A（正常体）	B（胖体型）	C（肥胖体）
女子	身高	160	160	160	160
	胸围	80	84	88	92
男子	身高	170	170	170	170
	胸围	84	88	92	96

2. 服装号型系列设置

（1）5.4系列：体高按5cm分档，胸围或腰围按4cm分档（又称推板）。

（2）5.2系列：体高按5cm分档，腰围按2cm分档（又称推板）。

5.2系列与5.4系列配合使用，5.2系列只用于下装。

跳档数值又称为档差。以中间体为中心，向两边按档差依次递增或递减，形成不同的号和型，号与型进行合理的组合与搭配形成不同的号型，号型标准中给出了可以采用的号型系列。

3. 控制部位

（1）人体控制部位：仅有身高（颈椎高和头高构成）、胸围、腰围和臀围还不能很好地反映人体的结构规律，不能很好地控制服装的尺寸规格，也不能很好地控制服装的款式造型。因此，还需要增加一些人体部位尺寸作为服装控制部位尺寸规格。根据人体的结构规律和服装的结构特点，号型标准中确定了 10 个控制部位，并把其分为高度系列和围度系列，其中头高、身高、胸围和腰围又定义为基本部位，见表 1-5。各部位测量方法见表 1-6。

表 1-5　人体控制部位

高度	头高	身高	颈椎点高	坐姿颈椎点高	腰围高	手臂长
围度	胸围	腰围	臀围	颈围	臂围	总肩宽

表 1-6　测量示意表

序号	部位	被测者姿势	测量方法
1	身高	赤足取立姿放松	用皮尺从头顶垂直量至人体足跟骨（地面）
2	颈椎点高	赤足取立姿放松	用自第七颈椎点量至地面的垂直距离
3	坐姿颈椎点高	取坐姿放松	用皮尺从颈椎点量至凳面的垂直距离
4	手臂长	取立姿放松	用皮尺从肩端点量至手臂腕关节的直线距离
5	腰围高	赤足取立姿放松	用皮尺从腰围垂距量至人体足跟骨（地面）
6	胸围	取立姿正常呼吸	用皮尺经人体胸点的水平测量一周的围度
7	颈围	取立姿正常呼吸	用皮尺从第七颈椎点处绕颈一周所得的围度
8	总肩宽	取立姿放松	用皮尺测量左右肩端点间的水平距离
9	腰围	取立姿正常呼吸	用皮尺经腰部最细点的水平测量一周的围度
10	臀围	取立姿放松	用皮尺经臀围最丰满处的水平测量一周

（2）女子人体控制部位数值表（表 1-7）。

表 1-7　女子 5.4A 号型系列控制部位的数值

单位：cm

部位		控制部位的数值				档差
长度部位	身高	155	160	165	170	5
	颈椎高	130	134	138	142	4
	头高	25	26	27	28	1
	腰节高	39	40	41	42	1
	背长	36	37	38	39	1
	手臂长	50.5	52	53.5	55	1.5
	肩至肘	29	29.5	30	30.5	0.5
	腰至臀	17.5	18	18.5	19	0.5
	腰至膝	54	55.5	57	58.5	1.5
	腰至足跟	97	100	103	106	3

续表

部位		控制部位的数值				档差
宽度部位	肩宽	37	38	39	40	1
	胸宽	32	33	34	35	1
	背宽	34	35	36	37	1
	乳宽	17.5	18	18.5	19	0.5
围度部位	颈围	33	34	35	36	1
	胸围	80	84	88	92	4
	腰围	64	68	72	76	4
	臀围	86	90	94	98	4
	臂根围	25	26	27	28	1
	腕围	15	16	17	18	1

第二节　女装制图符号与制图代号

一、女装常用制图符号表（表1-8）

表1-8　女装常用制图符号

序号	名称	符号形式	符号含义
1	粗实线（轮廓线）		表示完成线，是纸样制成后的外部轮廓线
2	细实线（辅助线）		是制图过程中的基础线，对制图起到辅助作用
3	等分线		表示线段被分为二段或多段
4	虚线		用于缉明线或装饰线
5	等长		表示两条线段长度相等
6	等量	△ ○ □ ⊰ ⊘ // ……	表示两个或两个以上部位等量
7	直角		表示二条相交线呈垂直90度
8	重叠		表示有交叠或重叠的部分
9	剪切		剪切箭头指向要剪切的部位

续表

序号	名称	符号形式	符号含义
10	合并		表示二个纸样裁片相连或合并
11	距离线		表示两点或两段间的距离
12	定位号 （锥眼符号）		纸样上的部位标注记号，如袋位、省尖位置等
13	纱向线		表示对应布料的经向
14	倒顺线		顺毛或图案的正立方向
15	省		表示省的位置和形状
16	褶裥		表示褶裥的位置和形状
17	缩褶		表示吃势、容位、缩缝
18	拔开		指借助一定的温度和工艺手段将缺量拔开
19	归拢		指借助一定的温度和工艺手段将余量归拢
20	对位 （吻合标记）		表示纸样上的两个部位缝制时需要对位
21	扣眼 （纽门）		表示扣眼的形状或位置
22	纽扣		表示纽扣的形状或位置
23	正面标记		表示面料的正面
24	反面标记		表示面料的反面

续表

序号	名称	符号形式	符号含义
25	罗纹标记		表示此处缝合裁片是罗纹
26	省略符号		表示省略长度
27	双折线		表示有折边或双折的部分
28	对条		表示裁片需要对条
29	对格		表示裁片需要对格
30	对花		表示裁片需要对花
31	净样符号		表示未加缝份的纸样
32	毛样符号		表示带有缝份的纸样
33	拉链符号		表示此处装拉链
34	花边符号		表示此处有装饰花边
35	斜纹符号		表示面料斜裁
36	平行符号		表示两条直线或弧线间距相等
37	引出符号		表示此处要特殊说明
38	明褶符号		表示褶量在外的折裥
39	暗褶符号		表示褶量在内的折裥
40	黏合衬符号		表示此处有黏合衬
41	明线宽		表示此处缉明线及明线宽度
42	否定符号		表示些处有关内容作废

二、常用服装部位制图英文代号（表1-9）

表1-9 常用服装部位制图英文代号

序号	部位名称	英文全称	英文代号
1	胸围	Bust Girth	B
2	腰围	Waist Girth	W
3	臀围	Hip Girth	H
4	胸围线	Bust Line	BL
5	腰围线	Waist Line	WL
6	臀围线	Hip Line	HL
7	膝围线	Knee Line	KL
8	肘围线	Elbow Line	EL
9	前胸宽	Front Bust Width	FBW
10	后背宽	Back Bust Width	BBW
11	袖窿（夹圈）	Arm Hole	AH
12	后中颈点	Back Neck Point	BNP
13	前颈点	Front Neck Point	FNP
14	肩端点	Shoulder Point	SP
15	肩宽	Shoulder Width	SW
16	胸（高）点	Bust Point	BP
17	头围	Head Size	HS
18	前中心线	Front Centre Line	FCL
19	后中心线	Back Centre Line	BCL
20	袖长	Sleeve Length	SL
21	反面	Wrong Side	WS
22	长度	Length	L
23	裙子	Skirt	S
24	裤子	Pants	P
25	上衣	Coat	C
26	领围	Neck Girth	N
27	摆围	Thigh	TH
28	长度（外长）	Length	L
29	长度（内长）	Inseamleg	I
30	前浪	Front Rise	FR

续表

序号	部位名称	英文全称	英文代号
31	后浪	Back Rise	BR
32	脚口	Foot Girth	F
33	袖口	Cuff	C
34	袖长	Under Armsem	UA
35	帽高	Head Height	HH
36	帽宽	Head Width	HW
37	袖肥	Muscle	M
38	袖山高	Sleeve Cap Height	SCH
39	背长	Back Length	BL
40	省位	Dart Line	DL

第三节 女装成衣尺寸的制定原理

女装的规格尺寸是在人体基本尺寸的基础上，根据不同的款式，加上合适的宽松量。女装的规格尺寸一旦确定以后，它就是女装工业生产的重要技术依据。在有些客户的规格尺寸表上，在标出规格尺寸外，还会标出主要的躯体尺寸。如果需要，可以根据躯体尺寸，判断规格尺寸的正确与否。

在工业化生产中，女装的规格尺寸和实际的服装生产过程中总是有差异的，所以在客户的尺寸表上，给出了允许范围内的公差量 TOL（Tolerance）。女装的实际生产规格尺寸只要在规定的允许范围内的公差量，其尺寸就是可以接受的。在服装成衣的品质管理中，确保服装的制造尺寸符合规格尺寸是很重要的。尺寸过大或过小，都会影响穿着，影响服装的合体性。

号型标准中提供了科学的人体结构部位参考尺寸及规格系列设置，可由服装设计师或纸样设计师根据目标市场的具体情况采用。号型标准是设计、生产和流通领域的技术标志和语言。服装企业根据号型标准设计生产服装，消费者根据号型标志购买尺寸规格适合于自身穿着的服装。因此，服装设计者及生产者应正确地掌握和了解号型标准的全部内容。

一、构成女装成衣尺寸依据

1. 放松量

（1）放松量相关要素（表1-10）。

表 1-10　放松量相关要素

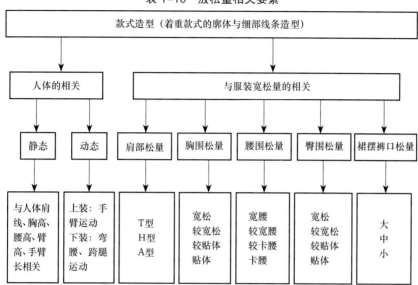

（2）决定衣服长度比例尺寸（对设计图宽松量的审视）：

①对胸部宽松量的审视（表 1-11）。

表 1-11　对胸部宽松量的审视

胸围 –（净胸围 + 内衣厚）	完全掩盖人体胸部曲线 + ≥ 20cm	宽松风格
	稍显人体胸部曲线 +15 ~ 20cm	较宽松风格
	显示人体胸部曲线 +10 ~ 15cm	较贴体风格
	充分显示人体胸部曲线 + < 10cm	贴体风格

②对腰部吸腰量的审视（表 1-12）。

表 1-12　对腰部吸腰量的审视

腰围 –（净腰围 + 内衣厚） 或 $\dfrac{胸围 - 腰围}{2}$	腰部呈直筒形 ≈ 0cm	宽腰风格
	腰部省道数 × ≤ 1.5cm	较宽腰风格
	腰部省道数 × ≤ 2cm	较吸腰风格
	腰部省道数 × ≤ 2.5cm	吸腰风格

③对臀围宽松量的审视（表 1-13）。

表 1-13　对臀围宽松量的审视

臀围 –（净臀围 + 内衣厚） 或 $\dfrac{胸围 - 腰围}{2}$	臀部扩张量 < 2cm	贴臀型风格
	臀部扩张量 =2 ~ 4cm	较外扩型风格
	臀部扩张量 ≥ 4cm	外扩型风格

2. 舒适量（舒适量也是放松量）

（1）静态舒适量：包括服装穿着时与人体之间必要透气空隙和非压力空隙。静态舒适量胸围部分一般要追加净胸围的 6% ~ 8%。

（2）动态舒适量：包括人体运动时，服装个方位所牵引的量。

服装规格来源于人体尺寸，但不等于人体尺寸，是以人体尺寸作基础，为了满足人体活动的需要，为了容纳内衣层次的需要，为了表现服装形态造型效果的需要，因此在人体净体值的基础上，需要加上一定的放松量，才能得到服装的成品规格尺寸。于是就有：人体净体值＋服装放松量＝服装成品规格的说法。服装放松量包括人体的运动量、容纳内衣层次的需要间隙量、服装风格设计量、服装材料的质地性能所需的伸缩量等。

一件服装穿着后，合体效果如何，活动是否舒适，外形效果是否得到充分体现。在一定程度上往往是取决于服装成品规格设计的正确与否。而服装规格尺寸设计的成败，获得精确的人体数据固然重要，关键还在于如何准确的设计服装放松量。

如何准确的设计服装的放松量是服装成品规格设计的关键，是人们在认识服装与人体关系基础上，再考虑服装穿着对象、品种用途、款式造型等特点基础上，为具体的服装产品设计出相应的加工数据。采用"量化"形式表现服装款式造型，品牌用途和穿着对象特征的重要技术设计内容。而准确的"量化"数据也真实地反映了设计师们的综合素质。

我们现在都能够理解并认识到服装规格放松量与人体活动、与款式造型特点、与所选面辅材料的性能、与工艺生产方式、还与穿着者的年龄、性别、胖瘦、喜好以及流行特征等等诸多因素息息相关。因此具有良好的理论基础、正确的思维方式还不够，更为重要的是在实际生产制作时要能够熟练的操作运用起来。

往往看上去很容易理解明白，可就是在实际运用的时候不能肯定，似懂非懂、举棋不定。这是因为缺少对实物（成衣）的直观解析，不能及时地将放松量直接地反映到某成品的服装上，仅凭借老师的举例，自己想象性地来感觉放松量的效果，是不具体的。这实际上这就是典型的没有实践经验，不能将放松量这一量化的数值与成品出来的穿着效果对应。因此一定要提高自己的审美情趣、视觉量化的能力。服装放松量这一量化的数据并非脱离现实、冥思苦想所能达到的。任何技术类的课题都是需要实践才能得真知的。

倘若"人体净体值＋服装放松量＝服装成品规格"是一个数学公式的话，那么就有：服装成品规格－人体净体值＝服装放松量。

我们现在可以动手了，将自己或家人平常穿着的一些服装进行分类，比如找出几件连衣裙，各种造型风格的（这样有助于对不同造型风格服装的放松量进行对比），合体的、紧身的、宽松的等。将衣服本身各个部位的尺寸量出来，再减去穿着者的人体的净体值，就可以得到这类服装放松量，再将这个衣服穿在身上，对着镜子进行全面审视，结合款式特点、面料的特性、内衣的层差、工艺的方式、造型效果等，对服装的整体效果进行全面的记忆，再结合此前量到的这件衣服的放松量，深度地来体会该放松量在这类服装中的表现效果。这样多点练习，你就会对放松量这一量化数据有所感觉，因为这个方法比任何方法的周期都短，既直接又可行。

服装设计师、服装纸样设计师们要想准确的设计服装规格放松量，就得在平时要注意积累大量的经验数据，让每一次的样衣制作都成为你总结和积累经验的机会。要验证、追踪自己"量化"的放松量，审视其在成品中的最终表现，一定要注意到成衣规格中的微小变化现象，这样会给服装板型改进带来意想不到的作用。为下次的制作提供可靠的参考资料。

3.服装的变形

服装在制作过程中，由于各种外力的作用会产生不同的外形变化，这与人的穿着方式及服装的材质有一定的关系。

（1）人体尺寸与服装规格相匹配的关系不同，引起服装的变形不同。

（2）人体各部位所处服装材料、织纹不同，变形量不同。

（3）人体运动时各部位运动量不同造成变量不同。

（4）同种材料相同宽松量，服装结构不同引起的变化量不同。

二、女装成衣的放松量

（1）成衣尺寸的构成。成衣尺寸是净体的人体尺寸加上放松量，放松量包括：呼吸量、运动量、设计量等。方法包括：放宽后背、加大袖宽、增加衣身围度、改用弹性面料等。例如合体女西装的放松量（胸围）：8 ~ 12cm；休闲女西装的放松量（胸围）：13 ~ 18cm。

（2）放松量的产生。我们经过反复试验得出来一个结果：依胸围90cm为例，在此基础上加放10cm的放松量。即得出10cm的放松量离人体胸围一周的空隙为1.6cm。若一件衬衣的厚度为0.2cm，一件毛衣的厚度为0.4cm以此计算得出可以穿3 ~ 5件衣服（表1–14）。

表 1–14　放松量与空隙量的换算

放松量	4	6	8	10	12
空隙量	0.6	1	1.3	1.6	2
放松量	14	16	18	20	22
空隙量	2.2	2.5	2.9	3.1	3.5

由于人体运动，呼吸，体表伸缩，皮肤堆积，必须加一定的余量，这全余量就是放松量，成衣的放松量除了要考虑以上几个因素外，还要考虑服装的季节，内外层次，面料质地流行倾向等因素。

三、放松量确定的原则

1.体形适合原则

肥胖体形的服装放松量要小些、紧凑些,瘦体型的人放松量可大些,以调整体形的缺陷。

2. 款式适合原则

决定放松量的最主要因素是服装的造型，服装的造型是指人穿上衣服后的形状，它是忽略了服装各局部的细节特征的大效果，服装作为直观形象，出现在人们的视野里的首先是其轮廓外形。体现服装廓型的最主要的因素就是肩、胸、腰、臀、臂及底摆的尺寸。

3. 合体程度原则

真实地表现人体，尽量使服装与人体形态吻合的紧身型服装，放松量小些；含蓄地表现人体，宽松、休闲、随意性的服装，放松量则大些。

4. 板型适合原则

不同板型其各部位的放松量是不同的，同一款式，不同的人打出的板型不同，最后的服装造型也千差万别，简洁贴体的制板，严谨的服装、有胸衬造型的服装放松量要小些，单衣、便服要大些。

5. 面料厚薄原则

厚重面料放松量要大些、轻薄类面料的放松量要小些。

思考与练习题

1. 简述女装工业样板的概念与作用有哪些？

2. 根据所学的女装成衣尺寸的制定原理，制定出女衬衫、连衣裙、女西服、大衣的成衣尺寸。

基础篇——

服装CAD概述

第二章　服装 CAD 概述

服装 CAD 是计算机辅助设计（Computer-Aided Design）的简称，对于服装产业来说，服装 CAD 的应用已经成为历史性变革的标志，同时也将一个工业化基础薄弱的传统产业，变成了先进的允满时尚和现代感的产业。

服装 CAD 是利用人机交互的手段，充分利用计算机的图形学、数据库，网络的高新技术与设计师的完美构思，创新能力、经验知识的完美组合，来降低生产成本，减少工作负荷、提高设计质量，大大缩短了服装的从设计到投产的过程。

第一节　认识服装 CAD

近年来，国际服装行业的发展趋势明显呈现：服装流行的周期缩短，款式个性化及多样化进一步加强的趋势发展。表现在服装生产企业的特点是：服装生产多品种少批量。由于款式的增多，会给生产企业带来较大的样板设计特别是规格放缩（即推板）的工作压力，样板设计及其相关工作往往成为生产的瓶颈。

基于现代化的计算信息技术的发展，美国在 20 世纪 80 年代就曾经提出过敏捷制造策略 DAMA（Demand Activated Manufacturing Architecture）。使用这一策略，使美国、德国、日本等发达国家都实现了不同程度的生产效率的提高。

服装 CAD 作为计算信息技术的一个方面，在服装生产及信息化发展过程中占据着无可替代的作用，成为服装企业必备的重要工具。目前，我国 50% 左右的服装企业都引进了服装 CAD 系统。服装 CAD 系统是计算机技术与纺织服装工业结合的产物，它是应用于设计、生产、管理、市场等各个领域的现代化的高科技工具。

随着计算机技术的发展及人民生活水平的提高，消费者对服装品位的追求发生着显著的变化，促使服装生产向着小批量、多品种、高质量、短周期的方向发展。这就要求服装企业必须使用现代化的高科技手段，加快产品的开发速度，提高快速反应能力。服装 CAD 技术是计算机技术与服装工业结合的产物，它是企业提高工作效率、增强创新能力和市场竞争力的一个有效工具。目前，服装 CAD 系统的应用日益普及。

CAD/CAM 是计算机辅助设计（Computer-Aided Design）和计算机辅助生产（Computer-Aided Manufacture）这两个概念的缩略形式。CAD 一般用于设计阶段，辅助产品的创作过程，而 CAM 则用于生产过程，用于控制生产设备或生产系统，如：制板、推板、排料和裁剪。服装 CAD ／ CAM 系统有助于增强设计与生产之间的联系，有助于服装生产厂商对市场的需求做出快速反应。同时服装 CAD 系统也使得生产工艺变得十分灵活，从而使公司的生产效率、对市场敏感性及在市场中的地位得到显著提高。服装企业如果能充分利用计算机技术，必将会在市场竞争中处于有利地位，并能取得显著的效益。

　　服装 CAD 系统主要包括两大模块，即：服装设计模块、辅助生产模块。其中设计模块又可分为面料设计（机织面料设计、针织面料设计、印花图案设计等）、服装设计（服装效果图设计、服装结构图设计、立体贴图、三维设计与款式设计等）；辅助生产模块又可分为面料生产（控制纺织生产设备的 CAD 系统）、服装生产（服装制板、推板、排料、裁剪等）。

一、计算机辅助设计系统

　　所有从事面料设计与开发的人员都可借助 CAD 系统，进行高效快速的效果图展示及色彩的搭配和组合。设计师不仅可以借助 CAD 系统充分发挥自己的创造才能，同时，还可借助 CAD 系统做一些费时的重复性工作。面料设计 CAD 系统具有强大而丰富的功能，设计师利用它可以创作出从抽象到写实效果的各种类型的图形图像，并配以富于想象的处理手法。

　　如图 2-1 所示，服装设计师使用 CAD 款式设计系统，借助其强大的立体贴图功能，

图2-1　富怡服装款式设计系统

完成比较耗时的修改色彩及修改面料之类的工作。这一功能可用于表现同一款式、不同面料的外观效果。实现上述功能，操作人员首先要在照片上勾画出服装的轮廓线，然后利用软件工具设计网格，使其适合服装的每一部分。几乎在所有服装公司中比较耗资的工序是样衣制作。公司经常要以各种颜色的组合来表现设计作品，如果没有 CAD 系统，在对原始图案进行变化时要经常进行许多重复性的工作。借助立体贴图功能，二维的各种织物图像就可以在照片上展示出来，节省了大量生产试衣的时间。此外，许多 CAD 系统还可以将织物变形后覆于照片中的模特身上，以展示成品服装的穿着效果。服装公司通常可以在样品生产出来之前，采用这一方法向客户展示设计作品。

二、计算机辅助生产系统

如图 2-2、图 2-3 所示，在服装生产方面，CAD 系统应用于服装的制板、推板和排料等领域。在制板方面，服装制板师借助 CAD 系统完成一些比较耗时的工作，如：样板拼接、褶裥设计、省道转移、褶裥变化等。同时，许多 CAD／CAM 系统还可以使用户测量缝合部位的尺寸，从而检验两片样片是否可以正确地缝合在一起。生产厂家通常用绘图机将样板打印出来，该样板可以用来指导裁剪。如果排料符合用户要求的话，接下来便可指导批量服装的裁剪了。CAD 系统除具有样板设计功能外，还可根据放码规则进行推板。推板规则通常由一个尺寸表来定义，并存储在推板规则库中。利用 CAD／CAM 系统进行推板和排料所需要的时间只占手工完成所需时间的很小一部分，极大地提高了服装企业的生产效率。

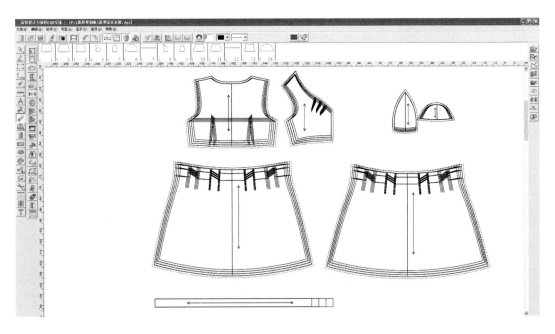

图2-2　富怡服装CAD打板、推板系统

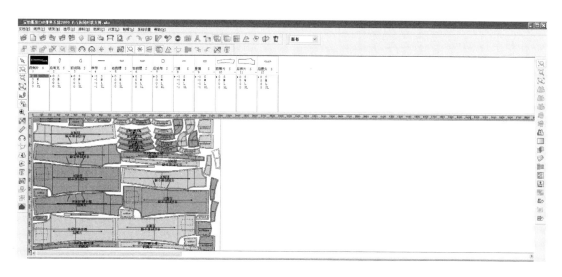

图2-3　富怡服装CAD排料系统

大多数企业都保存有许多原型样板，这些原型板是所有样板变化的基础。这些样板通常先描绘在纸上，然后再根据服装款式加以变化，而且很少需要进行大的变化，因为大多数的服装都是比较保守的。只有当非常合体的款式变化成十分宽松的式样时才需要推出新的样板。在大多数服装公司，服装样板的设计是在平面上进行的，做出样衣后通过模特试衣来决定样板的正确与否（通过从合体性和造型两个方面进行评价）。

三、服装 CAD 服装制板工艺流程

服装制板师的技术在于将二维平面上裁剪的材料包覆在三维的人体上。目前世界上主要有两类样板设计方法：一是在平面上进行打板和样板的变化，以形成三维立体的服装造型；二是将织物披挂在人台或人体上进行立体裁剪。许多顶级的时装设计师常用此法，即直接将面料披挂在人台上，用大头针固定，按照他的设计构思进行裁剪和塑型。对他们来说，样板是随着他们的设计思想而变化的。将面料从人台上取下，并在纸上捕绘出来就可得到最终的服装样板上。以上两类样板设计方法都会给服装 CAD 的程序设计人员以一定的指导。

国际上第一套应用于服装领域的 CAD ／ CAM 系统主要是用来推板和排料的，所有功能几乎都是用于平面样板设计的，所以它是工作在二维系统上的。当然，也有人试图设计以三维方式工作的系统，但现在还不够成熟，还不足以指导设计与生产。三维服装样板设计系统的开发时间会很长，三维方式打板也会相当复杂。

1. 样板输入（也称开样或读图）

服装样板的输入方式主要有两种：一是利用服装 CAD 软件直接在屏幕上制板；二是借助数字化仪将样板输入到服装 CAD 系统。第二种方法十分简单：用户首先将样板固定在读图板上，利用游标将样板的关键点读入计算机。通过按游标上的特定按钮，通知系统

输入的点是直线点、曲线点还是剪口点。通过这一过程输入样板并标明样板上的布纹方向和其他一些相关信息。有一些服装CAD系统并不要求这种严格定义的样板输入方法，用户可以使用光笔而不是游标，利用普通的绘图工具（如：直尺，曲线板等）在一张白纸上绘制样板，数字化仪读取笔的移动信息，将其转换为样板信息，并且在屏幕上显示出来。目前，一些服装CAD系统还提供有自动制板功能，用户只需输入样板的有关数据，系统就会根据制板规则产生出所要的样板。这些制板规则可以由服装公司自己建立，但他们需要具有一定的计算机程序设计技术才能使用这些规则和要领。

一套完整的服装样板输入CAD系统后，还可以随时使用这些样板，所有系统几乎都能够完成样板变化的功能，如：样板的加长或缩短、分割、合并、添加褶裥、省道转移等。

2. 推板（又称放码）

计算机推板的最大特点是速度快、精确度高。手工推板包括移点、描板、检查等步骤。这需要娴熟的技艺，因为缝接部位的合理配合对成品服装的外观起着决定性的作用，这是因为即使是曲线形状的细小变化也会给造型带来不良的影响。虽然CAD／CAM系统不能发现造型方面的问题，但它却可以在瞬间完成网状样片，并提供有检查缝合部位长度及进行修改的工具。

CAD系统需要用户在基础板上标出放码点。计算机系统则会根据每个放码点各自的推板规则生产全部号型的样板，并根据基础板的形状绘出网状样片。用户可以对每一号型的样板进行尺寸检查，推板规则也可以反复修改，以使服装穿着更加合体。从概念上来讲，这虽然是一个十分简单的过程，但具备三维人体知识并了解与二维平面样板关系，是使用计算机进行推板的先决条件。

3. 排料（又称排唛架）

服装CAD排料的方法一般采用人机交换排料和计算机自动排料两种方法。排料对任何一家服装企业来说都是非常重要的，因为它关系到生产成本的高低。只有在排料完成后，才能开始裁剪、加工服装。在排料过程中有一个问题值得考虑，即：可以用于排料的时间与可以接受的排料率之间的关系。使用CAD系统的最大好处就是可以随时监测面料的用量，用户还可以在屏幕上看到所排衣片的全部信息，再也不必在纸上以手工方式描出所有的样板，仅此一项就可以节省大量的时间。许多系统都提供有自动排料功能，这使得服装设计师可以很快估算出一件服装的面料用量，面料用量是服装加工初期成本的一部分。根据面料的用量，在对服装外观影响最小的前提下，服装制板师经常会对服装样板做适当的修改和调整，以降低面料的用量。裙子就是一个很好的例子，如：三片裙在排料方面就比两片裙更加紧凑，从而可提高面料的使用率。

无论服装企业是否拥有自动裁床，排料过程都包含有很多技术和经验。我们可以尝试多次自动排料，但排料结果绝不会超过一位排料专家。计算机系统成功的关键在于它可以使用户试验样片各种不同的排列方式，并记录下各阶段的排料结果，通过多次尝试就可以很快得出可以接受的材料利用率。因为这一过程通常在一台终端上就可以完成，与纯手工相比，它占用的工作空间很小、需要的时间也很短。

四、服装 CAD 的作用

1. 对服装企业的作用

服装 CAD 的应用不仅可以优化产品设计和产品开发，减少工人的劳动强度和改善工作环境，加强企业调整产业结构，降低管理费用，提高利润空间。而且方便生产管理，有利于资源共享。同时也可以实现与国际接轨，方便网络服装技术数据的传输，从而可以提升企业形象，提高企业竞争优势。

2. 对服装设计师和制板师的作用

服装设计师的灵感和设计理念可以与服装 CAD 大功能完美组合，会使设计更加迅速和灵活，设计师可以利用 CAD 系统随意选择不同色彩、面料与花型。同时也可以在服装 CAD 系统中模拟成衣看效果。服装制板师若遇到款式风格相近的姐妹篇和款式风格多元化的服装，他只需打一个基础样板另存为一个文档，然后根据新款式的具体风格要求进行修改即可，推板和排料就更快了。服装制板师可以把这些重复性的工作交给计算机来完成，留出更多的时间进行创作。由此可见，服装 CAD 系统不仅可以提高服装设计师的创作能力，同时也可以提高服装制板师设计质量和设计实效。

3. 对消费者作用

服装设计的最终目的为消费者服务，消费者可以将自己喜欢的颜色、款式风格、部位尺寸等信息告诉设计师，并储存在计算机中，设计师可以在服装 CAD 中输入数据参数，通过三维电脑试衣模块就可以使消费者模拟着装效果，这样可以修改不合格的色彩与结构，也可以使消费者得到更加快捷和满意的服务，同时服装 CAD 的最新技术还有量身定制的系统模块，企业又要依据客户体型数据和客户对产品生产的要求，从样片库专找匹配相应的样板。就可以按照客户的要求实现量体裁衣，真正做到即合体又舒适，从某种意义上说服装 CAD 对提高消费者的服务质量和产品质量将起到不可估量的作用。

4. 对服装教育的作用

随着计算机技术的发展，服装 CAD 的开发成本越来越低，其功能越来越完善，应用也越来越广泛。再加上现代服装工程设计包括的款式设计、结构设计和工艺设计三大部分，服装 CAD 设为必修课程之一。其主要原因是服装 CAD 具有灵活性，高效性和可储存性，已经成为服装设计师、制板师的一种创造性工具。服装产业要发展，服装教育必须先行。

总之，服装 CAD 技术的应用将为我国的服装产业发展起到极大的推进作用，目前服装 CAD 技术正在实现 CAM、CAPP、PDM、MIS 系统进步集成智能一体化，使系统统一的每一个环节更加智能化、个性化、科学化，在网络技术手段的支持下，服装 CAD 有望实现全球一体化的设计制造加工系统服务。由此可见服装 CAD 对服装产业发展带来了不可估量的作用。

第二节　服装 CAD 系统硬件

服装 CAD 系统是由软件和硬件组成的，硬件也是服装 CAD 系统的重要组成部分，服装 CAD 系统硬件主要有图形输入设备、图形输出设备两大部分组成。

一、图形输入设备

1.计算机（图 2-4）

计算机是服装 CAD 系统的主要控制和操作设备之一。由主机、输入设备、输出设备、软件系统四部分组成。

图2-4　计算机

（1）主机：主机是计算机的心脏和大脑，在里面有很多的部件，分别实现各种连接和处理功能。它能存储输入和处理的信息，进行运算，控制其他设备的工作。

（2）输入设备：键盘主要用来输入文字和命令，是一种输入设备。其实输入设备还有很多，我们常用的还有鼠标、话筒、扫描仪、手写笔等。

（3）输出设备：显示器可以把计算机处理的数据给我们看，它是一种输出设备。输出设备还有打印机、音箱等。打印机通常有针打、喷打、激光打印之分。一个计算机系统，通常由输入设备、主机、输出设备三部分组成。主机是计算机的核心，输入／输出设备中除了显示器、键盘必不可少外，其他的可根据需要配备，当然，多一样设备，多一种功能。以上都是能够看到的部分，我们把它们叫做硬件。

（4）软件系统：软件系统就是依附于硬件系统的各个程序，包括控制程序，操作程序，应用程序等。

（5）计算机配置：根据服装 CAD 系统的要求，如表 2-1 所示，要选择了适当的硬件型号进行配置，以满足对服装 CAD 系统进行恰当的操作。

表2-1 计算机配置及参数对照

处理器系列	英特尔 酷睿 2 双核 T6 系列	处理器主频	2.2GHz
处理器型号	Intel 酷睿 2 双核 T6670	总线	800
二级缓存	2MB	核心类型	Penryn
核心数 / 线程	双核心双线程	主板芯片组	Intel GS40+ICH9M
内存容量	4GB	内存类型	DDR3
最大支持内存	8GB	硬盘容量	500GB
硬盘描述	5400 转，SATA	光驱类型	DVD 刻录机
光驱描述	支持 DVD SuperMulti 双层刻录	屏幕尺寸	24 英寸
屏幕比例	16：9	屏幕分辨率	1366×768
背光技术	LED 背光	显卡类型	独立显卡
显卡芯片	ATI Mobility Radeon HD4570	显存容量	512MB
显存位宽	64bit	音频系统	内置音效芯片
扬声器	立体声扬声器	数据接口	3×USB2.0
视频接口	VGA，HDMI	操作系统	Windows 7 Home Premium

（6）计算机主机端口识别（图 2-5）。

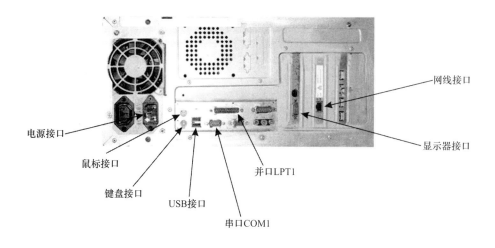

图2-5 计算机主机端口识别

（7）鼠标的使用（图 2-6）。

①左键单击：按鼠标左键一下，抬起。主要用于选择某个功能。

②左键双击：连续按鼠标左键二下，抬起。主要用于进入某个应用程序。

③左键框选：按住鼠标左键不要松手，框选。主要用于框选某一段线段。

④左键拖动：按住鼠标左键，移动鼠标。通常用于应用软件中的放大等操作。

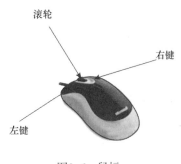

图2-6　鼠标

⑤右键单击：按鼠标右键一下，抬起。主要用于结束或切换某一个新的功能。

⑥右键双击：连续按鼠标右键二下，抬起。一般由各种应用软件自行定义。

⑦鼠标滚轮：移动鼠标滚轮，使当前页面上下滚动。应用软件可以对滚轮做特殊的定义。

2. 数码相机（图2-7）

数码相机用来输入资料图片、款式图片、面料等。

3. 扫描仪（图2-8）

扫描仪用来扫描资料图片、款式图片、面料等。

图2-7　数码相机

图2-8　扫描仪

4. 压感笔（图2-9）

压感笔用于输入服装款式图、工艺图等。数码压力感应笔配合数位板一起使用。

5. 数字化仪（图2-10）

数字化仪用于将手工制作出服装样板读入计算机中，进行服装CAD推板和排料。

6. 大幅面扫描仪（图2-11）

大幅面扫描仪用于将手工制作出服装样板读入计算机中，进行服装CAD推板和排料。

7. 服装样板摄像输入软件（图2-12）

通过数码相机或扫描输入，服装样板摄

图2-9　压感笔

像输入软件自动认识衣片。只需在计算机屏幕上一点即可完成衣片的读入，比传统的数字化仪逐点读片速度提高数倍。

图2-10　数字化仪

图2-11　大幅面扫描仪

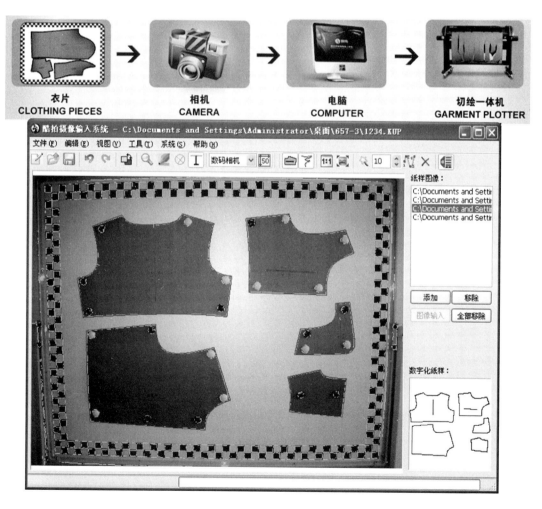

图2-12　服装样板摄像输入软件

二、图形输出设备

1. 喷墨服装绘图机（图2-13）

喷墨服装绘图机用于输出1：1服装样板图或排料图。

2. 切割绘图一体机（图2-14）

切割绘图一体机用于输出并切割成工业服装生产样板。

图2-13　喷墨服装绘图机　　　　　　　　图2-14　切割绘图一体机

3. 激光裁剪机（图2-15）

激光裁剪机利用激光裁剪服装样板、面料。

4. 平板切割机（图2-16）

平板切割机用于输出并切割成工业服装生产样板。

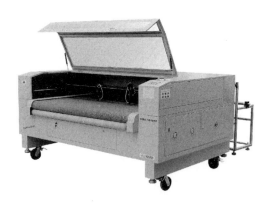

图2-15　激光裁剪机　　　　　　　　图2-16　平板切割机

5. 全自动铺布机（图2-17）

全自动铺布机用于工业服装裁剪时，自动拉布、铺布。

6.电脑自动裁床（图 2-18）

电脑自动裁床用于工业化服装自动裁剪。

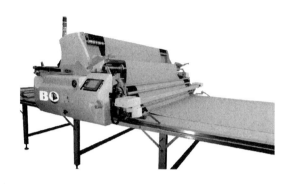

图2-17　全自动铺布机　　　　　　　　　图2-18　电脑自动裁床

第三节　服装 CAD 的发展现状与趋势

一、国内服装 CAD 发展现状

服装 CAD 软件最早于 20 世纪 70 年代诞生在美国，它是高科技技术在低技术行业中的应用，它提高了服装行业的科技水平，提高了服装设计与生产的效率，还减轻了人员的劳动强度。因此服装 CAD 软件历经了近 40 年的发展和完善后，在国外发达国家已经相当普及了。例如，服装 CAD 软件在美国的普及率超过 55%，日本的普及率超过了 80%。近年来，我国服装 CAD 普及率已经达到了近 50%。

业内目前比较一致地认可这样一组数据：我国目前约有服装生产企业 6 万家，而使用服装 CAD 的企业仅在 3 万家左右，也就是说我国服装 CAD 的市场普及率仅在 50% 左右。甚至有专家认为，由于我国服装企业两极分化较严重，有的厂家可能拥有数套服装 CAD 系统，有的则可能从来没有过，所以真正使用了服装 CAD 系统的厂家数量可能比这个数据更少。

目前，约有 15 家左右的供应商活跃在中国服装 CAD 市场，而在中国 3 万余家使用服装 CAD 的企业中，国产服装 CAD 已经占了近 4/5 的市场份额。自 2000 年以后，国产服装 CAD 异军突起，凭借着服务优势、价格优势、性能优势，促使国外服装 CAD 在国内市场一路下滑。

1.服装企业决策人员的观念误区

（1）认为使用成本高，手工操作比较划算。其实目前的服装 CAD 的使用成本并不高，比全部使用人工更加节省。

（2）人员安排不合理。有些人认为使用电脑以后就可以不必聘请有经验的老师傅了，其实这正是很多企业无法有效利用服装 CAD 的根本原因。

（3）盲目选择国外产品。国外的产品在硬件方面的确优于国内产品，但软件方面往往操作烦琐，制图思路不符合国人的操作习惯。相反国内的软件更加符合国人的操作要求和操作习惯。

（4）只看价格不看产品及服务。价格虽然重要，但如果产品和服务跟不上更是不行。相比价格，产品性能和服务能力更加重要。

（5）认为电脑排料浪费。早期的服装CAD的确排料浪费，但目前多数服装CAD已经具备了旋转、倾斜、重叠等灵活的功能，甚至还可以等比例缩小所有裁片，以达到省料的目的。所以电脑排料比手工排料更能节省用料。

2. 服装制板师的观念误区

（1）期望值过高，以为学会了电脑就可以万事大吉，其实使用服装CAD也需要一个过程，在初期由于操作不熟练往往会产生很多问题。

（2）没有认清电脑与手工的区别。电脑制图与手工制图是有区别的，总的来说手工比较直观，而电脑会有更多快捷的方法。有个别方面使用电脑可能还不如手工方便。

（3）浅尝辄止，遇到困难就停止使用。这往往是多数企业搁置服装CAD的主要原因。

（4）生产过于繁忙，没有时间学习。服装生产企业不忙的时间并不多，如果等有空了再学，可能永远也无法学会。

二、服装 CAD 的发展趋势特点

服装CAD作为一种与电脑技术密切相关的产物，其发展经历过初期、成长、成熟等阶段。根据研究，今后服装CAD系统的发展趋势如下：

1. 智能化

知识工程、专家系统等将会逐渐应用到服装CAD当中，系统可以实现自动识别、全自动设计以及更加强大的自动推档和自动排料等。

2. 简单化

今后的服装CAD将进一步降低学习难度，减少操作步骤，使学习操作更加方便快捷。

3. 集成化

减少流通环节，整合信息资源，今后的服装CAD将发展成为计算机集成服装制造CIMS（Computer Integrated Manufacturing System）的一个不可分割的环节。

4. 立体化

目前已经有少数CAD建立了三维动态模型，今后的CAD将实现款式设计与结构设计（即制板）的完美结合，通过三维动态模型实现设计、试穿与修改的全部电脑作业。

5. 网络化

目前网络的普及化程度已经大大提高，今后将会实现网上推广、网上学习与安装、网上使用、网上维护等。

6. 标准化

发展服装CAD需要建立符合国际产品数据转化标准STEP的数据模型、数据信息的表示和传输标准。

7. 人性化

今后的服装 CAD 将会根据不对打板需求用户开发所需的功能，更加人性化。

8. 兼容性

各种不同的服装 CAD 系统之间相互兼容。

三、服装 CAD 的发展趋势

1. 服装 NAD 技术

服装 NAD 是网络辅助设计系统技术 Net Aided Design 英文缩写。近年来，随着计算机技术、网络技术、通信技术的发展，服装产业应用 Internet 技术、PDM（产品数据管理的 Product Data Management 英文缩写）、ERP（企业资源计划系统的 Enterprise Resource Planning 英文缩写）、网络数据库技术、电子商务技术等高新技术的飞速发展为服装 CAD 技术赋予了新的设计思维和内容。这些技术将改变现有服装 CAD 设计模式与方式。服装 NAD 技术是服装 CAD 发展的主要方向之一。NAD 技术是充分利用现有服装设计技术理论，结合网络技术和数据库技术开发面向服装产品设计制造全过程。服装 NAD 将促成当前的服装 CAD、CAPP（计算机辅助工艺过程设计 Computer Aided Process Planning）、CAM（计算机辅助制造系统 Computer Aided Manufacturing）、PDM（产品数据管理 Product Data Management）等。借助网络辅助技术真正实现全球服装设计生产系统服务。

2. 服装 VSD 技术

服装 VSD 是可视缝合设计技术的 Visible Stitcher Design 英文缩写，可视缝合设计技术是在服装 CAD 系统四大成熟模块（款式设计、打板、推板、排料）之后发展的新趋势。服装领域使用可视缝合设计技术可以通过模拟样衣的制作过程缩短新款服装的设计时间，从而大大减少成衣的生产周期。同时，可视缝合设计技术为服装的销售方式提供了新途径，使网上销售和网上新款发布会的普及成为可能。

首先，必须利用三维虚拟仿真技术将织物三维数字化，从而合成三维服装，织物不同于常见的硬性的物体，易于形变，而服装 VSD 系统可以通过网格将织物进行数字量化调整，从而解决这一技术难题。

其次，创建一个三维人体模型。三维人体模型的创建除了简单的三维建模技术之外，还需要提供人体各个部位分尺寸调节功能。而且三维人体会参照各个地区人体的体形特点而有所区别。人体调节，除了各个部位围度的调节之外，还要有整体的调节（图 2-19）。

三维虚拟服装的试穿是困扰三维虚拟仿真技术的最大难点。因为三维虚拟服装穿在三维人体上，必须根据人体的凹凸和服装材质的性能质地等条件约束后产生形变，从而判断服装的舒适程度，从而达到理想设计效果试衣的目的。

服装 VSD 技术能使企业简化服装设计流程，根据服装款式设计图片、布料和辅料、Logo、印花等资料，在一个设定的仿真模特身上试穿即时逞现衣服仿真效果，并且能任意

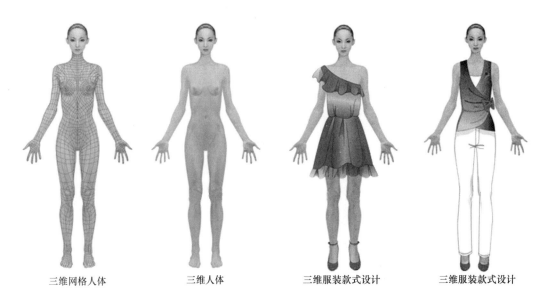

三维网格人体　　　　　三维人体　　　　　三维服装款式设计　　　　三维服装款式设计

图2-19　服装VSD技术将服装样板在三维仿真模特身上模拟三维服装

注明：三维服装由深圳市广德教育科技有限公司（0755-26650090）开发的服装VSD软件绘制。

及时修改和在线展示、沟通。服装 VSD 技术通过强大的三维仿真技术应用，降低了设计成本，缩短了设计时间，突破了服装三维仿真设计、试衣和销售，提高服装企业竞争力。

　　只要有了服装样板，就可以用电脑缝合成一件完全仿真的服装，不需要等衣服做成成品就可以穿在你喜欢的模特身上进行服装展示（图 2-20）。

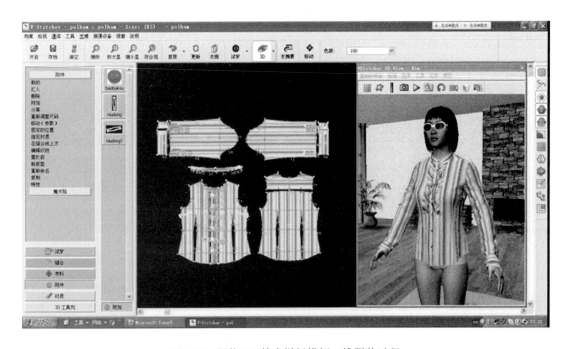

图2-20　服装VSD技术样板模拟三维服装过程

　　基于服装 VSD 技术的发展和服装 NAD 技术的发展，人们还可以进入网络的虚拟空间去选购时装，进行任意的挑选、搭配、试穿，达到最终理想的效果（图 2-21）。

图2-21　服装VSD技术模拟网上服装款式发布会

思考与练习题

　　1. 简述服装CAD作用有哪些？

　　2. 简述服装CAD、NAD、VSD、SFD之间的区别。

　　3. 简述服装CAD发展趋势。

原理篇——

富怡V9服装CAD系统

> **课题名称：** 富怡V9服装CAD系统
>
> **课题内容：** 1. 富怡V9服装CAD系统的特点与安装。
>
> 2. 富怡V9服装CAD系统专业术语与快捷键介绍。
>
> 3. 开样与放码系统功能介绍。
>
> 4. 排料系统功能介绍。
>
> 5. 常用工具操作方法介绍。
>
> 6. 读图与点放码功能介绍。
>
> **课题时间：** 18课时
>
> **训练目的：** 了解富怡V9服装CAD系统，掌握富怡V9服装CAD系统的特点与安装、富怡V9服装CAD系统专业术语、开样与放码系统功能、排料系统功能、常用工具操作方法、读图与点放码功能操作技巧及操作流程。
>
> **教学方式：** 讲授法、举例法、示范法、启发式教学、现场实训教学相结合。
>
> **教学要求：** 1. 使学生了解富怡V9服装CAD系统。
>
> 2. 使学生掌握富怡V9服装CAD系统的特点与安装。
>
> 3. 使学生能掌握富怡V9服装CAD开样与放码系统功能。
>
> 4. 使学生能掌握富怡V9服装CAD排料系统功能。
>
> 5. 使学生能掌握富怡V9服装CAD常用工具操作方法。
>
> 6. 使学生能掌握读图与点放码功能操作技巧。

第三章 富怡 V9 服装 CAD 系统

富怡（Richforever）服装 CAD 系统包括开样与放码模块、排料模块。富怡 V9 服装 CAD 开样模块具备定数化和参数化两种打板模式，放码模块具备点放码、规则放码、切开线放码和量体放码四种模式。排料模块具备系统自动排料、人机交互式排料两种模式。

第一节 富怡 V9 服装 CAD 系统的特点与安装

一、富怡 V9 服装 CAD 特点

1. 开样模块

（1）开样系统具备参数法制版和自由法制版双重制版模式。

（2）人性化的界面设计，使传统手工制版习惯在电脑上完美体现。

（3）自由设计法、原型法、公式法、比例法等多种打版方式，满足每位设计师的需求。

（4）迅速完成量身定制（包括特体的样板自动生成）。

（5）特有的自动存储功能，避免了文件遗失的后顾之忧。

（6）多种服装制作工艺符号及缝纫标记，可辅助完成工艺单。

（7）多种省处理，褶处理功能和 15 种缝边拐角类型。

（8）精确的测量、方便的纸样文字注解、高效的改版和逼真的 1 ：1 显示功能。

（9）电脑自动放码，并可随意修改各部位尺寸。

（10）强大的联动调功能，使缝合的部位更合理。

2. 放码模块

（1）放码系统中具备点放码 / 线放码两种以上放码方式；放码系统具备修改样板功能。

（2）多种放码方式：点放码、规则放码、切开线放码和量体放码。

（3）多种档差测量及拷贝功能。

（4）多种样板校对及检查功能。

（5）强大、便捷的随意改版功能。

（6）可重复的比例放缩和纸样缩水处理。

（7）任意样片的读图输入，数据准确无误。

（8）提供多种国际标准 CAD 格式文档（如 *.DXF 或 *.AAMA），兼容其他 CAD 系统。

3．排料模块

（1）排料系统具备自动算料功能；排料系统中具备自动分床功能；排料系统具备号型替换功能。

（2）全自动排料、人机交互排料和手动排料。

（3）具有样片缩水处理功能，可直接对预排样片缩水处理。

（4）独有的算料功能，快速自动计算用料率，为采购布料和粗算成本提供科学的数字依据。

（5）多种定位方式：随意翻转、定量重叠、限制重叠、多片紧靠和先排大片再排小片等。

（6）根据面辅料、同颜色不同号型，不同颜色不同号型的特点自动分床，择优排料。

（7）随意设定条格尺寸，进行对条对格的排料处理。

（8）在不影响已排的样片情况下，实现纸样号型和单独纸样的关联替换。

（9）样板可重叠或作丝缕倾斜，并可任意分割样片。同时，排料图可作 180 旋转复制或复制倒插。

（10）可输入 1 ：1 或任意比例之排料图（迷你唛架）。

二、富怡 V9 服装 CAD 软件安装

（1）关闭所有正在运行的应用程序。

（2）把富怡 CAD 系统安装光盘插入光驱。

（3）打开光盘，运行【Setup】，弹出下列对话框（图 3-1）。

（4）单击【是】，弹出下列对话框（图 3-2），单击【Next】按钮，弹出下列对话框。

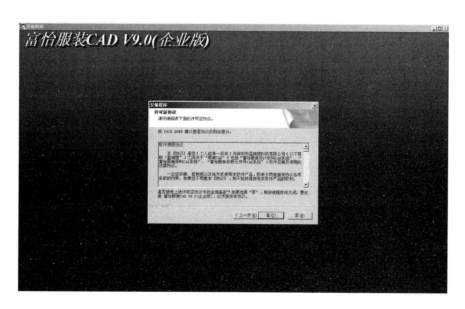

图3-1 安装程序对话框

图3-2 安装程序对话框

（5）选择需要的版本，如选择"单机版"（如果是网络版用户，请选择网络版），单击
【Next】按钮，弹出下列对下列对话框（图 3-3）。

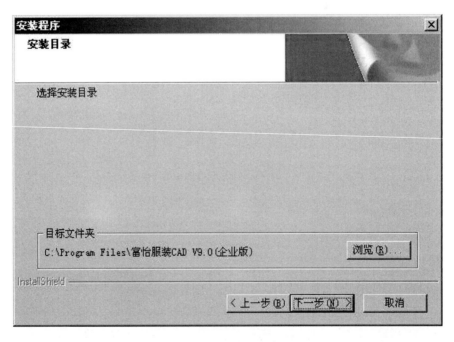

图3-3 选择安装目录对话框

（6）单击【Next】按钮（也可以单击【浏览】按钮重新定义安装路径），弹出下列对
话框（图 3-4）。

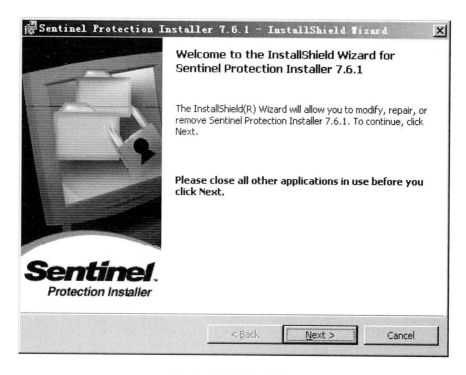

图3-4　安装程序对话框1

（7）单击【Next】按钮，弹出下列对话框（图 3-5）。

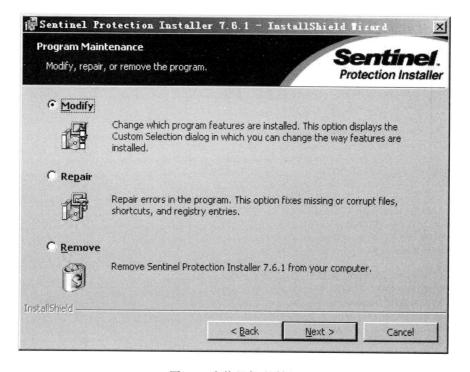

图3-5　安装程序对话框2

（8）单击【Next】按钮，弹出下列对话框（图 3-6）。

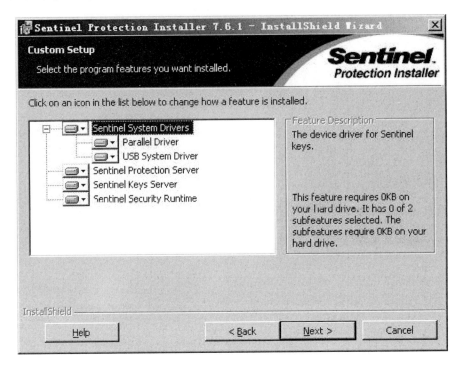

图3-6　安装程序对话框3

（9）单击【Next】按钮，弹出下列对话框（图 3-7）。

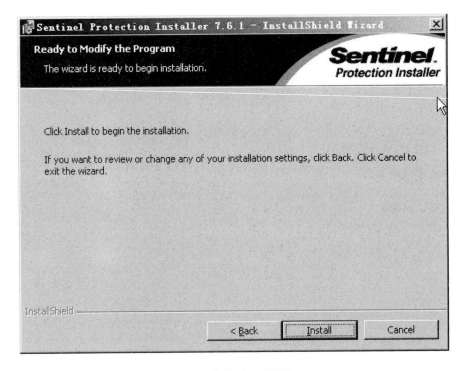

图3-7　安装程序对话框4

（10）单击【Install】按钮，弹出下列对话框（图3-8）。

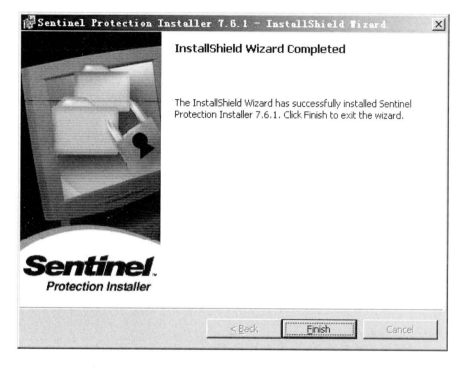

图3-8　安装程序对话框5

（11）单击【Finish】按钮。在计算机插上加密锁软件即可运行程序。如果打不开软件需要手动安装加密锁驱动。

（12）从【我的电脑】中打开软件的安装盘符，如【C】盘，路径为 C:\Program Files\ 富怡服装 CAD V9.0（企业版）→ □ Drivers → □ SenseLock → ⊙ InstWiz3 Setup Beijing Senselon，双击安装 instWiz3（在每台计算机都要安装）。

（13）安装网络版 □ Drivers → □ HASP_HL → ⊞ HASPUserSetup（在每台计算机都要安装）。

（14）安装院校版 □ Drivers → □ HASP_HL → ⊞ HASPUserSetup 即可。

三、绘图仪安装

1. 绘图仪安装步骤

（1）关闭计算机和绘图仪电源。

（2）用串口线 / 并口线 /USB 线把绘图仪与计算机主机连接。

（3）打开计算机。

（4）根据绘图仪的使用手册，进行开机和设置操作。

2. 注意事项

（1）禁止在计算机或绘图仪开机状态下，插拔串口线 / 并口线 /USB 线。

（2）接通电源开关之前，确保绘图仪处于关机状态。

（3）连接电源的插座应良好接触。

四、数字化仪安装

1．数字化仪安装步骤

（1）关闭计算机和数字化仪电源。

（2）把数字化仪的串口线与计算机连接。

（3）打开计算机。

（4）根据数字化仪使用手册，进行开机及相关的设置操作。

2．注意事项

（1）禁止在计算机或数字化仪开机状态下，插拔串口线。

（2）接通电源开关之前，确保数字化仪处于关机状态。

（3）连接电源的插座应良好接触。

第二节　富怡 V9 服装 CAD 系统专业术语与快捷键介绍

一、富怡 V9 服装 CAD 系统专业术语介绍

（1）单击左键是指按下鼠标的左键并且在还没有移动鼠标的情况下放开左键。

（2）单击右键是指按下鼠标的右键并且在还没有移动鼠标的情况下放开右键。还表示某一命令的操作结束。

（3）双击右键是指在同一位置快速按下鼠标右键两次。

（4）左键拖拉是指把鼠标移到点、线图上后，按下鼠标的左键并且保持按下状态移动鼠标。

（5）右键拖拉是指把鼠标移到点、线图上后，按下鼠标的右键并且保持按下状态移动鼠标。

（6）左键框选是指在没有把鼠标移到点、线图元上前，按下鼠标的左键并且保持按下状态移动鼠标。如果距离线比较近，为了避免变成【左键拖拉】可以通过在按下鼠标左键前先按下 Ctrl 键。

（7）右键框选是指在没有把鼠标移到点、线图元上前，按下鼠标的右键并且保持按下状态移动鼠标。如果距离线比较近，为了避免变成【右键拖拉】可以通过在按下鼠标右键前先按下 Ctrl 键。

（8）点（按）是表示鼠标指针指向一个想要选择的对象，然后快速按下并释放鼠标左键。

（9）单击是表示没有特意说用右键时，都是指左键。

（10）框选是表示没有特意说用右键时，都是指左键。

（11）F1 ~ F12 是指键盘上方的 12 个按键。

（12）Ctrl+Z 是指先按住【Ctrl】键不松开，再按 Z 键。

（13）Ctrl+F12 是指先按住【Ctrl】键不松开，再按 F12 键。

（14）Esc 键是指键盘左上角的【Esc】键。

（15）Delete 键是指键盘上的【Delete】键。

（16）箭头键：指键盘右下方的四个方向键（上、下、左、右）。

（17）＿＿＿：文字下有波浪线的为在 V8.0 版本的基础上新增功能。

二、富怡 V9 服装 CAD 系统快捷键介绍（表 3-1）

表 3-1　富怡 V9 服装 CAD 系统快捷键介绍

快捷键	功能	快捷键	功能
A	调整工具	F7	显示 \ 隐藏缝份线
B	相交等距线	F8	显示下一个号型
C	圆规	F9	匹配整段线 / 分段线
D	等份规	F10	显示 \ 隐藏绘图纸张宽度
E	橡皮擦	F11	匹配一个码 / 所有码
F	智能笔	F12	工作区所有纸样放回纸样窗
G	移动	Ctrl+F10	一页里打印时显示页边框
J	对接	Ctrl+F12	纸样窗所有纸样放入工作区
K	对称	Ctrl+N	新建
L	角度线	Ctrl+S	保存
M	对称调整	Ctrl+C	复制纸样
N	合并调整	Ctrl+D	删除纸样
P	点	Ctrl+E	号型编辑
Q	等距线	Ctrl+K	显示 \ 隐藏非放码点
R	比较长度	Shift+F8	显示上一个号型
S	矩形	Ctrl+F7	显示 \ 隐藏缝份量
T	靠边	Ctrl+F11	1:1 显示
V	连角	Shift+F12	纸样在工作区的位置关联 / 不关联
W	剪刀	Ctrl+O	打开
Z	各码对齐	Ctrl+A	另存为
F2	切换影子与纸样边线	Ctrl+V	粘贴纸样
F3	显示 \ 隐藏两放码点间的长度	Ctrl+G	清除纸样放码量
F4	显示所有号型 / 仅显示基码	Ctrl+F	显示 \ 隐藏放码点
F5	切换缝份线与纸样边线	Ctrl+J	颜色填充 / 不填充纸样

续表

快捷键	功能	快捷键	功能
Ctrl+H	调整时显示\隐藏弦高线	Ctrl+R	重新生成布纹线
Ctrl+B	旋转	Ctrl+U	显示临时辅助线与掩藏的辅助线
Shift+C	剪断线	Shift+U	掩藏临时辅助线、部分辅助线
Shift+S	线调整	Ctrl+Shift+Alt+G	删除全部基准线
ESC	取消当前操作	Shift	画线时，按住【Shift】键，在曲线与折线间转换/转换结构线上的直线点与曲线点
【Enter】键	文字编辑的换行操作/更改当前选中的点的属性/弹出光标所在关键点移动对话框	【X】键	与各码对齐结合使用，放码量在【X】方向上对齐
【Y】键	与各码对齐结合使用，放码量在【Y】方向上对齐	【U】键	按【U】键的同时，单击工作区的纸样可放回到纸样列表框中

第三节　开样与放码系统功能介绍

一、系统界面介绍

系统的工作界面就好比是用户的工作室，熟悉了这个界面也就熟悉了您的工作环境，自然就能提高工作效率（图3-9）。

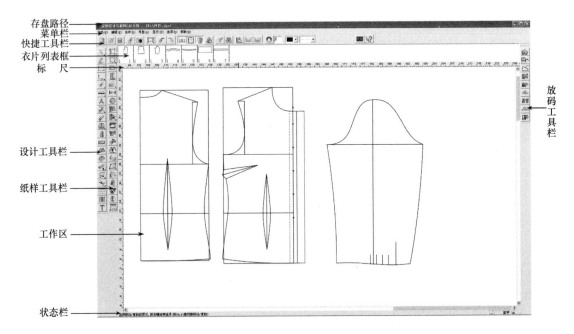

图3-9　富怡CAD设计与放码系统界面

1．存盘路径

显示当前打开文件的存盘路径。

2．菜单栏

该区是放置菜单命令的地方，且每个菜单的下拉菜单中又有各种命令。单击菜单时，会弹出一个下拉式菜单列表，可用鼠标单击选择一个命令。也可以按住【Alt】键敲菜单后的对应字母，菜单即可选中，再用方向键选中需要的命令。

3．快捷工具栏

用于放置常用命令的快捷图标，为快速完成设计与放码工作提供了极大的方便。

4．衣片列表框

用于放置当前款式中的纸样。每一个纸样放置在一个小格的纸样框中，纸样框布局可通过【选项】→【系统设置】→【界面设置】→【纸样列表框布局】改变其位置。衣片列表框中放置了本款式的全部纸样，纸样名称、份数和次序号都显示在这里，拖动纸样可以对顺序调整，不同的布料显示不同的背景色。

5．标尺

显示当前使用的度量单位。

6．设计工具栏

该栏放着绘制及修改结构线的工具。

7．纸样工具栏

用【剪刀】工具 ✂ 剪下纸样后，用该栏工具将其进行细部加工；如加剪口、加钻孔、加缝份、加缝迹线、加缩水等。

8．放码工具栏

该栏放着用各种方式放码时所需要的工具。

9．工作区

工作区如一张无限大的纸张，您可在此尽情发挥您的设计才能。工作区中既可设计结构线、也可以对纸样放码、绘图时可以显示纸张边界。

10．状态栏

状态栏位于系统的最底部，它显示当前选中的工具名称及操作提示。

二、快捷工具栏

1．快捷工具栏（图 3-10）

图3-10　快捷工具栏

2. 工具功能介绍（表3-2）

表3-2　快捷工具功能介绍

序号	图标	名称	快捷键	功能
1		新建	N 或 Ctrl+N	新建一个空白文档
2		打开	Ctrl+O	用于打开储存的文件
3		保存	S 或 Ctrl+S	用于储存文件
4		读纸样	/	借助数化板、鼠标，可以将手工做的基码纸样或放好码的网状纸样输入到计算机中
5		数码输入	/	打开用数码相机拍的纸样图片文件或扫描图片文件。比数字化仪读纸样效率高
6		绘图	/	按比例绘制纸样或结构图
7		撤销	Ctrl+Z	用于按顺序取消做过的操作指令，每按一次可以撤销一步操作
8		重新执行	Ctrl+Y	把撤销的操作再恢复，每按一次就可以复原一步操作，可以执行多次
9		显示\隐藏变量标注	/	同时显示或隐藏所有的变量标注
10		显示\隐藏结构线	/	选中该图标，为显示结构线，否则为隐藏结构线
11		显示\隐藏纸样	/	选中该图标，为显示纸样，否则为隐藏纸样
12		仅显示一个纸样	/	①选中该图标时，工作区只有一个纸样并且以全屏方式显示，也即纸样被锁定。没选中该图标，则工作可以同时可以显示多个纸样。②纸样被锁定后，只能对该纸样操作，这样可以排除干扰，也可以防止对其他纸样的误操作
13		将工作区的纸样收起	/	将选中纸样从工作区收起
14		按布料种类分类显示纸样	/	按照布料名把纸样窗的纸样放置在工作区中
15		点放码表	/	对单个点或多个点放码时用的功能表
16		定型放码	/	用该工具可以让其他码的曲线的弯曲程度与基码的一样
17		等幅高放码	/	两个放码点之间的曲线按照等高的方式放码

续表

序号	图标	名称	快捷键	功能
18	◎	颜色设置	/	用于设置纸样列表框、工作视窗和纸样号型的颜色
19	2	等份数	/	用于等份线段
20	■ ▼	线颜色	/	用于设定或改变结构线的颜色
21	── ▼	线类型	/	用于设定或改变结构线类型
22	▥	播放演示	/	播放工具操作的录像
23	▷?	帮助	/	工具使用帮助的快捷方式

三、设计工具栏

1. 设计工具栏（图 3-11）

图3-11 设计工具栏

2. 工具功能介绍（表 3-3）

表 3-3 设计工具功能介绍

序号	图标	名称	快捷键	功能
1	▹	调整工具	A	用于调整曲线的形状，修改曲线上控制点的个数，曲线点与转折点的转换，改变钻孔、扣眼、省、褶的属性
2	⛢	合并调整	N	将线段移动旋转后调整，常用于调整前后袖窿、下摆、省道、前后领口及肩点拼接处等位置的调整。适用于纸样、结构线
3	⛥	对称调整	M	对纸样或结构线对称后调整，常用于对领的调整
4	⛰	省褶合起调整	/	把纸样上的省、褶合并起来调整。只适用于纸样
5	⛬	曲线定长调整	/	在曲线长度保持不变的情况下，调整其形状。对结构线、纸样均可操作

续表

序号	图标	名称	快捷键	功能
6		线调整	/	光标为 时可检查或调整两点间曲线的长度、两点间直度，也可以对端点偏移调整，光标为 时可自由调整一条线的一端点到目标位置上。适用于纸样、结构线
7		智能笔	F	用来画线、作矩形、调整、调整线的长度、连角、加省山、删除、单向靠边、双向靠边、移动（复制）点线、转省、剪断（连接）线、收省、不相交等距线、相交等距线、圆规、三角板、偏移点（线）、水平垂直线、偏移等综合了多种功能
8		矩形	S	用来做矩形结构线、纸样内的矩形辅助线
9		圆角	/	在不平行的两条线上，做等距或不等距圆角。用于制作西服前幅底摆，圆角口袋。适用于纸样、结构线
10		三点圆弧	/	过三点可画一段圆弧线或画三点圆。适用于画结构线、纸样辅助线画圆弧、画圆
11		CR圆弧	/	适用于画结构线、纸样辅助线
12		椭圆	/	在草图或纸样上画椭圆
13		角度线	/	作任意角度线，过线上（线外）一点作垂线、切线（平行线）。结构线、纸样上均可操作
14		点到圆或两圆之间的切线	/	作点到圆或两圆之间的切线。可在结构线上操作也可以在纸样的辅助线上操作
15		等份规	D	在线上加等份点、在线上加反向等距点。在结构线上或纸样上均可操作
16		点	P	在线上定位加点或空白处加点。适用于纸样、结构线
17		圆规	C	单圆规：作从关键点到一条线上的定长直线。常用于画肩斜线、夹直、裤子后腰、袖山斜线等 双圆规：通过指定两点，同时作出两条指定长度的线。常用于画袖山斜线、西装驳头等。纸样、结构线上都能操作
18		剪断线	Shift+C	用于将一条线从指定位置断开，变成两条线。或把多段线连接成一条线。可以在结构线上操作也可以在纸样辅助线上操作
19		关联/不关联	/	端点相交的线用调整工具调整时，使用过关联的两端点会一起调整，使用过不关联的两端点不会一起调整。在结构线、纸样辅助线上均可操作。端点相交的线默认为关联
20		橡皮擦	E	用来删除结构图上点、线，纸样上的辅助线、剪口、钻孔、省褶等

续表

序号	图标	名称	快捷键	功能
21		收省	/	在结构线上插入省道。只适用于结构线上操作
22		加省山	/	给省道上加省山。适用在结构线上操作
23		插入省褶	/	在选中的线段上插入省褶，纸样、结构线上均可操作。常用于制作泡泡袖，立体口袋等
24		转省	/	用于将结构线上的省作转移。可同心转省，也可以不同心转，可全部转移也可以部分转移，也可以等分转省，转省后新省尖在原位置也可以不在原位置。适用于在结构线上的转省
25		褶展开	/	用褶将结构线展开，同时加入褶的标识及褶底的修正量。只适用于在结构线上操作
26		分割\展开\去除余量	/	对结构线进行修改，可对一组线展开或去除余量。常用于对领、荷叶边、大摆裙等的处理。在纸样、结构线上均可操作
27		荷叶边	/	做螺旋荷叶边。只针对结构线操作
28		比较长度	R	用于测量一段线的长度、多段线相加所得总长、比较多段线的差值，也可以测量剪口到点的长度。在纸样、结构线上均可操作
29		量角器	/	在纸样、结构线上均能操作，测量一条线的水平夹角、垂直夹角；测量两条线的夹角；测量三点形成的角；测量两点形成的水平角、垂直角
30		旋转	Ctrl+B	用于旋转复制或旋转一组点或线。适用于结构线与纸样辅助线
31		对称	K	根据对称轴对称复制（对称移动）结构线或纸样
32		移动	G	用于复制或移动一组点、线、扣眼、扣位等
33		对接	J	用于把一组线向另一组线上对接
34		剪刀	W	用于从结构线或辅助线上拾取纸样
35		拾取内轮廓	/	在纸样内挖空心图。可以在结构线上拾取，也可以将纸样内的辅助线形成的区域挖空
36		设置线的颜色线型	/	用于修改结构线的颜色、线类型、纸样辅助线的线类型与输出类型
37		加入\调整工艺图片	/	与【文档】菜单的【保存到图库】命令配合制作工艺图片，调出并调整工艺图片；可复制位图应用于办公软件中
38		加文字	/	用于在结构图上或纸样上加文字、移动文字、修改或删除文字，且各个码上的文字可以不一样

四、纸样工具栏

1. 纸样工具栏（图3-12）

图3-12 纸样工具栏

2. 工具功能介绍（表3-4）

表3-4 纸样工具功能介绍

序号	图标	名称	功能
1		选择纸样控制点	用来选中纸样、选中纸样上边线点、选中辅助线上的点、修改点的属性
2		缝迹线	在纸样边线上加缝迹线、修改缝迹线
3		绗缝线	在纸样上添加绗缝线、修改绗缝线
4		加缝份	用于给纸样加缝份或修改缝份量及切角
5		做衬	用于在纸样上做朴样、贴样
6		剪口	在纸样边线上加剪口、拐角处加剪口以及辅助线指向边线的位置加剪口，调整剪口的方向，对剪口放码、修改剪口的定位尺寸及属性
7		袖对刀	在袖隆与袖山上同时打剪口，并且前袖隆、前袖山打单剪口，后袖隆、后袖山打双剪口
8		眼位	在纸样上加眼位、修改眼位。在放码的纸样上，各码眼位的数量可以相等也可以不相等，也可加组扣眼
9		钻孔	在纸样上加钻孔（扣位），修改钻孔（扣位）的属性及个数。在放码的纸样上，各码钻孔的数量可以相等也可以不相等，也可加钻孔组
10		褶	在纸样边线上增加或修改刀褶、工字褶。也可以把在结构线上加的褶用该工具变成褶图元。做通褶时在原纸样上会把褶量加进去，纸样大小会发生变化，如果加的是半褶，只是加了褶符号，纸样大小不改变
11		V形省	在纸样边线上增加或修改V形省，也可以把在结构线上加的省用该工具变成省图元
12		锥形省	在纸样上加锥形省或菱形省
13		比拼行走	一个纸样的边线在另一个纸样的边线上行走时，可调整内部线对接是否圆顺，也可以加剪口
14		布纹线	用于调整布纹线的方向、位置、长度以及布纹线上的文字信息

续表

序号	图标	名称	功能
15		旋转衣片	用于旋转纸样
16		水平垂直翻转	用于将纸样翻转
17		水平\垂直校正	将一段线校正成水平或垂直状态，常用于校正读图纸样
18		重新顺滑曲线	用于调整曲线并且关键点的位置保留在原位置，常用于处理读图纸样
19		曲线替换	结构线上的线与纸样边线间互换，也可以把纸样上的辅助线变成边线（原边线也可转换辅助线）
20		纸样变闭合辅助线	将一个纸样变为另一个纸样的闭合辅助线
21		分割纸样	将纸样沿辅助线剪开
22		合并纸样	将两个纸样合并成一个纸样。有两种合并方式：(1)为以合并线两端点的连线合并，(2)为以曲线合并
23		纸样对称	有关联对称纸样与不关联对称纸样两种功能，关联对称后的纸样，在其中一半纸样的修改时，另一半也联动修改。不关联对称后的纸样，在其中一半的纸样上改动，另一半不会跟着改动
24		缩水	根据面料对纸样进行整体缩水处理。针对选中线可进行局部缩水

五、放码工具栏

1. 放码工具栏（图 3-13）

图3-13 放码工具栏

2. 工具功能介绍（表 3-5）

表 3-5 放码工具功能介绍

序号	图标	名称	功能
1		平行交点	用于纸样边线的放码，用过该工具后与其相交的两边分别平行。常用于西服领口的放码
2		辅助线平行放码	针对纸样内部线放码，用该工具后，内部线各码间会平行且与边线相交
3		辅助线放码	相交在纸样边线上的辅助线端点按照到边线指定点的长度来放码

续表

序号	图标	名称	功能
4		肩斜线放码	使各码不平行肩斜线平行
5		各码对齐	将各码放码量按点或剪口（扣位、眼位）线对齐或恢复原状
6		圆弧放码	可对圆弧的角度、半径、弧长来放码
7		拷贝点放码量	拷贝放码点、剪口点、交叉点的放码量到其他的放码点上
8		点随线段放码	根据两点的放码比例对指定点放码。可以用来宠物衣服来放码
9		设定\取消辅助线随边线放码	辅助线随边线放码，辅助线不随边线放码

六、隐藏工具

1. 隐藏工具工具栏（图 3-14）

图3-14　隐藏工具工具栏

2. 工具功能介绍（表 3-6）

表 3-6　隐藏工具功能介绍

序号	图标	名称	快捷键	功能
1		平行调整	/	平行调整一段线或多段线
2		比例调整	/	按比例调整一段线或多段线。按【Shift】键切换
3		线	/	画自由的曲线或直线
4		连角	V	用于将线段延长至相交并删除交点外非选中部分
5		水平垂直线	/	在关键的两点（包括两线交点或线的端点）上连一个直角线
6		等距线	Q	用于画一条线的等距线
7		相交等距线	B	用于画与两边相交的等距线，可同时画多条

续表

序号	图标	名称	快捷键	功能
8		靠边	T	有单向靠边与双向靠边两种情况。单向靠边，同时将多条线靠在一条目标线上。双向靠边，同时将多条线的两端同时靠在两条目标线上
9		放大	空格键	用于放大或全屏显示工作区的对象
10		移动纸样	空格键	将纸样从一个位置移至另一个位置，或将两个纸样按照一点对应重合
11		三角板	/	用于作任意直线的垂直或平行线（延长线）
12		对剪口	/	用于两组线间打剪口，并可加入容位
13		交接 / 调校 XY 值	/	既可以让辅助线基码沿线靠边，又可以让辅助线端点在 X 方向（或 Y 方向）的放码量保持不变而在 Y 方向（或 X 方向）上靠边放码
14		平行移动	/	沿线平行调整纸样
15		不平行调整	/	在纸样上增加一条不平行线或者不平行调整边线或辅助线
16		圆弧展开	/	在结构线或纸样上或在空白处做圆弧展开
17		圆弧切角	/	作已知圆弧半径并同时与两条不平行的线相切的弧
18		对应线长 / 调校 XY 值	/	用多个放好码的线段之和来对单个点来放码
19		整体放大 / 缩小纸样	/	把整个纸样平行放大或缩小
20	1:10	比例尺	/	将结构线或纸样按比例放大或缩小到指定尺寸
21	TIU VU	修改剪口类型	/	修改单个剪口或多个剪口类型
22		等角放码	/	调整角的放码量使各码的角度相等。可用于调整后浪及领角
23		等角度（调校 XY）	/	调整角一边的放码点使各码角度相等
24		等角度边线延长	/	延长角度一边的线长，使各码角度相同
25	0.5 .12	档差标注	/	给放码纸样加档差标注
26		激光模板	/	用来设置镂空线的宽度。常用来制作激光模板

七、菜单栏

1. 文档菜单栏工具栏（图3-15）

新建 (N)	Ctrl+N
打开 (O)...	Ctrl+O
保存 (S)	Ctrl+S
另存为 (A)...	Ctrl+A
保存到图库 (B)	

安全恢复...

档案合并 (U)...
自动打板...

打开AAMA/ASTM格式文件
打开TIIP格式文件
输出ASTM文件

打印号型规格表 (T)
打印纸样信息单 (I)...
打印总体资料单 (G)...
打印纸样 (P)...
打印机设置 (R)...

数化板设置 (E)...

1 F:\女西服.dgs
2 原型四开女西装.dgs
3 F:\新原型制板\弯驳领西装.dgs
4 F:\新原型制板\带帽时装夹克.dgs
5 F:\新原型制板\原型女衬衫.dgs

退出 (X)

图3-15　文档菜单栏工具栏

2. 工具功能介绍（表3-7）

表3-7　菜单工具功能介绍

序号	名称	快捷键	功能
1	另存为	A 或　Ctrl+A	该命令是用于给当前文件做一个备份
2	保存到图库	/	与  【加入/调整工艺图片】工具配合制作工艺图库
3	安全恢复	/	因断电没有来得及保存的文件，用该命令可找回来
4	档案合并	/	把文件名不同的档案合并在一起
5	自动打版	/	调入公式法打版文件，可以在尺寸规格表中修改需要的尺寸
6	打开 AAMA/ASTM 格式文件	/	可打开AAMA/ASTM格式文件，该格式是国际通用格式
7	打开 TIIP 格式文件	/	用于打开日本的 *.dxf 纸样文件，TIIP 是日本文件格式
8	打开 AutoCAD/DXF 文件	/	用于打开 AutoCAD 输出的 DXF 文件
9	输出 ASTM 文件	/	把本软件文件转成 ASTM 格式文件
10	打印号型规格	/	该命令用于打印号型规格表

续表

序号	名称	快捷键	功能
11	打印纸样信息单	/	用于打印纸样的详细资料，如纸样的名称、说明、面料、数量等
12	打印总体资料单	/	用于打印所有纸样的信息资料，并集中显示在一起
13	打印纸样	/	用于在打印机上打印纸样或草图
14	打印机设置	/	用于设置打印机型号及纸张大小及方向
15	数化板设置	E	对数化板指令信息设置
16	最近用过的 5 个文件	/	可快速打开最近用过的 5 个文件
17	退出	/	该命令用于结束本系统的运行

八、编辑菜单

1. 编辑菜单（图 3-16）

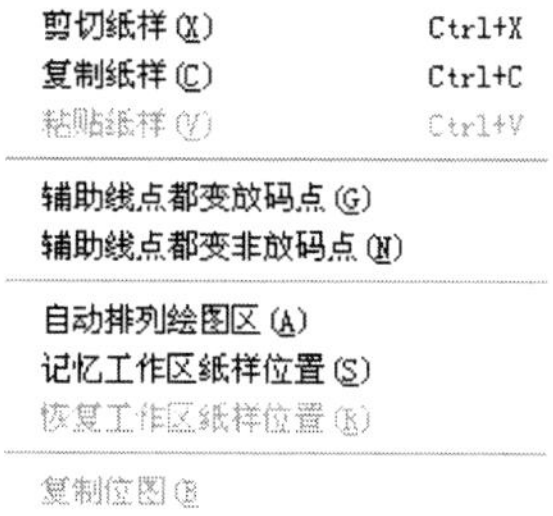

剪切纸样 (X)　　　　　　　　Ctrl+X
复制纸样 (C)　　　　　　　　Ctrl+C
粘贴纸样 (V)　　　　　　　　Ctrl+V

辅助线点都变放码点 (G)
辅助线点都变非放码点 (N)

自动排列绘图区 (A)
记忆工作区纸样位置 (S)
恢复工作区纸样位置 (R)

复制位图 (B)

图3-16　编辑菜单

2. 工具功能介绍（表 3-8）

表 3-8　编辑工具功能介绍

序号	名称	快捷键	功能
1	剪切纸样	Ctrl+X	该命令与粘贴纸样配合使用，把选中纸样剪切剪贴板上
2	复制纸样	Ctrl+C	该命令与粘贴纸样配合使用，把选中纸样复制剪贴板上
3	粘贴纸样	Ctrl+V	该命令与复制纸样配合使用，使复制在剪贴板的纸样粘贴在目前打开的文件中
4	辅助线点都变放码点	G	将纸样中的辅助线点都变成放码点
5	辅助线点都变非放码点	N	将纸样内的辅助线点都变非放码点。操作与辅助线点都变放码点相同
6	自动排列绘图区	/	把工作区的纸样进行按照绘图纸张的宽度排列，省去手动排列的麻烦
7	记忆工作区中纸样位置	/	再次应用

续表

序号	名称	快捷键	功能
8	恢复上次记忆的位置	/	对已经执行【记忆工作区中纸样位置】的文件，再打开该文件时，用该命令可以恢复上次纸样在工作区中的摆放位置
9	复制位图	/	该命令与  ▦ 加入\调整工艺图片配合使用，将选择的结构图以图片的形式复制在剪贴板上

九、纸样菜单

1. 纸样菜单（图3-17）

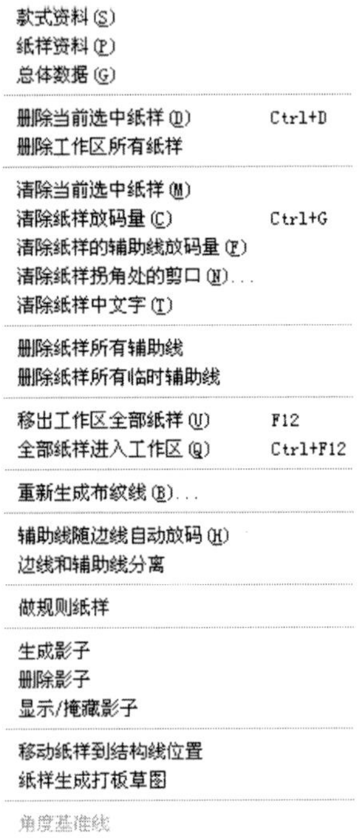

```
款式资料 (S)
纸样资料 (P)
总体数据 (G)

删除当前选中纸样 (D)        Ctrl+D
删除工作区所有纸样

清除当前选中纸样 (M)
清除纸样放码量 (C)          Ctrl+G
清除纸样的辅助线放码量 (F)
清除纸样拐角处的剪口 (N)…
清除纸样中文字 (T)

删除纸样所有辅助线
删除纸样所有临时辅助线

移出工作区全部纸样 (U)      F12
全部纸样进入工作区 (Q)      Ctrl+F12

重新生成布纹线 (B)…

辅助线随边线自动放码 (H)
边线和辅助线分离

做规则纸样

生成影子
删除影子
显示/掩藏影子

移动纸样到结构线位置
纸样生成打板草图

角度基准线
```

图3-17　纸样菜单

2. 工具功能介绍（表3-9）

表3-9　纸样工具功能介绍

序号	名称	快捷键	功能
1	款式资料	S	用于输入同一文件中所有纸样的共同信息。在款式资料中输入的信息可以在布纹线上下显示，并可传送到排料系统中随纸样一起输出
2	纸样资料	P	编辑当前选中纸样的详细信息。快捷方式：在衣片列表框上双击纸样
3	总体数据	/	查看文件不同布料的总的面积或周长，以及单个纸样的面积、周长
4	删除当前选中纸样	D 或 Ctrl+D	将工作区中的选中纸样从衣片列表框中删除

续表

序号	名称	快捷键	功能
5	删除工作区中所有纸样	/	将工作区中的全部纸样从衣片列表框中删除
6	清除当前选中纸样	M	清除当前选中的纸样的修改操作，并把纸样放回衣片列表框中。用于多次修改后再回到修改前的情况
7	清除纸样放码量	C 或 Ctrl+G	用于清除纸样的放码量
8	清除纸样的辅助线放码量	F	用于删除纸样辅助线的放码量
9	清除纸样拐角处的剪口	/	用于删除纸样拐角处的剪口
10	清除纸样中文字	T	清除纸样中用 T 工具写上的文字。（注意：不包括布纹线上下的信息文字）
11	删除纸样所有辅助线	/	用于删除纸样的辅助线
12	删除纸样所有临时辅助线	/	用于删除纸样的临时辅助线
13	移出工作区全部纸样	U 或 F12	将工作区全部纸样移出工作区
14	全部纸样进入工作区	Q 或 Ctrl+F12	将纸样列表框的全部纸样放入工作区
15	重新生成布纹线	B	恢复编辑过的布纹线至原始状态
16	辅助线随边线自动放码	/	将与边线相接的辅助线随边线自动放码
17	边线和辅助线分离	/	使边线与辅助线不关联。使用该功能后选中边线点入码时，辅助线上的放码量保持不变
18	做规则纸样	/	做圆或矩形纸样
19	生成影子	/	将选中纸样上所有点线生成影子，方便在改版后可以看到改版前的影子
20	删除影子	/	删除纸样上的影子
21	显示 \ 掩藏影子	/	用于显示或掩藏影子
22	移动纸样到结构线位置	/	将移动过的纸样再移到结构线的位置
23	纸样生成打版草图	/	将纸样生成新的打版草图
24	角度基准线	/	在纸样上定位。如在纸样上定袋位，腰位

十、号型菜单

1. 号型菜单（图 3-18）

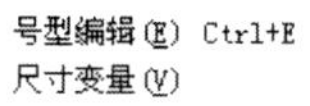

号型编辑(E) Ctrl+E
尺寸变量(V)

图3-18　号型菜单

2. 工具功能介绍（表 3-10）

表 3-10　号型菜单工具功能介绍

序号	名称	快捷键	功能
1	号型编辑	E 或 Ctrl+E	编辑号型尺码及颜色，以便放码。可以输入服装的规格尺寸，方便打版、自动放码时采用数据，同时也就备份了详细的尺寸资料
2	尺寸变量	/	该对话框用于存放线段测量的记录

十一、显示菜单

如图 3-19 所示，【状态栏】、【款式图】、【标尺】、【衣片列表框】、【快捷工具栏】、【设计工具栏】、【纸样工具栏】、【放码工具栏】、【自定义工具栏】、【显示辅助线】、【显示临时辅助线】勾选则显示对应内容，反之则不显示。

图3-19 显示菜单

十二、选项菜单

1. 选项菜单（图 3-20）

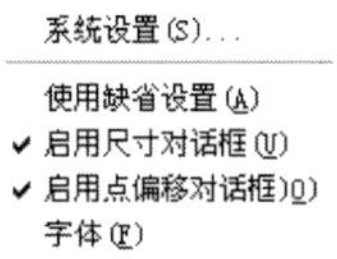

图3-20 选项菜单

2. 具功能介绍（表 3-11）

表 3-11 选项菜单工具功能介绍

序号	名称	快捷键	功能
1	系统设置	S	系统设置中有多个选项卡，可对系统各项进行设置
2	使用缺省设置	A	采用系统默认的设置
3	启用尺寸对话框	U	该命令前面有√显示，画指定长度线或定位或定数调整时可对话框显示，反之没有
4	启用点偏移对话框	O	该命令前面有√显示，用调整工具左键调整放码点时有对话框，反之没有
5	字体	F	用来设置工具信息提示、T 文字、布纹线上的字体、尺寸变量的字体等的字形和大小，也可以把原来设置过的字体再返回到系统默认的字体

十三、帮助菜单

1. 帮助菜单（图 3-21）

关于富怡DGS(A)...

图3-21 帮助菜单

2. 关于富怡 DGS

用于查看应用程版本、VID、版权等相关信息。

第四节　排料系统功能介绍

一、系统界面介绍

系统的工作界面就好比是用户的工作室，熟悉了这个界面也就熟悉了您的工作环境，自然就能提高工作效率（图 3-22）。

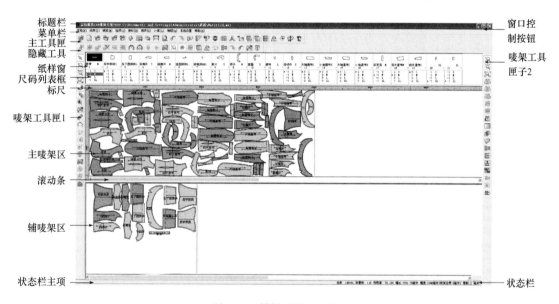

图3-22　排料系统界面介绍

1. 排料系统的特点

排料系统界面简洁而且思路清晰明确，所设计的排料工具功能强大、使用方便。为用户在竞争激烈的服装市场中提高生产效率，缩短生产周期，增加服装产品的技术含量和高附加值提供了强有力的保障。该系统主要具有以下特点：

（1）超级排料、全自动、手动、人机交互，按需选用。

（2）键盘操作，排料，快速准确。

（3）自动计算用料长度、利用率、纸样总数、放置数。

（4）提供自动、手动分床。

（5）对不同布料的唛架自动分床。

（6）对不同布号的唛架自动或手动分床。

（7）提供对格对条功能。

（8）可与裁床、绘图仪、切割机、打印机等输出设备接驳，进行小唛架图的打印及1：1唛架图的裁剪、绘图和切割。

2. 排料系统功能介绍（表3-12）

表3-12　排料系统工具功能介绍

序号	名称	功能
1	标题栏	位于窗口的顶部，用于显示文件的名称、类型及存盘的路径
2	菜单栏	由9组菜单组成的菜单栏，如下图所示，GMS菜单的使用方法符合Windows标准，单击其中的菜单命令可以执行相应的操作，快捷键为Alt加括号后的字母
3	主工具匣	该栏放置着常用的命令，为快速完成排料工作提供了极大的方便
4	隐藏工具	，后面介绍
5	超排工具	，后面介绍
6	纸样窗	纸样窗中放置着排料文件所需要使用的所有纸样，每一个单独的纸样放置在一小格的纸样框中。纸样框的大小可以通过拉动左右边界来调节其宽度，还可通过在纸样框上单击鼠标右键，在弹出的对话框内改变数值，调整其宽度和高度
7	尺码列表框	每一个小纸样框对应着一个尺码表，尺码表中存放着该纸样对应的所有尺码号型及每个号型对应的纸样数
8	标尺	显示当前唛架使用的单位
9	唛架工具匣1	，后面介绍
10	主唛架区	主唛架区可按自己的需要任意排列纸样，以取得最省布的排料方式
11	滚动条	包括水平和垂直滚动条，拖动可浏览主辅唛架的整个页面、纸样窗纸样和纸样各码数
12	辅唛架区	将纸样按码数分开排列在辅唛架上，方便主唛架排料
13	状态栏主项	状态栏主项位于系统界面的最底部左边，如果把鼠标移至工具图标上，状态栏主项会显示该工具名称；如果把鼠标移至主唛架纸样上，状态栏主项会显示该纸样的宽、高、款式名、纸样名称、号型、套号及光标所在位置的X坐标Y坐标。根据个人需要，可在参数设定中设置所需要显示的项目
14	窗口控制按钮	可以控制窗口最大化、最小化显示和关闭

续表

序号	名称	功能
15	布料工具匣	，后面介绍
16	唛架工具匣 2	，后面介绍
17	状态条	状态条位于系统界面的右边最底部，它显示着当前唛架纸样总数、放置在主唛架区纸样总数、唛架利用率、当前唛架的幅长、幅宽、唛架层数和长度单位

二、主工具匣

1. 主工具匣（图 3-23）

图3-23　主工具匣

2. 主工具匣工具功能介绍（表 3-13）

表 3-13　主工具匣工具功能介绍

序号	图标	名称	快捷键	功能
1		打开款式文件	D	①【载入】用于选择排料所需的纸样文件（可同时选中多个款式载入）。②【查看】用于查看【纸样制单】的所有内容。③【删除】用于删除选中的款式文件。④【添加纸样】用于添加另一个文件中或本文件中的纸样和载入的文件中的纸样一起排料。⑤【信息】用于查看选中文件信息
2		新建	N 或 Ctr +N	执行该命令，将产生新的唛架文件
3		打开	O 或 Ctrl+O	打开一个已保存好的唛架文档
4		打开前一个文件	/	在当前打开的唛架文件夹下，按名称排序后，打开当唛架的上一个文件
5		打开后一个文件	/	在当前打开的唛架文件夹下，按名称排序后，打开当唛架的后一个文件
6		打开原文件	/	在打开的唛架上进行多次修改后，想退回到最初状态，用此功能一步到位
7		保存	S 或 Ctrl + S	该命令可将唛架保存在指定的目录下，方便以后使用
8		存本床唛架	/	对于一个文件，在排唛时，分别排在几个唛架上时，这时将用到【存本床唛架】命令

续表

序号	图标	名称	快捷键	功能
9		打印	/	该命令可配合打印机来打印唛架图或唛架说明
10		绘图	/	用该命令可绘制 1：1 唛架。只有直接与计算机串行口或并行口相连的绘图机或在网络上选择带有绘图机的计算机才能绘制文件
11		打印预览	/	打印预览命令可以模拟显示要打印的内容以及在打印纸上的效果
12		后退	Ctrl+Z	撤销上一步对唛架纸样的操作
13		前进	Ctrl+X	返回用 后退工具后的上一步操作
14		增加样片	/	可以将选中纸样增加或减少纸样的数量，可以只增加或减少一个纸样的数量，也可以增加或减少所有码纸样的数量
15		单位选择	/	可以用来设定唛架的单位
16		参数设定	/	该命令包括系统一些命令的默认设置。它由【排料参数】、【纸样参数】、【显示参数】、【绘图打印】及【档案目录】五个选项卡组成
17		颜色设定	/	该命令为本系统的界面、纸样的各尺码和不同的套数等分别指定颜色
18		定义唛架	Ctrl+M	该命令可设置唛架（布封）的宽度、长、层数、面料模式及布边
19		字体设定	/	该命令可为唛架显示字体、打印、绘图等分别指定字体
20		参考唛架	/	打开一个已经排列好的唛架作为参考
21		纸样窗	/	用于打开或关闭纸样窗
22		尺码列表框	/	用于打开或关闭尺码表
23		纸样资料	/	放置着当前纸样当前尺码的纸样信息，也可以对其做出修改
24		旋转纸样	/	可对所选纸样进行任意角度旋转，还可复制其旋转纸样，生成一新纸样，添加到纸样窗内
25		翻转纸样	/	用于将所选中纸样进行翻转。若所选纸样尚未排放到唛架上，则可对该纸样进行直接翻转，可以不复制该纸样，若所选纸样已排放到唛架上，则只能对其进行翻转复制，生成相应新纸样，并将其添加到纸样窗内
26		分割纸样	/	将所选纸样按需要进行水平或垂直分割。在排料时，为了节约布料，在不影响款式式样的情况下，可将纸样剪开，分开排放在唛架上
27		删除纸样	/	删除一个纸样中的一个码或所有的码

三、唛架工具匣1

1. 唛架工具匣1（图3-24）

图3-24　唛架工具匣1

2. 唛架工具匣1工具功能介绍（表3-14）

表3-14　唛架工具匣1工具功能介绍

序号	图标	名称	功能
1		纸样选择	用于选择及移动纸样
2		唛架宽度显示	用左键单击 图标，主唛架就以宽度显示在可视界面
3		显示唛架上全部纸样	主唛架的全部纸样都显示在可视界面
4		显示整张唛架	主唛架的整张唛架都显示在可视界面
5		旋转限定	该命令是限制唛架工具1中 依角旋转工具、 顺时针90°旋转工具及键盘微调旋转的开关命令
6		翻转限定	该命令是用于控制系统是否读取【纸样资料】对话框中的有关是否【允许翻转】的设定，从而限制唛架工具匣1中垂直翻转、水平翻转工具的使用
7		放大显示	该命令可对唛架的指定区域进行放大、对整体唛架缩小以及对唛架的移动
8		清除唛架	用该命令可将唛架上所有纸样从唛架上清除，并将它们返回到纸样列表框
9		尺寸测量	该命令可测量唛架上任意两点间的距离
10		旋转唛架纸样	在 旋转限定工具凸起时，使用该工具对选中纸样设置旋转的度数和方向
11		顺时针90°旋转	【纸样】→【纸样资料】→【纸样属性】，排样限定选项点选的是【四向】或【任意】时；或虽选其他选项，当 旋转限定工具凸起时，可用该工具对唛架上选中纸样进行90°旋转

续表

序号	图标	名称	功能
12		水平翻转	【纸样】→【纸样资料】→【纸样属性】的排样限定选项中是【双向】、【四向】或【任意】，并且勾选【允许翻转】时，可用该命令对唛架上选中纸样进行水平翻转
13		垂直翻转	【纸样】→【纸片资料】→【纸样属性】的排样限定选项中的【允许翻转】选项有效时，可用该工具对纸样进行垂直翻转
14		纸样文字	该命令用来为唛架上的纸样添加文字
15		唛架文字	用于在唛架的未排放纸样的位置加文字
16		成组	将两个或两个以上的纸样组成一个整体
17		拆组	是与成组工具对应的工具，起到拆组作用
18		设置选中纸样虚位	在唛架区给选中纸样加虚位

四、唛架工具匣2

1. 唛架工具匣2（图3-25）

图3-25　唛架工具匣2

2. 唛架工具匣2工具功能介绍（表3-15）

表3-15　唛架工具匣2工具功能介绍

序号	图标	名称	功能
1		显示辅唛架宽度	使辅唛架以最大宽度显示在可视区域
2		显示辅唛架所有纸样	使辅唛架上所有纸样显示在可视区域
3		显示整个辅唛架	使整个辅唛架显示在可视区域
4		展开折叠纸样	将折叠的纸样展开

续表

序号	图标	名称	功能
5		纸样右折、纸样左折、纸样下折、纸样上折	当对圆桶唛架进行排料时，可将上下对称的纸样向上折叠、向下折叠，将左右对称的纸样向左折叠、向右折叠
6		裁剪次序设定	用于设定自动裁床裁剪纸样时的顺序
7		画矩形	用于画出矩形参考线，并可随排料图一起打印或绘图
8		重叠检查	用于检查纸样与纸样的重叠量及纸样与唛架边界的重叠量
9		设定层	纸样的部分重叠时可对重叠部分进行取舍设置
10		制帽排料	对选中纸样的单个号型进行排料，排列方式有正常、倒插、交错、@倒插、@交错
11		主辅唛架等比例显示纸样	将辅唛架上的"纸样"与主唛架"纸样"以相同比例显示出来
12		放置纸样到辅唛架	将纸样列表框中的纸样放置到辅唛架上
13		清除辅唛架纸样	将辅唛架上的纸样清除，并放回纸样窗
14		切割唛架纸样	将唛架上纸样的重叠部分进行切割
15		裁床对格设置	用于裁床上对格设置
16		缩放纸样	对整体纸样放大或缩小

五、布料工具匣

布料工具匣（图 3-26）主要是选择不同种类布料进行排料。

图3-26 布料工具匣

六、超排工具匣

1. 超排工具匣（图 3-27）

图3-27 超排工具匣

2. 超排工具匣功能介绍（表 3-16）

表 3-16 超排工具匣功能介绍

序号	图标	名称	功能
1		超级排料	超级排料工匣中的超级排料与排料菜单中超级排料命令作用相同
2		嵌入纸样	对唛架上重叠的纸样，嵌入其纸样至就近的空隙里面去
3		改变唛架纸样间距	对唛架上纸样的最小间距的设置
4		改变唛架宽度	改变唛架的宽度的同时，自动进行排料处理
5		拌动唛架	向左压缩唛架纸样，进一步提高利用率
6		捆绑纸样	对唛架上任意的多片纸样（必须大于1）进行捆绑
7		解除捆绑	对捆绑纸样的一个反操作，使被捆绑纸样不再具有被捆绑属性
8		固定纸样	对唛架上任意的一片或多片纸样进行固定
9		解除固定	对固定纸样的一个反操作，使固定纸样不再具有固定属性
10		查看捆绑记录	查看被捆绑了的纸样
11		查看锁定记录	查看固定纸样

七、隐藏工具

1. 隐藏工具（图 3-28）

图3-28 隐藏工具

2. 隐藏工具功能介绍（表 3-17）

表 3-17　隐藏工具功能介绍

序号	图标	名称	功能
1	⇐ ⇓ ⇑ ⇒	上、下、左、右四个方向移动工具	对选中样片作上、下、左、右四个方向移动，与数字键 8、2、4、6 的移动功能相同
2	✗	移除所选纸样（清除选中）	将唛架上所有选中的纸样从唛架上清除，并将它们返回到纸样列表框。与删除纸样是不一样的
3	✳	旋转角度四向取整	用鼠标进行人工旋转纸样的角度控制开关命令
4	▮▮	开关标尺	开关唛架标尺
5	⌐	合并	将两个幅宽一样的唛架合并成一个唛架
6	⬚?	在线帮助	使用帮助的快捷方式
7	⊖	缩小显示	使主唛架上的纸样缩小显示恢复到前一显示比例
8	⊖	辅唛架缩小显示	使辅唛架纸样缩小显示恢复到前一显示比例
9	↱	逆时针 90° 旋转	【纸样】→【纸样资料】→【纸样属性】，排样限定选项点选的是【四向】或【任意】时，或虽其他选项，当 ✋ 旋转限定工具凸起时，可用该工具对唛架上选中纸样进行 90° 旋转
10	⌒	180° 旋转	纸样布纹线是【双向】、【四向】或【任意】时，可用该工具对唛架上选中纸样进 180° 旋转
11	☊	边点旋转	①当 ✋ 凸起时，使用边点旋转工具可使选中纸样以单击点为轴心对所选纸样进行任意角度旋转。②当 ✋ 样进行 180° 旋转，纸样布纹线为【四向】时进时 90° 旋转，【任意】时唛架纸样任意角度旋转
12	☋	中点旋转	①当 ✋ 凸起时，使用中点旋转工具可使选中纸样以中点为轴心对所选纸样进行任意角度旋转。②当 ✋ 凹陷时，纸样布纹线为【双向】时，使用中点旋转工具可使选中纸样以纸样中点为轴心对所选唛架纸样进行 180° 旋转，纸样布纹线为【四向】时进时 90° 旋转，【任意】时唛架纸样任意角度旋转

八、菜单栏

1. 菜单栏（图3-29）

| 文档[F] | 纸样[P] | 唛架[M] | 选项[O] | 排料[N] | 裁床[C] | 计算[L] | 制帽[k] | 系统设置 | 帮助[H] |

图3-29　菜单栏

2. 文档菜单（图3-30）

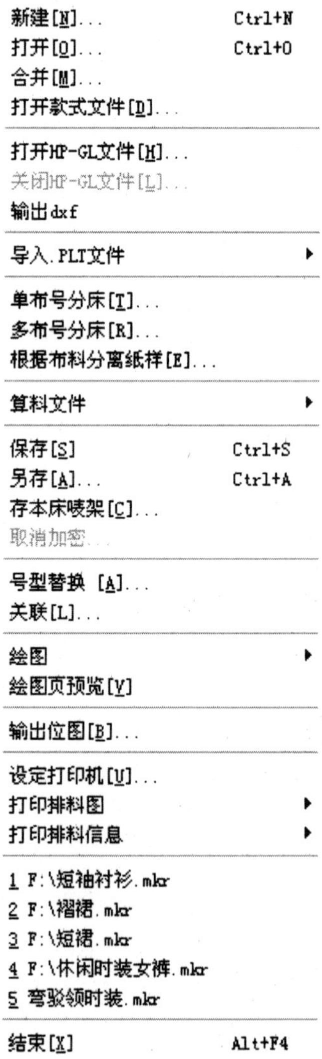

新建[N]...	Ctrl+N
打开[O]...	Ctrl+O
合并[M]...	
打开款式文件[D]...	
打开HP-GL文件[H]...	
关闭HP-GL文件[L]...	
输出dxf	
导入.PLT文件	▶
单布号分床[T]...	
多布号分床[R]...	
根据布料分离纸样[E]...	
算料文件	▶
保存[S]	Ctrl+S
另存[A]...	Ctrl+A
存本床唛架[C]...	
取消加密	
号型替换 [A]...	
关联[L]...	
绘图	▶
绘图页预览[V]	
输出位图[B]...	
设定打印机[U]...	
打印排料图	▶
打印排料信息	▶
1 F:\短袖衬衫.mkr	
2 F:\褶裙.mkr	
3 F:\短裙.mkr	
4 F:\休闲时装女裤.mkr	
5 弯驳领时装.mkr	
结束[X]	Alt+F4

图3-30　文档菜单

3. 工具功能介绍（表 3-18）

表 3-18　工具功能介绍

序号	名称	功能
1	打开 HP-GL 文件	用于打开 HP-GL（*.plt）文件，可查看也可以绘图
2	关闭 HP-GL 文件	用于关闭已打开的 HP-GL（*.plt）文件
3	输出 DXF	将唛架以 DXF 的格式保存，以便在其他的 CAD 系统中调出运用，从而达到本系统与其他 CAD 系统的接驳
4	导入 PLT 文件	可以导入富怡（RichPeace）与格柏（Gerber）输出 PLT 文件，在该软件中进行再次排料
5	单布号分床	将当前打开唛架，根据码号分为多床的唛架文件并保存
6	多布号分床	用于将当前打开唛架根据布号，以套为单位，分为多床的唛架文件保存
7	根据布料分离纸样	将唛架文件根据布料类型自动分开纸样
8	算料文件	①用于快速、准确的计算出服装订单的用布总量。②用于打开已经保存的算料文件。③根据不同布料计算某款订单所用不同布种的用布量。④用于打开已经保存的多布算料文件
9	另存	用于为当前文件做备份（Ctrl+A）
10	取消加密	对已经加了密的文件取消它的加密程序
11	号型替换	为了提高排料效率，在已排好唛架上替换号型中的一套或多套
12	关联	对已经排好的唛架，纸样又需要修改时，在设计与放码系统中修改保存后，应用关联可对之前已排好的唛架自动更新，不需要重新排料
13	绘图—批量绘图	同时绘制多床唛架
14	绘图页预览	可以选页绘图。绘图仅在绘较长唛架时，由于某原因没能把唛架完整绘出，此时用"绘图页预览"，只需把未绘的唛架绘出即可
15	输出位图	用于将整张唛架输出为 .bmp 格式文件，并在唛架下面输出一些唛架信息。可用来在没有装 CAD 软件的计算机上查看唛架
16	设定打印机	用于设置打印机型号、纸张大小、打印方向等
17	打印排料图	对打印排料图的尺寸大小及页边距设定
18	打印排料信息	对打印排料信息进行设定
19	最近文件	该命令可快速地打开最近用过的 5 个文件
20	结束	该命令用于结束本系统的运行（Alt+F4）

4. 纸样菜单（快捷键 P）（图 3-31）

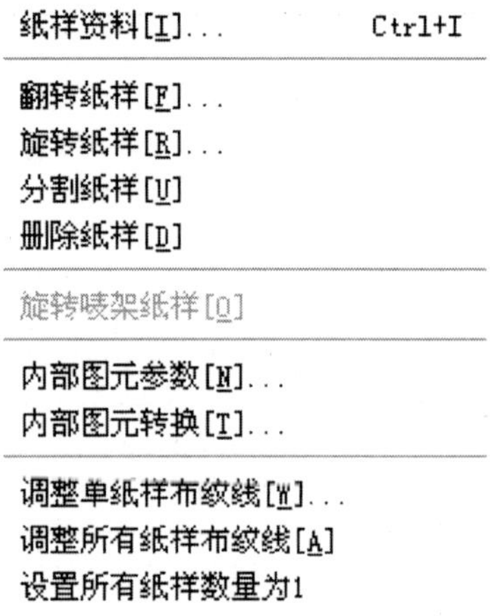

纸样资料[I]...   Ctrl+I

翻转纸样[F]...
旋转纸样[R]...
分割纸样[U]
删除纸样[D]

旋转唛架纸样[O]

内部图元参数[N]...
内部图元转换[T]...

调整单纸样布纹线[W]...
调整所有纸样布纹线[A]
设置所有纸样数量为1

图3-31 纸样菜单

5. 纸样菜单工具功能介绍（表 3-19）

6. 唛架菜单（快捷键 M）（图 3-32）

表 3-19 纸样菜单工具功能介绍

序号	名称	功能
1	内部图元参数	内部图元命令是用来修改或删除所选纸样内部的剪口、钻孔等服装附件的属性。图元即指剪口、钻孔等服装附件。用户可改变这些服装附件的大小、类型等选项的特性
2	内部图元转换	用该命令可改变当前纸样，或当前纸样所有尺码，或全部纸样内部的所有附件的属性。它常常用于同时改变唛架上所有纸样中的某一种内部附件的属性，而刚刚讲述的【内部图元参数】命令则只用于改变某一个纸样中的某一个附件的属性
3	调整单纸样布纹线	调整选择纸样的布纹线
4	调整所有纸样布纹线	调整所有纸样的布纹线位置
5	设置所有纸样数量为1	将所有纸样的数量改为1。常用于在排料中排"纸版"

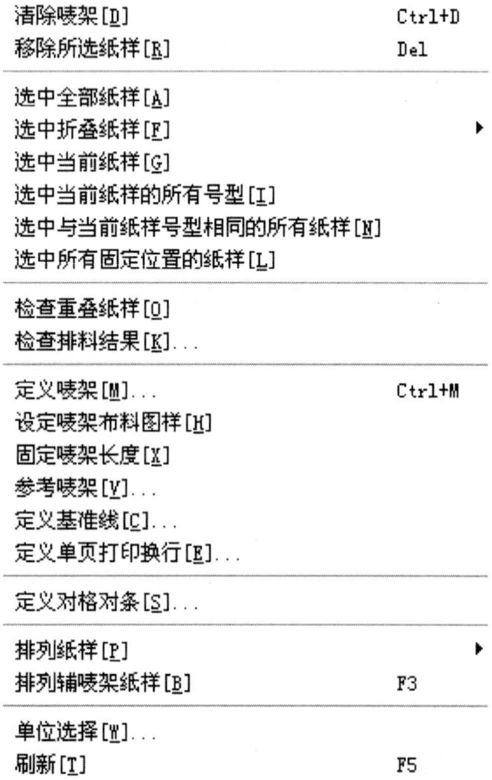

清除唛架[D]   Ctrl+D
移除所选纸样[R]   Del

选中全部纸样[A]
选中折叠纸样[F]   ▶
选中当前纸样[G]
选中当前纸样的所有号型[I]
选中与当前纸样号型相同的所有纸样[N]
选中所有固定位置的纸样[L]

检查重叠纸样[O]
检查排料结果[K]...

定义唛架[M]...   Ctrl+M
设定唛架布料图样[H]
固定唛架长度[X]
参考唛架[V]...
定义基准线[C]...
定义单页打印换行[E]...

定义对格对条[S]...

排列纸样[P]   ▶
排列辅唛架纸样[B]   F3

单位选择[W]...
刷新[T]   F5

图3-32 唛架菜单

7. 唛架菜单工具功能介绍（表 3-20）

表 3-20 唛架菜单工具功能介绍

序号	名称	功能
1	选中全部纸样	用该命令可将唛架区的纸样全部被选中
2	选中折叠纸样	①将折叠在唛架上端的纸样全部选中。②将折叠在唛架下端的纸样全部选中。③将折叠在唛架左端的纸样全部选中。④将所有折叠纸样全部选中
3	选中当前纸样	将当前选中纸样的当前号型全部纸样选中
4	选中当前纸样的所有号型	将当前选中纸样所有号型的全部纸样选中
5	选中与当前纸样号型相同的所有纸样	将当前选中纸样号型相同的全部纸样选中
6	选中所有固定位置的纸样	将所有固定位置的纸样全选中
7	检查重叠纸样	检查重叠纸样
8	检查排料结果	当纸样被放置在唛架上，可用此命令检查排料结果。您可用排料结果检查对话框检查已完成套数，未完成套数及重叠纸样。通过它您还可了解原定单套数，每套纸样数，不成套纸样数等
9	设定唛架布料图样	显示唛架布料图样
10	固定唛架长度	以所排唛架的实际长度固定【唛架设定】中的唛架长度
11	定义基准线	在唛架上做标记线，排料时可以做参考，标示排料的对齐线，把纸样向各个方向移动时，可以使纸样以该线对齐；也可以在排好的对条格唛架上，确定下针的位置。并且在小型打印机上可以打印基准线在唛架上位置及间距
12	定义单页换行	用于设定打印机打印唛架时分行的位置及上下唛架之间的间距
13	定义条格对条	用于设定布料条格间隔尺寸、设定对格标记及标记对应纸样的位置
14	排列纸样	可以将唛架上的纸样以各种形式对齐
15	排列辅唛架纸样	将辅唛架的纸样重新按号型排列（快捷键 F3）
16	刷新	用于清除在程序运行过程中出现的残留点，这些点会影响显示的整洁，因此，必须及时清除（快捷键 F5）

8. 选项菜单（快捷键 O）（图 3-33）

选项菜单包括了一些常用的开 / 关命令。其中【参数设定】、【旋转限定】、【翻转限定】、【颜色】、【字体】这几个命令在工具匣都有对应的快捷图标。

9. 选项菜单工具功能介绍（表 3-21）

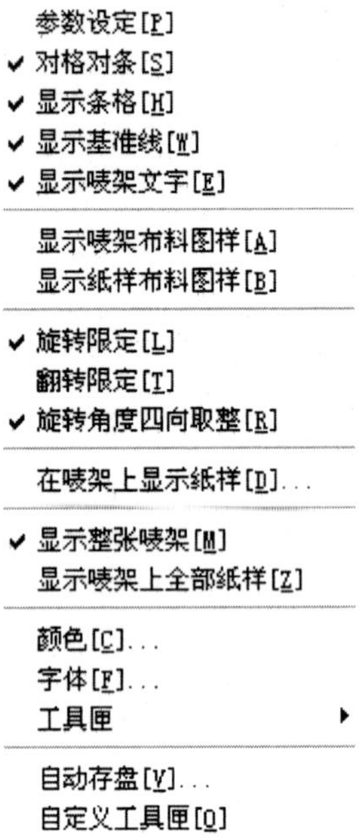

表3-21 选项菜单工具功能介绍

参数设定[P]
✔ 对格对条[S]
✔ 显示条格[H]
✔ 显示基准线[W]
✔ 显示唛架文字[E]

显示唛架布料图样[A]
显示纸样布料图样[B]

✔ 旋转限定[L]
翻转限定[T]
✔ 旋转角度四向取整[R]

在唛架上显示纸样[D]...

✔ 显示整张唛架[M]
显示唛架上全部纸样[Z]

颜色[C]...
字体[F]...
工具匣　　　　　　　▶

自动存盘[V]...
自定义工具匣[Q]

图3-33　选项菜单

序号	名称	功能
1	对格对条	此命令是开关命令，用于条格，印花等图案的布料的对位
2	显示条格	单击【选项】菜单→【显示条格】勾选该选项则显示条格。反之，则不显示
3	显示基准线	用于在定义基准线后控制其显示与否
4	显示唛架文字	用于在定义唛架文字后控制其显示与否
5	显示唛架布料图样	用于在定义唛架布料图样后控制其显示与否
6	显示纸样布料图样	用于在定义纸样布料图样后控制其显示与否
7	在唛架上显示纸样	决定将纸样上的指定信息显示在屏幕上或随档案输出
8	工具匣	用于控制工具匣的显示与否
9	自动存盘	按设定时间，设定路径、文件名存储文档，以免出现停电等造成丢失文件的意外情况
10	自定义工具匣	添加自定义工具

10. 排料菜单（快捷键N）（图3-34）

排料菜单包括与自动排料相关的一些命令。

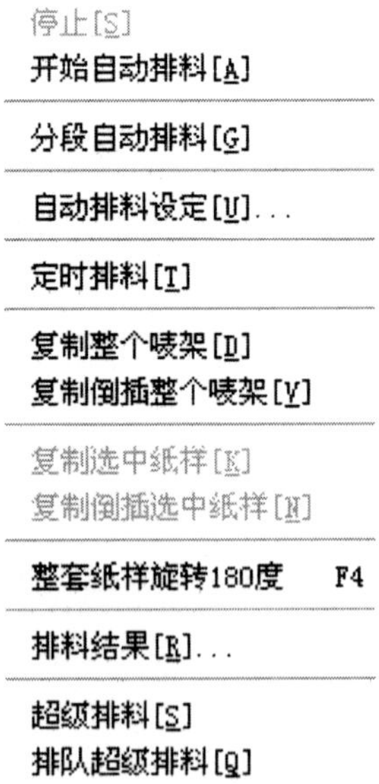

停止[S]
开始自动排料[A]

分段自动排料[G]

自动排料设定[U]...

定时排料[T]

复制整个唛架[D]
复制倒插整个唛架[V]

复制选中纸样[K]
复制倒插选中纸样[N]

整套纸样旋转180度　　F4

排料结果[R]...

超级排料[S]
排队超级排料[Q]

图3-34　排料菜单

11. 排料菜单工具功能介绍（表 3-22）

表 3-22　排料菜单工具功能介绍

序号	名称	功能
1	停止	用来停止自动排料程序的
2	开始自动排料	开始进行自动排料指令
3	分段自动排料	用于排切割机唛架图时，自动按纸张大小分段排料
4	自动排料设定	自动排料设定命令是用来设定自动排料程序的【速度】的。在自动排料开始之前，根据需要在此对自动排料速度做出选择
5	定时排料	可以设定排料用时、利用率，系统会在指定时间内自动排出利用率最高的的一床唛架，如果排的利用率比设定的高就显示
6	复制整个唛架	手动排料时，某些纸样已手动排好一部分，而其剩余部分纸样想参照已排部分进行排料时，可用该命令，剩余部分就按照其已排的纸样的位置进行排放
7	复制整个倒插唛架	使未放置的纸样参照已排好唛架的排放方式排放并且旋转 180°
8	复制选中纸样	使选中纸样的剩余的部分，参照已排好的纸样的排放方式排放
9	复制倒插选中纸样	使选中纸样剩余的部分，参照已排好的纸样的排放方式，旋转 180° 排放
10	整套纸样旋转 180°	使选中纸样的整套纸样做 180° 旋转（快捷键 F4）
11	排料结果	报告最终的布料利用率、完成套数、层数、尺码、总裁片数和所在的纸样档案
12	排队超级排料	在一个排料界面中排队超排

12. 裁床菜单（快捷键 C）（图 3-35）

（1）裁剪次序设定：用于设定自动裁剪纸样时的顺序。

（2）自动生成裁剪次序：手动编辑过裁剪顺序，用该命令可重新生成裁剪次序。

13. 计算菜单（快捷键 L）（图 3-36）

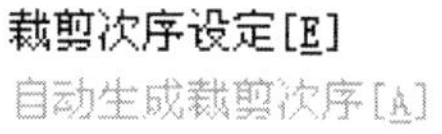

裁剪次序设定[E]

自动生成裁剪次序[A]

计算布料重量[M]...

利用率和唛架长[L]...

图3-35　裁床菜单 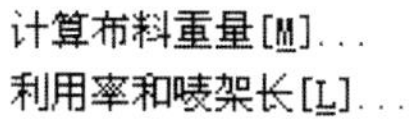　　　　　　　　图3-36　计算菜单

14. 计算菜单工具功能介绍（表 3-23）

表 3-23　计算菜单工具功能介绍

序号	名称	功能
1	计算布料重量	用于计算所用布料的重量
2	利用率和唛架长	根据所需利用率计算唛架长

15. 制帽菜单（快捷键K）（图 3-37）

16. 制帽菜单工具功能介绍（表 3-24）

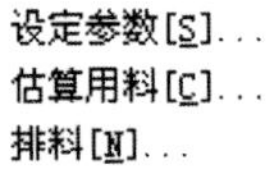

表 3-24　制帽菜单工具功能介绍

序号	名称	功能
1	设定参数	用于设定刀模排版时刀模的排刀方式及其数量、布种等
2	估算用料	单击【制帽】菜单→【估算用料】，弹出【估料】对话框，在对话框内单击【设置】，可设定单位，及损耗量。完成后单击【计算】可算出各号型的纸样用布量
3	排料	用刀模裁剪时，对所有纸样的统一排料

设定参数[S]...
估算用料[C]...
排料[N]...

图3-37　制帽菜单

17. 系统设置（图 3-38）

18. 系统设置工具功能介绍（表 3-25）

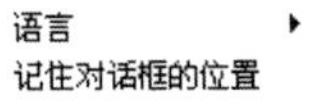

表 3-25　系统设置工具功能介绍

序号	名称	功能
1	语言	切换不同的语言版本。如简体中文版转换繁体中文版、英文版、泰语、西班牙语、韩语等
2	记住对话框的位置	勾选可记忆上次对话框位置，再次打开对话框在前次关闭时的位置

语言　　　▶
记住对话框的位置

图3-38　系统设置

19. 帮助菜单（快捷键H）（图 3-39）

20. 帮助菜单功能介绍（表 3-26）

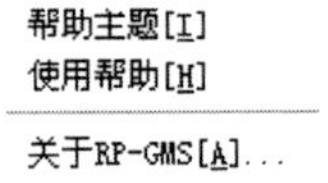

表 3-26　帮助菜单功能介绍

序号	名称	功能
1	帮助主题	要帮助的工具名称
2	使用帮助	使用帮助服务
3	关于本系统	用于查看应用程版本、VID、版权等相关信息

帮助主题[T]
使用帮助[H]

关于RP-GMS[A]...

图3-39　帮助菜单

第五节　常用工具操作方法介绍

　　为了方便读者快速掌握富怡服装 CAD 制板和推板的操作方法，本节将富怡服装 CAD 软件开样和放码系统最常用的工具操作方法进行详细讲解。

一、纸样设计常用工具操作方法介绍

1. ✎ **智能笔（快捷键 F）**

（1）单击左键则进入【画线】工具（图 3-40）。

①在空白处或关键点或交点或线上单击，进入画线操作。

②光标移至关键点或交点上，按【Enter】键以该点作偏移，进入画线类操作。

③在确定第一个点后，单击右键切换丁字尺（水平 / 垂直 /45° 线）、任意直线。用【Shift】键切换折线与曲线。

（2）按下【Shift】键，单击左键则进入【矩形】工具（常用于从可见点开始画矩形的情况）。

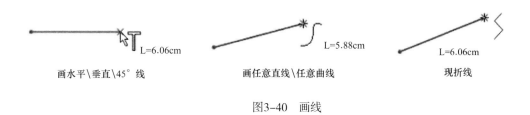

画水平\垂直\45°线　　　　　画任意直线\任意曲线　　　　　现折线

图3-40　画线

（3）单击右键（图 3-41）。

①在线上单击右键则进入【调整工具】。

②按【Shift】键，在线上单击右键则进入【调整线长度】。在线的中间击右键为两端不变，调整曲线长度。如果在线的一端击右键，则在这一端调整线的长度。

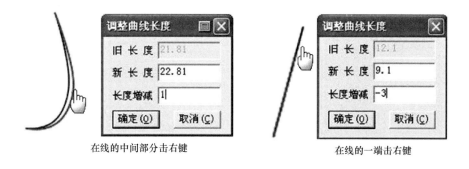

在线的中间部分击右键　　　　　在线的一端击右键

图3-41　调整线段长度

（4）左键框选。

①如果左键框住两条线后，单击右键为【角连接】功能（图 3-42）。

鼠标在所示之处击右键　　　　　　连角后的两线段

图3-42　角连接线段

②如果左键框选四条线后，单击右键则为【加省山】。说明：在省的哪一侧击右键，省底就向哪一侧倒（图 3-43）。

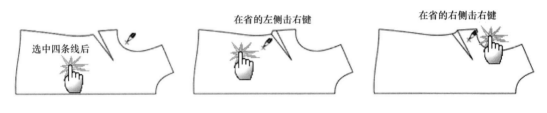

选中四条线后　　　　在省的左侧击右键　　　　在省的右侧击右键

图3-43　加省山

③如果左键框选一条或多条线后，再按【Delete】键则删除所选的线。

④如果左键框选一条或多条线后，再在另外一条线上单击左键，则进入【靠边】功能，在需要线的一边击右键，为【单向靠边】。如果在另外的两条线上单击左键，为【双向靠边】（图 3-44）。

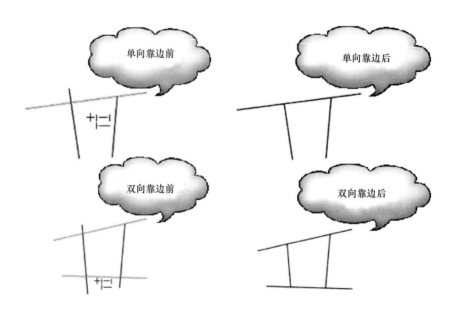

单向靠边前　　　　　　单向靠边后

双向靠边前　　　　　　双向靠边后

图3-44　单向靠边与双向靠边

⑤左键在空白处框选进入【矩形】工具。

⑥按【Shift】键，如果左键框选一条或多条线后，单击右键为【移动（复制）】功能，用【Shift】键切换复制或移动，按住【Ctrl】键，为任意方向移动或复制。

⑦按【Shift】键，如果左键框选一条或多条线后，单击左键选择线则进入【转省】功能。

（5）右键框选。

①右键框选一条线则进入【剪断（连接）线】功能。

②按【Shift】键，右键框选框选一条线则进入【收省】功能。

（6）左键拖拉。

①在空白处，用左键拖拉进入【画矩形】功能。

②左键拖拉线进入【不相交等距线】功能（图 3-45）。

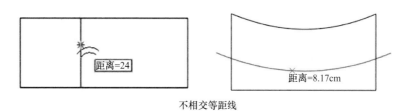

不相交等距线

图3-45　不相交等距线

③在关键点上按下左键拖动到一条线上放开进入【单圆规】（图 3-46）。

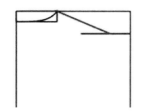

图3-46　单圆规

④在关键点上按下左键拖动到另一个点上放开进入【双圆规】（图 3-47）。

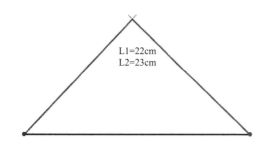

图3-47　双圆规

⑤按【Shift】键，左键拖拉线则进入【相交等距线】，再分别单击相交的两边（图3-48）。

图3-48　相交等距线

⑥按【Shift】键，左键拖拉选中两点则进入【三角板】，再点击另外一点，拖动鼠标，做选中线的平行线或垂直线（图3-49）。

图3-49　三角板功能画平行线或垂直线

（7）右键拖拉。

①在关键点上，右键拖拉进入【水平垂直线】（右键切换方向）（图3-50）。

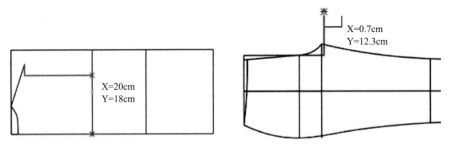

图3-50　水平垂直线

②按【Shift】键，在关键点上，右键拖拉点进入【偏移点＼偏移线】（用右键切换保留点＼线）（图3-51）。

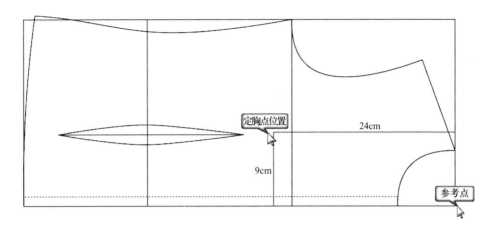

图3-51　偏移点\偏移线

（8）【Enter】键：取【偏移点】。

2.　调整工具（快捷键A）

（1）调整单个控制点。

①用该工具在曲线上单击，线被选中，单击线上的控制点，拖动至满意的位置，单击即可。当显示弦高线时，此时按小键盘数字键可改变弦的等份数，移动控制点可调整至弦高线上，光标上的数据为曲线长和调整点的弦高（显示\隐藏弦高：Ctrl+H）（图 3-52）。

②定量调整控制点：用该工具选中线后，把光标移在控制点上，按【Enter】键（图 3-53）。

图3-52　调整单个控制点

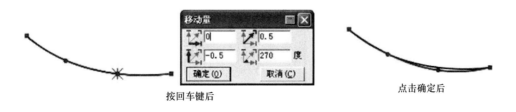

图3-53　定量调整控制点

③在线上增加控制点、删除曲线或折线上的控制点：单击曲线或折线，使其处于选中状态，在没点的位置用左键单击为加点（或按【Insert】键），或把光标移至曲线点上，按【Insert】键可使控制点可见，在有点的位置单击右键为删除（或按【Delete】键）（图3-54）。

图3-54 删除曲线上的控制点

④在选中线的状态下，把光标移至控制点上按【Shift】可在曲线点与转折点之间切换。在曲线与折线的转折点上，如果把光标移在转折点上击鼠标右键，曲线与直线的相交处自动顺滑，在此转折点上如果按【Ctrl】键，可拉出一条控制线，可使得曲线与直线的相交处顺滑相切（图3-55）。

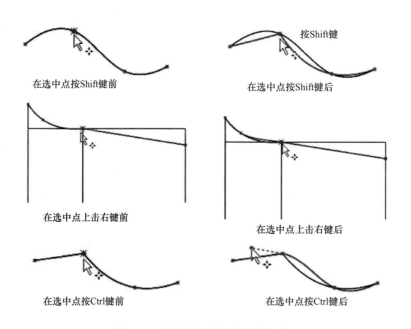

图3-55 曲线点与转折点之间切换

⑤用该工具在曲线上单击，线被选中，敲小键盘的数字键，可更改线上的控制点个数（图3-56）。

选中线　　　　　　　　　　　　　按数字键"4"后

图3-56　更改线上的控制点数量

（2）调整多个控制点。

①按比例调整多个控制点（图 3 –57 ）。

a. 调整点 C 时，点 A、点 B 按比例调整。见图 1。

b. 如果在调整结构线上调整，先把光标移在线上，拖选 AC，光标变为平行拖动⁺。见图 2。

c. 如图 3 所示，按【Shift】键切换成按比例调整光标⁺，单击点 C 并拖动，弹出【比例调整】对话框（如果目标点是关键点，直接把点 C 拖至关键点即可。如果需在水平或垂直或在 45° 方向上调整按住【Shift】键即可）。

d. 输入调整量，点击【确定】即可。

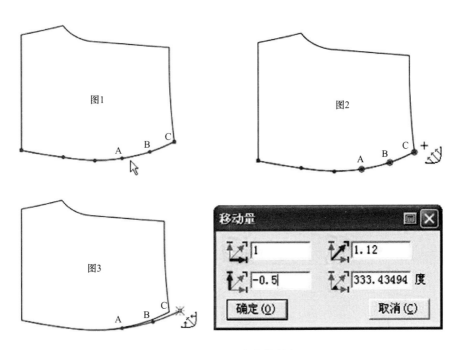

图3-57　调整多个控制点

e. 在纸样上按比例调整时，让控制点显示，操作与在结构线上类似（图 3-58）。

②平行调整多个控制点：拖选需要调整的点，光标变成平行拖动⁺，单击其中的一点拖动，弹出【平行调整】对话框，输入适当的数值，确定即可（图 3-59）。

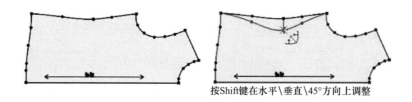

按Shift键在水平\垂直\45°方向上调整

图3-58　水平垂直45° 方向调整纸样

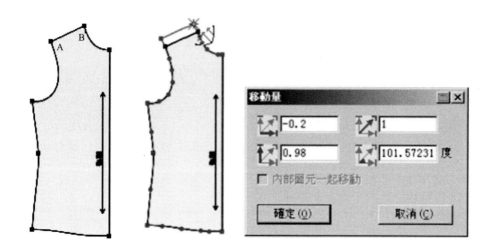

图3-59　平行调整多个控制点

注意：平行调整、比例调整的时候，若未勾选【选项】菜单中的【启用点偏移】对话框，那么【移动量】对话框不再弹出。

③移动框内所有控制点（图 3-60）：左键框选按【Enter】键，会显示控制点，在对话框输入数据，这些控制点都偏移。

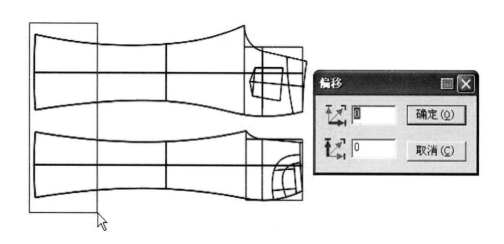

图3-60　移动框内所有控制点

注意：第一次框选为选中，再次框选为非选中。

④只移动选中所有线（图 3-61）：右键框选线按【Enter】键，输入数据，点击【确定】即可。

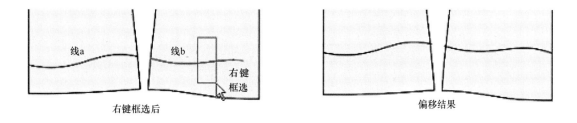

图3-61　只移动选中所有线

（3）修改钻孔（眼位或省褶）的属性及个数：用该工具在钻孔（眼位或省褶）上单击左键，可调整钻孔（眼位或省褶）的位置。单击右键，会弹出钻孔（眼位或省褶）的属性对话框，修改其中参数。

3. 合并调整（快捷键 N）（图 3-62）

（1）见图 3-62（1），用鼠标左键依次点选或框选要圆顺处理的曲线 a、b、c、d，单击右键。

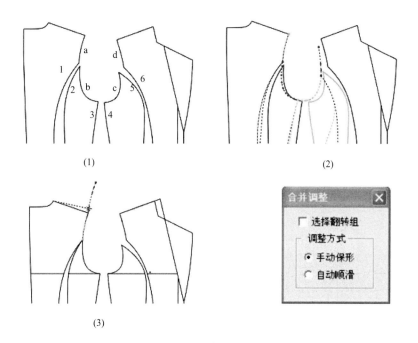

图3-62　合并调整

（2）见图 3-62（2），再依次点选或框选与曲线连接的线 1 线 2、线 3 线 4、线 5 线 6，单击右键，弹出对话框。

（3）见图 6-62（3），夹圈拼在一起，用左键可调整曲线上的控制点。如果调整公共点按【Shift】键，则该点在水平垂直方向移动，见图 3-62（3）。

（4）调整满意后，单击右键。

（5）【选择翻转组】：前后浪为同边时，则勾选此选项再选线，线会自动翻转（图 3-63）。

图3-63 选择翻转组

4. ✍ **对称调整**（快捷键 M）（图 3-64）

（1）单击或框选对称轴（或单击对称轴的起止点）。

（2）再框选或者单击要对称调整的线，单击右键。

（3）用该工具单击要调整的线，再单击线上的点，拖动到适当位置后单击右键。

（4）调整完所需线段后，击右键结束。

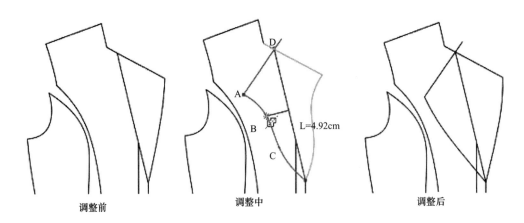

调整前　　　　　　　　调整中　　　　　　　　调整后

图3-64 对称调整

5. ✂剪断线（快捷键 Shift+C）

（1）剪断操作：

①用该工具在需要剪断的线上单击，线变色，再在非关键上单击，弹出【点的位置】对话框。

②输入恰当的数值，点击确定即可。

如果选中的点是关键点（如等份点或两线交点或线上已有的点），直接在该位置单击，则不弹出对话框，直接从该点处断开。

（2）连接操作：用该工具框选或分别单击需要连接线，击右键即可。

6. ✐橡皮擦（快捷键 E）

（1）用该工具直接在点、线上单击即可。

（2）如果要擦除集中在一起的点、线，左键框选即可。

7. 📖收省（图 3-65）

（1）用该工具依次点击收省的边线、省线，弹出【省宽】对话框。

（2）在对话框中，输入省量。

（3）单击【确定】后，移动鼠标，在省倒向的一侧单击左键。

（4）用左键调整省底线，最后击右键完成。

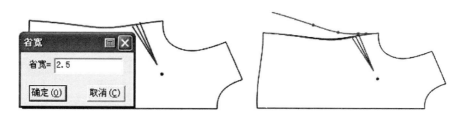

图3-65　收省

8. 🖌转省（图 3-66）

（1）框选所有转移的线。

（2）单击新省线（如果有多条新省线，可框选）。

（3）单击一条线确定合并省的起始边，或单击关键点作为转省的旋转圆心。

（4）三种方式转省：

①全部转省：单击合并省的另一边（用左键单击另一边，转省后两省长相等，如果用右键单击另一边，则新省尖位置不会改变）。

②部分转省：按住【Ctrl】键，单击合并省的另一边（用左键单击另一边，转省后两省长相等，如果用右键单击另一边，则新省尖位置不会改变）。

③等分转省：输入数字为等分转省，再击合并省的另一边，（用左键单击另一边，转省后两省长相等，如果用右键单击另一边，则不修改省尖位置）。

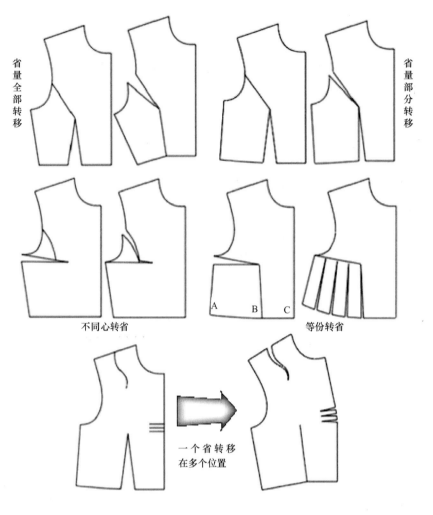

图3-66　转省

9. ▱褶展开（图 3-67）

（1）用该工具单击/框选操作线，单击右键结束。

（2）单击上段线，如有多条则框选并按右键结束（操作时要靠近固定的一侧，系统会有提示）。

（3）单击下段线，如有多条则框选并按右键结束（操作时要靠近固定的一侧，系统会有提示）。

（4）单击/框选展开线,击右键,弹出【刀褶/工字褶展开】对话框（可以不选择展开线,需要在对话框中输入插入褶的数量）。

（5）在弹出的对话框中输入数据，按【确定】键结束。

10. ▰比较长度（快捷键R）

选线的方式有点选（在线上用左键单击）、框选（在线上用左键框选）、拖选（单击线段起点按住鼠标不放，拖动至另一个点）三种方式。

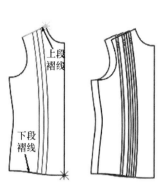
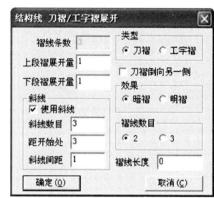

图3-67　褶展开

（1）测量一段线的长度或多段线之和。

①选择该工具，弹出【长度比较】对话框。

②在长度、水平 X、垂直 Y 选择需要的选项。

③选择需要测量的线，长度即可显示在表中。

（2）比较多段线的差值。如比较袖山弧长与前后袖窿的差值（图 3-68）。

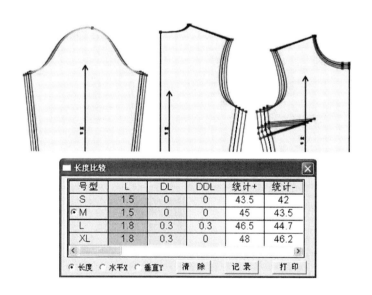

图3-68　比较长度的差值

①选择该工具，弹出【长度比较】对话框。

②选择【长度】选项。

③单击或框选袖山曲线击右键，再单击或框选前后袖窿曲线，表中【L】为容量。

11. 旋转（快捷键 Ctrl+B）（图 3-69）

（1）单击或框选旋转的点、线，单击右键。

（2）单击一点，以该点为轴心点，再单击任意点为参考点，拖动鼠标旋转到目标位置。

（3）旋转复制与旋转用【Shift】键来切换。

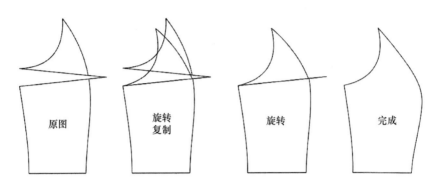

原图　　旋转复制　　旋转　　完成

图3-69　旋转

12. 对称（快捷键 K）

（1）该工具可以线单击两点或在空白处单击两点，作为对称轴。

（2）框选或单击所需复制的点线或纸样，击右键完成。

（3）对称复制与对称用【Shift】键来切换。

13. 移动（快捷键 G）（图 3-70）

（1）用该工具框选或点选需要复制或移动的点线，单击右键。

（2）单击任意一个参考点，拖动到目标位置后单击即可。

（3）单击任意参考点后，单击右键，选中的线在水平方向或垂直方向上镜像。

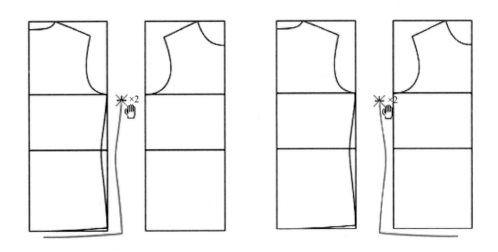

图3-70　移动

（4）移动复制与移动用【Shift】键来切换。

14. 　对接（快捷键 J）（图 3-71）

（1）用该工具让光标靠近领宽点单击后幅肩斜线。

（2）再单击前幅肩斜线，光标靠近领宽点，单击右键。

（3）框选或单击后幅需要对接的点线，最后击右键完成。

（4）对接复制与对接用【Shift】键来切换。

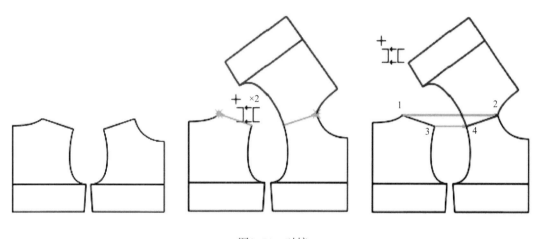

图3-71　对接

15. 　剪刀（快捷键 W）（图 3-72）

（1）用该工具单击或框选围成纸样的线，最后单击右键，系统按最大区域形成纸样。

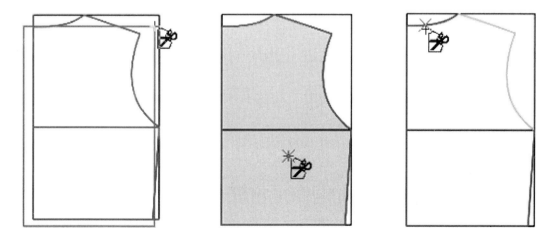

图3-72　拾取纸样

（2）按住【Shift】键，用该工具单击形成纸样的区域，则有颜色填充，可连续单击多个区域，最后单击右键完成。

（3）用该工具单击线的某端点，按一个方向单击轮廓线，直至形成闭合的图形。拾取时如果后面的线变成绿色，单击右键则可将后面的线一起选中，完成拾样。

（4）单击线、框选线、按住【Shift】键单击区域填色，第一次操作为选中，再次操作为取消选中。三种操作方法都是在最后击右键形成纸样，工具即可变成衣片辅助线工具。

（5）衣片辅助线。

①选择【剪刀】工具，单击右键光标变成 ⁺ᴄ。

②单击纸样，相对应的结构线变蓝色。

③用该工具单击或框选所需线段，单击右键即可。

④如果希望将边界外的线拾取为辅助线，那么直线点选两个点在曲线上单击3个点来确定。

16. 设置线的颜色线型

（1）选中线型设置工具，快捷工具栏右侧会弹出颜色、线类型及切割画的选择框。

（2）选择合适的颜色、线型等。

（3）设置线型及切割状态，用左键单击线或左键框选线。

（4）设置线的颜色，用右键单击线或右键框选线。

17. 加文字（图3-73）

（1）加文字。

①用该工具在结构图上或纸样上单击，弹出【文字】对话框，输入文字，单击【确定】即可。

②按住鼠标左键拖动，根据所画线的方向确定文字的角度。

（2）移动文字。用该工具在文字上单击，文字被选中，拖动鼠标移至恰当的位置再次单击即可。

（3）修改或删除文字，有两种操作方式。

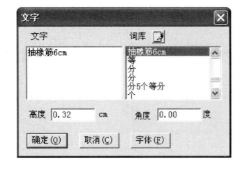

图3-73　加文字对话框

①把该工具光标移在需修改的文字，当文字变亮后单击右键，弹出【文字】对话框，修改或删除后，单击确定即可。

②把该工具移在文字上，字发亮后，按【Enter】键，弹出【文字】对话框，选中需修改的文字输入正确的信息即可被修改，按键盘【Delete】键，即可删除文字，按方向键可移动文字位置。

（4）不同号型上加不一样的文字。

①用该工具在纸样上单击，在弹出的【文字】对话框输入【抽橡筋6cm】。

②单击【各码不同】按钮，在弹出的【各码不同】对话框中，把L码，XL码中的文字串改成【抽橡筋8cm】。

③点击确定，返回【文字】对话框，再次确定即可。

二、放码常用工具操作方法介绍

1. 选择纸样控制点

（1）选中纸样：用该工具在纸样单击即可，如果要同时选中多个纸样，只要框选各纸样的一个放码点即可。

（2）选中纸样边上的点。

①选单个放码点，用该工具在放码点上用左键单击或用左键框选。

②选多个放码点，用该工具在放码点上框选或按住【Ctrl】键在放码点上一个一个单击。

③选单个非放码点，用该工具在点上用左键单击。

④选多个非放码点，按住【Ctrl】键在非放码点上一个一个单击。

⑤按住【Ctrl】键时第一次在点上单击为选中，再次单击为取消选中。

⑥同时取消选中点，按【Esc】键或用该工具在空白处单击。

⑦选中一个纸样上的相邻点，如下图示选袖窿，用该工具在点A上按下鼠标左键拖至点B再松手（图3-74）。

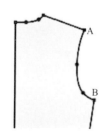

图3-74　选择纸样控制点

（3）辅助线上的放码点与边线上的放码点重合时。

①用该工具在重合点上单击，选中的为边线点。

②在重合点上框选，边线放码点与辅助线放码点全部选中。

③按住【Shift】键，在重合位置单击或框选，选中的是辅助线放码点。

（4）修改点的属性：在需要修改在点上双击，会弹出【点属性】对话框，修改之后单击采用即可。如果选中的是多个点，按回车即可弹出对话框。

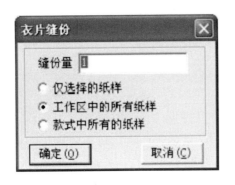

图3-75　【衣片缝份】的对话框

2. 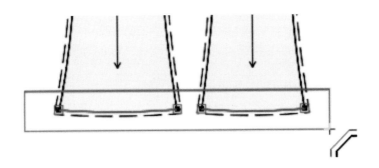 加缝份

（1）将所有边加（修改）相同缝份：用该工具在任一纸样的边线点单击，在弹出【衣片缝份】的对话框中输入缝份量，选择适当的选项，确定即可（图3-75）。

（2）段边线上加（修改）相同缝份量：用该工具同时框选或单独框选加相同缝份的线段，击右键弹出【加缝份】对话框，输入缝份量，选择适当的切角，确定即可（图3-76）。

图3-76　修改相同缝份量

（3）定缝份量，再单击纸样边线修改（加）缝份量：选中加缝份工具后，敲数字键后按回车，再用鼠标在纸样边线上单击，缝份量即被更改（图3-77）。

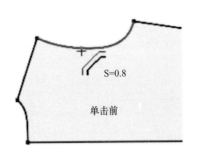

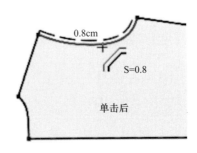

图3-77　定缝份量

（4）单击边线：用加缝份工具在纸样边线上单击，在弹出的【加缝份】对话框中输入缝份量，确定即可。

（5）选边线点加（修改）缝份量：用加缝份工具在 1 点上按住鼠标左键拖至 3 点上松手，在弹出的【加缝份】对话框中输入缝份量，确定即可（图 3-78）。

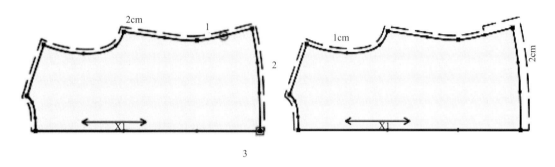

图3-78 选边线点加（修改）缝份量

（6）改单个角的缝份切角：用该工具在需要修改的点上击右键，会弹出【拐角缝份类型】对话框，选择恰当的切角，确定即可（图 3-79）。

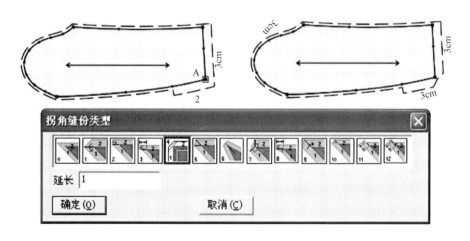

图3-79 改单个角的缝份切角

（7）改两边线等长的切角：选中该工具的状态下按【Shift】键，光标变为 后，单击即可（图 3-80）。

3. 剪口（图 3-81）

（1）在控制点上加剪口：用该工具在控制上单击即可。

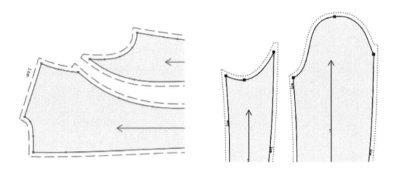

图3-80　改两边线等长的切角

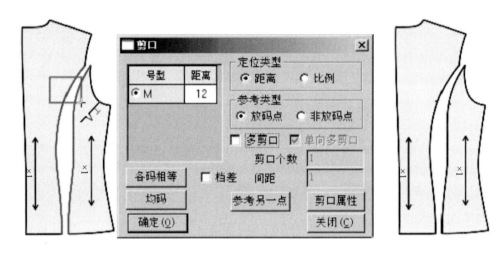

图3-81　纸样加剪口

（2）在一条线上加剪口：用该工具单击线或框选线，弹出【剪口】对话框，选择适当的选项，输入合适的数值，点击【确定】即可。

（3）在多条线上同时等距加等距剪口：用该工具在需加剪口的线上框选后再击右键，弹出【剪口】对话框，选择适当的选项，输入合适的数值，点击【确定】即可。

（4）在两点间等份加剪口用该工具拖选两个点，弹出【比例剪口、等分剪口】对话框，选择等分剪口，输入等份数目，确定即可在选中线段上平均加上剪口（图3-82）。

（5）拐角剪口：

①用【Shift】键把光标切换为拐角光标，单击纸样上的拐角点，在弹出的对话框中输入正常缝份量，确定后缝份不等于正常缝份量的拐角处都统一加上拐角剪口。

②框选拐角点即可在拐角点处加上拐角剪口，可同时在多个拐角处同时加拐角剪口（图3-83）。

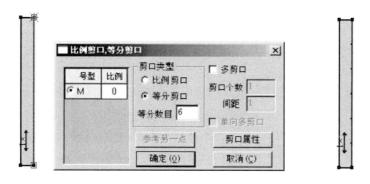

图3-82　比例剪口、等分剪口

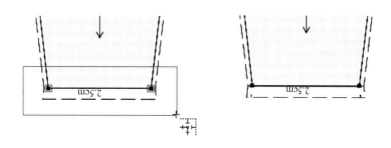

图3-83　拐角剪口

③框选或单击线的"中部"，在线的两端自动添加剪口，如果框选或单击线的一端，在线的一端添加剪口（图 3-84）。

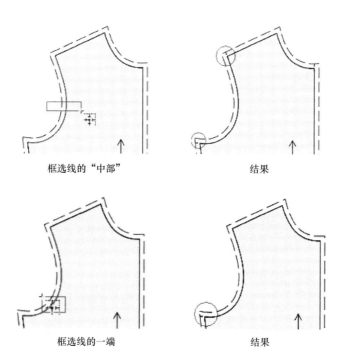

图3-84　两端自动添加剪口

4. 🔲袖对刀（图 3-85）

（1）依次选前袖窿线，前袖山线，后袖窿线、后袖山线。

（2）用该工具在靠近 A、C 的位置依次单击或框选前袖窿线 AB、CD，单击右键。

（3）再在靠近 A1、C1 的位置依次单击或框选前袖山线 A1B1、C1D1，单击右键。

（4）同样在靠近 E、G 的位置依次单击或框选后袖窿线 EF、GH，单击右键。

（5）再在靠近 A1、F1 的位置依次单击或框选后袖山线 A1E1、F1D1，击右键，弹出【袖对刀】对话框。

（6）输入恰当的数据，单击【确定】即可。

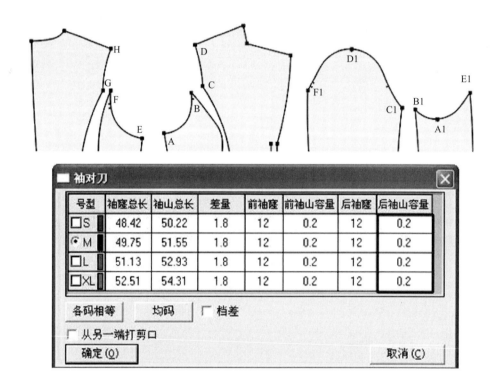

图3-85　袖对刀

5. ⬅➡眼位

（1）根据眼位的个数和距离，系统自动画出眼位的位置。

用该工具单击前领深点，弹出【眼位】对话框。输入偏移量、个数及间距，确定即可（图 3-86）。

（2）在线上加扣眼，放码时只放辅助线的首尾点即可。操作参考加钻孔。

（3）在不同的码上，加数量不等的扣眼。操作参考加钻孔。

（4）按鼠标移动的方向确定扣眼角度：用该工具选中参考点按住左键拖线，再松手会弹出加扣眼对话框（图 3-87）。

（5）修改眼位：用该工具在眼位上击右键，即可弹出【扣眼】对话框。

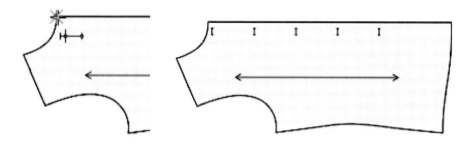

图3-86　衣片上加眼位

图3-87　领子上加眼位

6. ⊕ 钻孔

（1）根据钻孔／扣位的个数和距离，系统自动画出钻孔／扣位的位置。

①用该工具单击前领深点，弹出【钻孔】对话框。

②输入偏移量、个数及间距，确定即可（图3-88）。

（2）在线上加钻孔（扣位），放码时只放辅助线的首尾点即可。

①用钻孔工具在线上单击，弹出【钻孔】对话框。

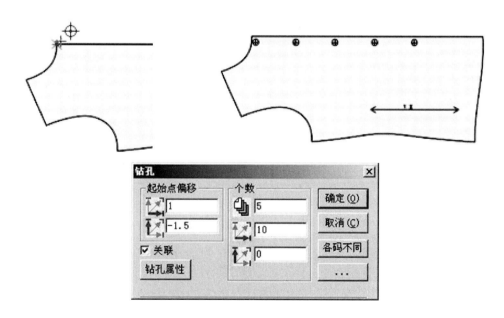

图3-88　衣片上加纽扣位

②输入钻孔的个数及距首尾点的距离，确定即可（图3-89）。

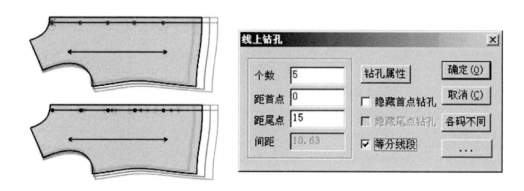

图3-89 在线上加钻孔（扣位）

（3）在不同的码上，加数量不等的钻孔（扣位）。有在线上加与不在线上加两种情况，下面以在线上加数量不等的扣位为例。在前三个码上加3个扣位，最后一个码上加4个扣位。

①用加钻孔工具，在下图辅助线上单击，弹出【线上钻孔】对话框。

②输入扣位的个数中输入3，单击【各码不同】，弹出【各号型】对话框。

③单击最后一个XL码的个数输入4，点击确定，返回【线上钻孔】对话框。

④再次单击确定即可（图3-90）。

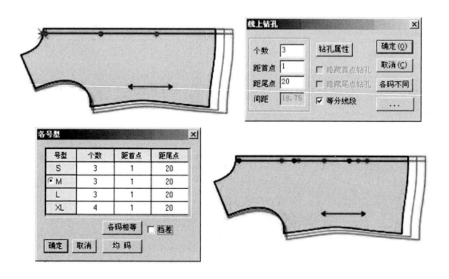

图3-90 在不同的码上，加数量不等的钻孔（扣位）

（4）修改钻孔（扣位）的属性：用该工具在扣位上击右键，即可弹出【线上钻孔】对话框（图3-91）。

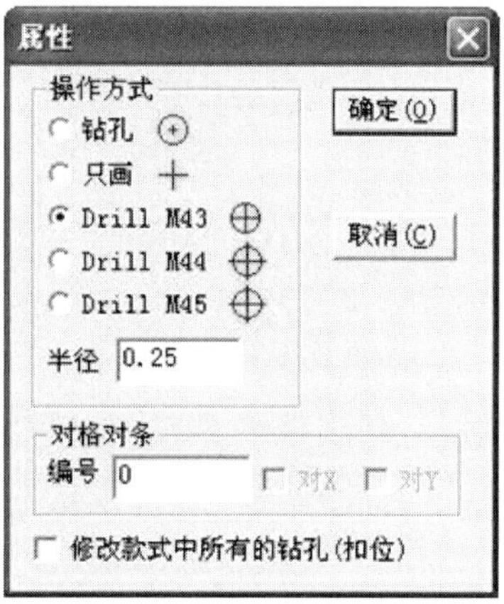

图3-91　修改钻孔（扣位）的属性

7. 布纹线

（1）用该工具先用左键单击纸样上的两点，使布纹线与指定两点平行。

（2）用该工具在纸样上击右键，布纹线以45°来旋转。

（3）用该工具在纸样（不是布纹线）上先用左键单击，再击右键可任意旋转布纹线的角度。

（4）用该工具在布纹线的"中间"位置用左键单击，拖动鼠标可平移布纹线。

（5）选中该工具，把光标移在布纹线的端点上，再拖动鼠标可调整布纹线的长度。

（6）选中该工具，按住【Shift】键，光标会变成T单击右键，布纹线上下的文字信息旋转90°。

（7）选中该工具，按住【Shift】键，光标会变成T，在纸样上任意点两点，布纹线上下的文字信息以指定的方向旋转。

8. 旋转衣片

（1）如果布纹线是水平或垂直的，用该工具在纸样上单击右键，纸样按顺时针90°的旋转。如果布纹线不是水平或垂直，用该工具在纸样上单击右键，纸样旋转在布纹线水平或垂直方向。

（2）用该工具单击左键选中两点，移动鼠标，纸样以选中的两点在水平或垂直方向上旋转。

（3）按住【Ctrl】键，用左键在纸样单击两点，移动鼠标，纸样可随意旋转。

（4）按住【Ctrl】键，在纸样上击右键，可按指定角度旋转纸样。

（5）注意：旋转纸样时，布纹线与纸样在同步旋转。

9. 水平垂直翻转

（1）水平翻转与垂直翻转之间用【Shift】键切换。

（2）在纸样上直接单击左键即可。

（3）纸样设置了左或右，翻转时会提示【是否翻转该纸样？】。如果真的需要翻转，单击【是】即可。

10. ▨ 纸样对称

（1）关联对称纸样。

①按【Shift】键，使光标切换为 ☒。

②单击对称轴（前中心线）或分别单击点A、点B。

③如果需再返回成原来的纸样，用该工具按住对称轴不松手，按【Delete】键即可（图3-92）。

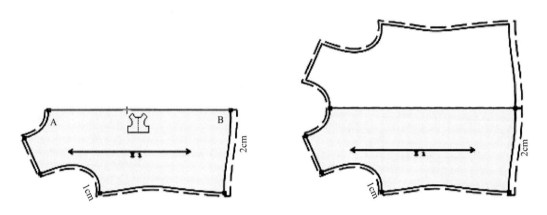

图3-92　关联对称纸样

（2）不关联对称纸样。

①按【Shift】键，使光标切换为 ⁺☒。

②单击对称轴（前中心线）或分别单击点A、点B（图3-93）。

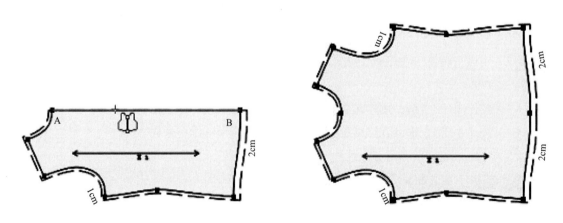

图3-93　不关联对称纸样

第六节 读图与点放码功能介绍

一、读图（又称读纸样）

1. 功能
借助数化板、鼠标，可以将手工做的基码纸样或放好码的网状纸样输入到计算机中。

2. 操作
（1）读基码纸样。

①借助数化板、鼠标，可以将手工做的基码纸样或放好码的网状纸样输入到计算机中。

②单击 图标，弹出【读纸样】对话框，用数化板的鼠标的＋字准星对准需要输入的点（参见十六键鼠标各键的预置功能），按顺时针方向依次读入边线各点，按【2】键纸样闭合。

③这时会自动选中开口辅助线 （如果需要输入闭合辅助线单击 ，如果是挖空纸样单击 ），根据点的属性按下对应的键，每读完一条辅助线或挖空一个地方或闭合辅助线，都要按一次2键。

④根据附表中的方法，读入其他内部标记。

⑤单击对话框中的【读新纸样】，则先读的一个纸样出现在纸样列表内。【读纸样】对话框空白时，可以读入另一个纸样。

⑥全部纸样读完后，单击【结束读样】。

⑦注意：钻孔、扣位、扣眼、布纹线、圆、内部省。可以在读边线之前读也可以在读边线之后读。

（2）举例说明（图3-94）。

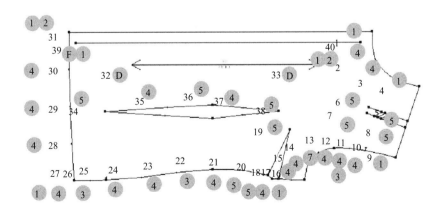

图3-94 读基样图

①序号1、2、3、4依次用【1】键、【4】键、【4】键和【1】键读。

②用鼠标1键在菜单上选择对应的刀褶，再用5键读此褶。用1键4键读相应的点，用对应键按序读对应的点。

③序号11，如果读图对话框中选择的是【放码曲线点】，那么就先用4键再用3键读该位置。序号22，序号25，可以直接用【3】键。

④读完序号17后，用鼠标【1】键在菜单上选择对应的省，再读该省。

⑤序号31，先用1键读再用【2】键读。

⑥读菱形省时，先用鼠标【1】键在菜单上选择菱形省，因为菱形省是对称的，只读半边即可。

⑦读开口辅助线时，每读完一条辅助都需要按一次【2】键来结束。

（3）读放码纸样。

①单击【号型】菜单→【号型编辑】，根据纸样的号型编辑后并指定基码，单击确定。

②把各纸样按从小码到大码的顺序，以某一边为基准，整齐的叠在一起，将其固定在数化板上。

③单击🖉图标，弹出【读纸样】对话框，先用【1】键输入基码纸样的一个放码点，再用E键按从小码到大码顺序（跳过基码）读入与该点相对应的各码放码点。

④参照此法，输入其他放码点，非放码点只需读基码即可。

⑤输入完毕，最后用【2】键完成。

（4）举例说明。

①在【设置规格号型表】对话框中输入4个号型，如S、M、L、XL，为了方便读图把最小码S设为基码（图3–95）。

②把放码纸样图如上图示贴在数化板上。

③从点A开始，按顺时针方向读图，用【1】键在基码点上单击，用【E】键分别在A1、A2、A3上单击（图3–96）。

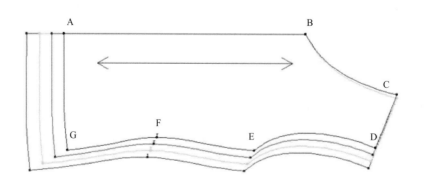

图3-95 读放码图

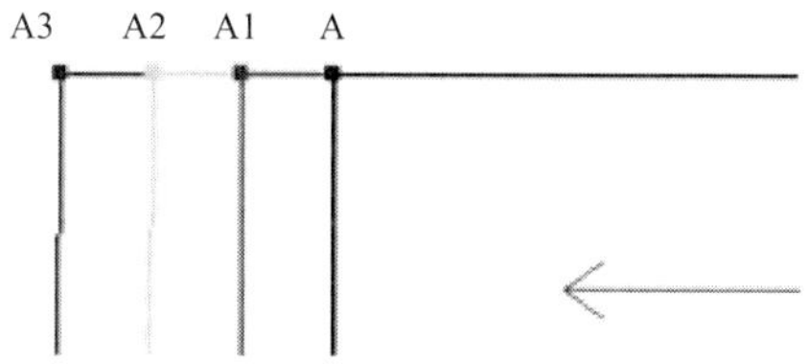

A3　A2　A1　A

图3-96　局部放大图

④用【1】键在B点上单击（B点没放码），再用【4】键读基码的领口弧线。

⑤用【1】键在C点上单击，再用【E】键用C点上单击一下，再在C2点上单击两次（领宽是两码一档差）（图3-97）。

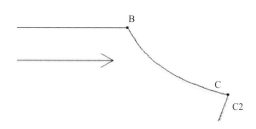

图3-97　局部放大图

⑥D点的读法同A点，接着用【4】键用袖窿，其他放码点和非放码点同前面的读法……，【2】键完成。

3. 读图仪鼠标介绍

（1）十六键鼠标各键的预置功能介绍（表3-27）。

表 3-27　十六键鼠标各键的预置功能介绍

1 键	直线放码点	2 键	闭合／完成
3 键	剪口点	4 键	曲线非放码点
5 键	省／褶	6 键	钻孔（十字叉）
7 键	曲线放码点	8 键	钻孔（十字叉外加圆圈）
9 键	眼位	0 键	圆
A 键	直线非放码点	B 键	读新纸样
C 键	撤销	D 键	布纹线
E 键	放码	F 键	辅助键

注　F键用于切换 的选中状态。

（2）十六键鼠标（图3-98）。

图3-98　读图鼠标

4. 读图细节说明（表3-28）

（1）读边线和内部闭合线时，按顺时针方向读入。

（2）省褶：

①读边线省或褶时，最少要先读一个边线点。

②读V形省时，如果打开读纸样对话框还未读其他省或褶，就不用在菜单上选择。

③在一个纸样连续读同种类型的省或褶时，只需在菜单上选择一次类型。

（3）布料、份数：一个纸样上有多种布料，如有一个纸样面有2份，衬（朴）有1份，用【1】键先在点击【布料】，再点布料的名称【面料】，再点击【份数】，再点击相应的数字【2】，再点击【布料】，再点另一种布料名称【衬（朴）】，再点击【份数】，再点相应的数字【1】。

表3-28　读图细节说明

类型	操作	示意图
开口辅助线	读完边线后，系统会自动切换在 ⬚，用【1】键读入端点、中间点（按点的属性读入如果是直线读入【1】键，如果是弧线读入【4】键）、【1】键读入另一端点，按【2】键完成	/
闭合辅助线	读完边线后，单击 ⬚ 后，根据点的属性输入即可，按【2】键闭合	/
内边线	读完边线后，单击 ☆ 后，根据点的属性输入即可，按【2】键闭合	/
V形省	读边线读到V形省时，先用【1】键单击在菜单上的V形省（软件默认为V形省，如果没读其他省而读此省时，不需要在菜单上选择），按【5】键依次读入省底起点、省尖、省底终点。如果省线是曲线，在读省底起点后按【4】键读入曲线点。因为是省是对称的，弧线省时【4】键读一边就可以了	5 5 4 5

续表

类型	操作	示意图
锥形省	读边线读到锥形省时，先用【1】键单击菜单上锥形省，然后用【5】键依次读入省底起点、省腰、省尖、省底终点。如果省线是曲线，在读省底起点后按【4】键读入曲线点。因为省是对称的，弧线省时用【4】键读一边就可以了	
内V形省	读完边线后，先用【1】键单击菜单上的内V形省，再读操作同V形省	
内锥形省	读完边线后，先用【1】键单击菜单上的内锥形省，再读锥形省操作同锥形省	
菱形省	读完边线后，先用【1】键单击菜单上的菱形省，按【5】键顺时针依次读省尖、省腰、省尖，再按【2】键闭合。如果省线是曲线在读入省尖后可以按【4】键读入曲线点。因为省是对称的，弧线省时用【4】键读一边就可以了	

续表

类型	操作	示意图
褶	读工字褶（明、暗）、刀褶（明、暗）的操作相同，在读边线时，读到这些褶时，先用【1】键选择菜单上的褶的类型及倒向，再用【5】键顺时针方向依次读入褶底、褶深。1、2、3、4表示读省顺序	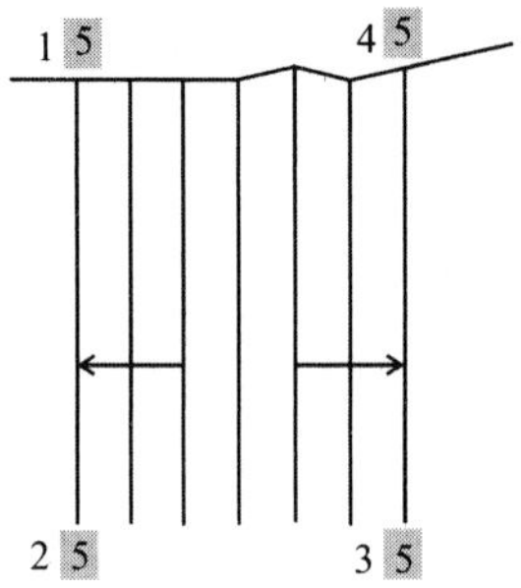
剪口	在读边线读到剪口时，按点的属性选1、4、7、A其中之一再加【3】键读入，即可。如果在读图对话框中选择曲线放码点，在曲线放码上加读剪口，可以直接用【3】键读入	/
纱向线	边线完成之前或之后，按【D】键读入布纹线的两个端点。如果不输入纱向线，系统会自动生成一条水平纱向线	 D ←————————→ D
扣眼	边线完成之前或之后，用【9】键输入扣眼的两个端点	/
打孔	边线完成之前或之后，用【6】键单击孔心位置	/
圆	边线完成之前或之后，用【0】键在圆周上读三个点	/
款式名	用【1】键先点击菜单上的【款式名】，再点击表示款式名的数字或字母。一个文件中款式名只读一次即可	/
简述客户名订单名	同上	/
纸样名	读完一个纸样后，用【1】键点击菜单上的【纸样名】，再点击对应名称	/
布料份数	同上	/
文字串	读完纸样后，用【1】键点击菜单上的【文字串】再在纸样上单击两点（确定文字位置及方向），再点击文字内容，最后再点击菜单上的【Enter】键	/

5. 读纸样对话框参数说明（图3-99）

（1） 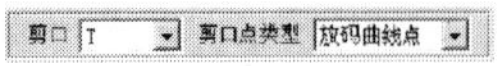 剪口后的下拉框中有多种剪口类型供选择，选中的为读图时显示的剪口类型，剪口点类型后的下拉框中有四种点类型供选择，如图示选择为曲线放码点，那么读到在曲线放码点上的剪口时，直线用【3】键即可。

图3-99 【读纸样】对话框

（2） 设置菜单(M) 当第一次读纸样或菜单被移动过，需要设置菜单。操作，把菜单贴在数化板有效区的某边角位置,单击该命令,选择【是】后,用鼠标【1】键依次单击菜单的左上角、左下角、右下角即可。

（3） 读新纸样(N) 当读完一个纸样，单击该命令，被读纸样放回纸样列表框，可以再读另一个纸样。

（4） 重读纸样(R) 读纸样时，错误步骤较多时，用该命令后重新读样。

（5） 补读纸样(A) 当纸样已放回纸样窗，单击该按钮可以补读，如剪口、辅助线等操作。选中纸样，单击该命令，选中纸样就显示在对话框中，再补读未读元素。

（6） 结束读样(E) 用于关闭读图对话框。

二、点放码工具功能介绍

1. 点放码表（图 3-100）

（1）功能：对单个点或多个点放码时用的功能表。

（2）操作：

①单击 图标，弹出点放码表。

②用 单击或框选放码点，dx、dy 栏激活。

③可以在除基码外的任何一个码中输入放码量。

④再单击【X 相等】、【Y 相等】或【XY 相等】……放码按钮，即可完成该点的放码。

⑤技巧：用 选择纸样控制点工具左键框选一个或多个放码点，在任意空白处单击左键或者按【Esc】键，可以取消选中当前的选中点。

2. 复制放码量

（1）功能：用于复制已放码的点（可以是一个点或一组点）的放码值。

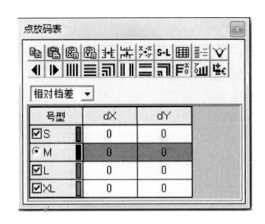

图3-100　点放码表

（2）操作：

①用选择纸样控制点 单击或框选或拖选已经放过码的点，点放码表中立即显示放码值。

②单击 这些放码值即被临时储存起来（用于粘贴）。

3. 粘贴 XY 放码量

（1）功能：将 X 和 Y 两方向上的放码值粘贴在指定的放码点上。

（2）操作：

①在完成【复制放码量】命令后，单击或框选或拖选要放码的点。

②单击 按钮，即可粘贴 XY 放码量。

4. 粘贴 X 放码量

（1）功能：将某点水平方向的放码值粘贴到选定点的水平方向上。

（2）操作：

①在完成【复制放码量】命令后，单击或框选某一要放码的点。

②单击 按钮，即可粘贴 X 放码量。

5. 粘贴 Y 放码量

（1）功能：将某点垂直方向的放码值粘贴到选中点的垂直方向上。

（2）操作：

①在完成【复制放码量】命令后，单击或框选要放码的点。

②单击 按钮，即可粘贴 Y 放码量。

6. X 取反

（1）功能：使放码值在水平方向上反向，换句话说，是某点的放码值的水平值由【+X】转换为【–X】，或由【–X】转换为【+X】。

（2）操作：选中放码点，单击该按钮即可。

7. Y 取反

（1）功能：使放码值在垂直方向上反向，换句话说，是某点的放码值的垂直值由【+Y】转换为【–Y】，或由【–Y】转换为【+Y】。

（2）操作：选中放码点，单击该按钮即可。

8. XY 取反

（1）功能：使放码值在水平和垂直方向上都反向，换句话说，是某点的放码值的【X】和【Y】取向都变为【–X】和【–Y】，反之也可。

（2）操作：选中放码点，单击该按钮即可。

9. X 相等

（1）功能：该命令可以使选中的放码点在【X】方向（即水平方向）上均等放码。

（2）操作：

①选中放码点，【点放码表】对话框的文本框激活。

②在文本框的输入放码档差。

③单击该按钮即可。

10. Y 相等

（1）功能：该命令可使选中的放码点在【Y】方向（即垂直方向）上均等放码。

（2）操作方法同上。

11. X、Y 相等

（1）功能：该命令可使选中的放码点在【X】和【Y】（即水平和垂直方向）两方向上均等放码。

（2）操作方法同上。

12. X 不等距

（1）功能：该命令可使选中的放码点在【X】方向（即水平方向）上各码的放码量不等距放码。

（2）操作：

①单击某放码点，【点放码表】对话框的文本框显亮，显示有效。

②在点放码表文本框的【dX】栏里，针对不同号型，输入不同的放码量的档差数值，单击该命令即可。

13. Y 不等距

（1）功能：该命令可使选中的放码点在【Y】方向（即垂直方向）上各码的放码量不等距放码。

（2）操作方法同上。

14. X、Y 不等距放码

（1）功能：该命令对所有输入到点放码表的放码值无论相等与否都能进行放码。

（2）操作：

①单击欲放码的点，在【点放码表】的文本框中输入合适的放码值（注意：有多少数据框，就该输入多少数据，除非放码值为零）。

②单击该按钮。

15. ![图标] X 等于零

（1）功能：该命令可将选中的放码点在水平方向（即【X】方向）上的放码值变为零。

（2）操作：选中放码点，单击该图标即可。

16. ![图标] Y 等于零

（1）功能：该命令可将选中的放码点在垂直方向上（即【Y】方向上）的放码值变为零。

（2）操作：操作方法同上。

17. ![图标] 自动判断放码量正负

选中该图标时，不论放码量输入是正数还是负数，用了放码命令后计算机都会自动判断出正负。

思考与练习题

1. 简述富怡V9服装CAD系统有哪些特点？

2. 富怡V9服装CAD系统服装制板有几种方式？简述每种方式的优势特点与区别。

3. 富怡V9服装CAD系统放码方式有几种？各有什么特点？

4. 富怡V9服装CAD系统排料方式有几种？各有什么特点？

5. 将手工制作的衬衫纸样读入计算机中，并运用所学的富怡V9服装CAD知识，对读入计算机中的样板进行检验后，运用富怡V9服装CAD进行放码。

入门篇——

服装CAD原型制板与转省应用

课题名称： 服装CAD原型制板与转省应用

课题内容： 1. 新文化式服装原型绘制

2. 服装CAD转省应用

课题时间： 8课时

训练目的： 运用富怡V9服装CAD进行新文化式服装原型绘制、省道转移应用。

教学方式： 讲授法、举例法、示范法、启发式教学、现场实训教学相结合。

教学要求： 1. 使学生掌握运用富怡V9服装CAD进行新文化式服装原型绘制技巧。

2. 使学生能熟练掌握运用富怡V9服装CAD进行省道转移操作方法。

第四章 服装 CAD 原型制板与转省应用

原型法是通行的服装平面结构设计的技法，具有易于学习掌握、易于设计变化等诸多优点。原型法是将大量测得的人体体型数据进行筛选，来得到人体基本部位和若干重要部位的比例形式来表达各部位以及相关部位结构的最简单的基本样板，然后再用基本样板通过省道变换、分割、收褶、转省、切展等工艺形式变换构成较复杂的结构图。

第一节 新文化式服装原型绘制

文化式女上装新原型也称第 8 代文化式服装原型。2000 年，日本文化服装学院在第 7 代服装原型基础上，推出了更加符合年轻女性体型的新原型。新原型结合现代年轻女性人体体型和曲线特征，前、后片的腰节关量明显增大，省量分配更加合理。与人体的间隙量更加均匀。

一、新文化式女上装原型 CAD 制图

（一）制图尺寸

制图尺寸如表 4-1 所示。

表 4-1 单位：cm

胸围	84
背长	38
腰围	64
袖长	52

（二）新文化式女上装原型 CAD 制图步骤

1. 画矩形

选择 【智能笔】工具，在空白处拖定出背长 38cm，胸围 84cm（计算公式：$\dfrac{胸围\ 84cm}{4}$ +6cm）（图 4-1）。

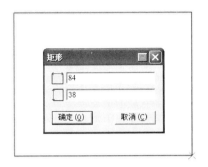
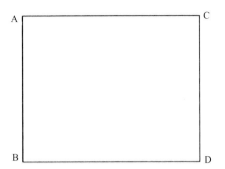

图4-1　画矩形

2. 画胸围线

选择 ✐【智能笔】工具在 AB 线段 20.7cm 处（计算公式：$\dfrac{\text{胸围 84cm}}{12}+13.7\text{cm}$）画一条垂直相交至 CD 线段作为胸围线（图 4-2）。

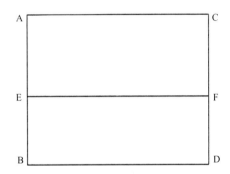

图4-2　画胸围线

3. 画背宽线

选择 ✐【智能笔】工具在 EF 线段 17.9cm 处（计算公式：$\dfrac{\text{胸围 84cm}}{8}+7.4\text{cm}$）画一条垂直相交至 AC 线段作为背宽线（图 4-3）。

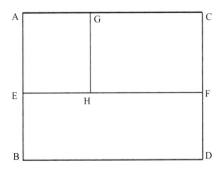

图4-3　画背宽线

4. 画IJ线段

选择 ✎【智能笔】工具在 AE 线段 8cm 处画一条垂直相交至 GH 线段（图 4-4）。

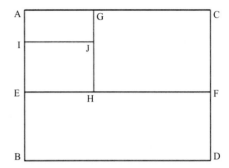

图4-4　画IJ线段

5. 确定肩省尖位置

将线型改变为虚线 ┌┄┄┄▾┐，选择 ▣【等份规】工具，将 IJ 线段平分两个等份；然后选择 ✐【点】工具在 IJ 线段中点按【Enter】键，出现【偏移】对话框，输入横向偏移量 1cm 加点作为肩省尖位置（图 4-5）。

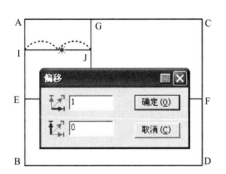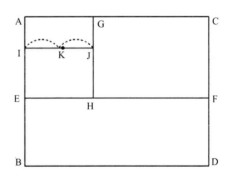

图4-5　确定肩省尖位置

6. 调整 CF 线段

选择 ✎【智能笔】工具按着【Shift】键，右键点击 CF 线段上半部分；进入【调整曲线长度】功能。输入增长量 4.4cm〔计算公式：$(\dfrac{胸围\,84cm}{5} + 8.3cm) - 20.7cm$〕（图 4-6）。

7. 画 CL 线段

选择 ✎【智能笔】工具从 C 点画一条 16.7cm（计算公式：$\dfrac{胸围\,84cm}{8} + 6.2cm$）直线 CL 线段（图 4-7）。

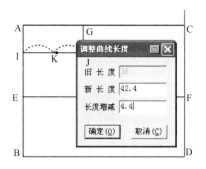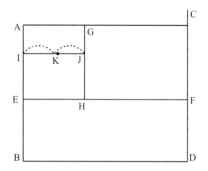

图4-6　调整CF线段

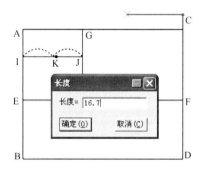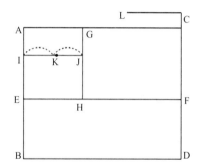

图4-7　画CL线段

8. 画胸宽线

选择 ✎【智能笔】工具从 L 点画一条垂直线与 HF 线段相交作为胸宽线。然后用 ✎【智能笔】工具的切角功能把 AG 线段多余部分删除（图 4-8）。

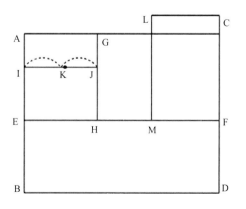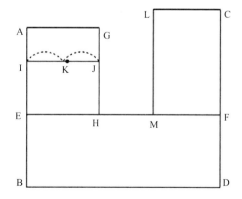

图4-8　画胸宽线

9. 确定后袖窿控制点位置

将线型改变为虚线 ┌┈┈┐，选择 ▣【等份规】工具，将 JH 线段平分二个等份；然后选择 ✂【点】工具在 JH 线段中点按【Enter】键，出现【偏移】对话框，输入纵向偏移量 −0.5cm 加点作为后袖窿控制点位置（图 4-9）。

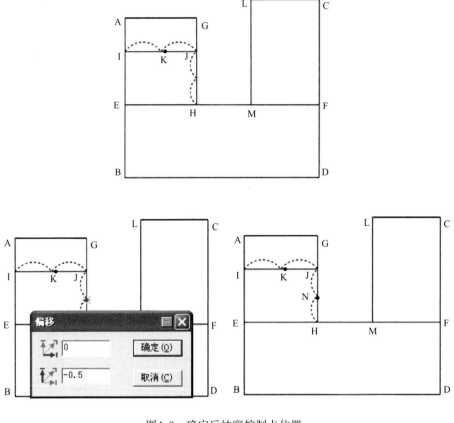

图4-9　确定后袖窿控制点位置

10. 画 NO 线段

选择 ✐【智能笔】工具从 N 点画一条垂直线与 LM 线段相交。选择 ✐【智能笔】工具在 2.6cm 处（计算公式：$\dfrac{\text{胸围 84cm}}{32}$）画一条垂直线与 HM 线段相交。然后用 ✐【智能笔】工具的切角功能把 NO 线段多余部分删除（图 4-10）。

11. 画侧缝线

将线型改变为虚线 ┌┈┈┐，选择 ▣【等份规】工具，将 H 点至 O 线至 HM 线段上的交点处平分二个等份；在中点画一条垂直线相交至 BD 线段作为侧缝线（图 4-11）。

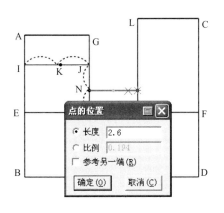
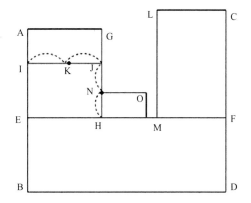

图4-10　画NO线段

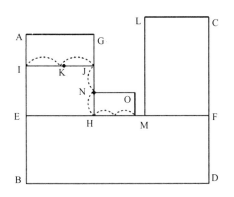
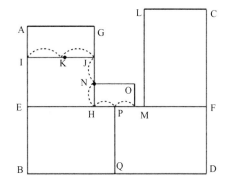

图4-11　画侧缝线

12. 确定 BP 点位置

将线型改变为虚线 ┌┈┈┐，选择 ┌◠◠┐【等份规】工具，将 MF 线段平分二个等份；然后选择 ┌◞┐【点】工具在 MF 线段中点按【Enter】键，出现【偏移】对话框，输入横向偏移量 −0.7cm 加点作为 BP 点位置（图 4-12）。

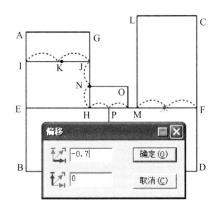
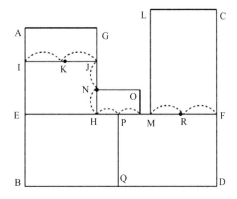

图4-12　确定BP点位置

13. 画前片领矩形

（1）选择 ✍【智能笔】工具在 LC 线段 6.9cm 处（计算公式：$\dfrac{胸围84cm}{24}+3.4cm$）画一条垂直线 7.4cm（计算公式：前横开领宽 6.9cm+0.5cm）（图 4-13）。

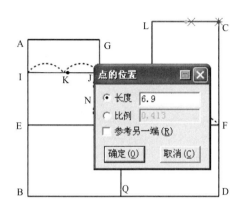
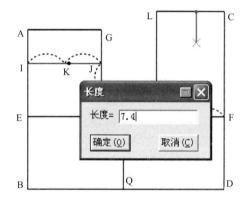

图4-13 画前直开领线

（2）选择 ✍【智能笔】工具从 T 点画对角线至 C 点。将线型改变为虚线 ⌐┈┈┈▽，选择 ⊞【等份规】工具，将 TC 线段平分三个等份（图 4-14）。

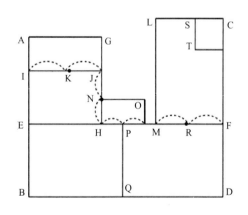
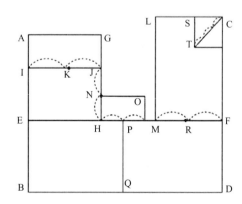

图4-14 画TC对角线

（3）选择 ✎【点】工具在三分之一处的 TC 线段 0.5cm 处加个点作为画前领弧线的控制点（图 4-15）。

14. 画后片领基础线

选择 ✍【智能笔】工具在 AG 线段 7.1cm 处（计算公式：前横开领宽 6.9cm+0.2cm）画一条垂直线 2.36cm（取后片横开领的三分之一）（图 4-16）。

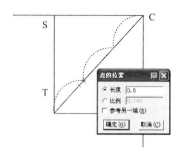
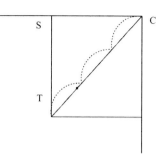

图4-15　确定前领弧线的控制点

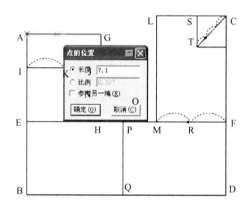

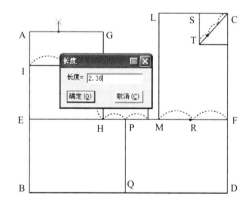
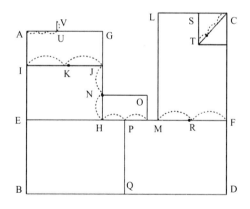

图4-16　画后片领基础线

15. 画袖窿省

（1）选择 ✎【智能笔】工具从 R 点画一条线至 O 点。

（2）选择 ⬟【旋转】工具，按【Shift】键进入【复制旋转】功能，将 RO 线段进行旋转，在【旋转】对话框输入旋转角度 18.5°　（计算公式：$\dfrac{\text{胸围 84cm}}{4}-2.5\text{cm}$）（图 4-17）。

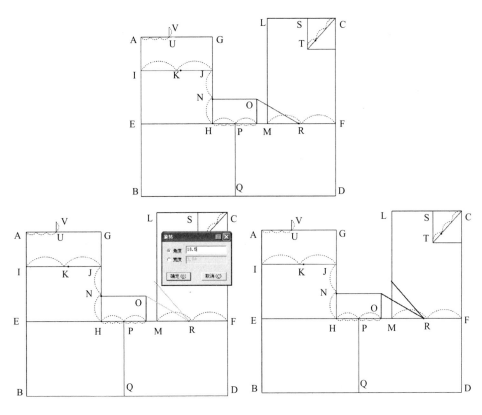

图4-17　画袖隆省

16. 画肩缝线

（1）选择 【旋转】工具,按【Shift】键进入【复制旋转】功能,将SL线段进行旋转,在【旋转】对话框输入旋转角度22°。

（2）选择 【智能笔】工具中【单向靠边】功能将肩缝线靠边到胸宽线。

（3）选择 【智能笔】工具按着【Shift】键,右键点击肩缝线靠胸宽线的部分;进入【调整曲线长度】功能。输入增长量1.8cm（图4-18）。

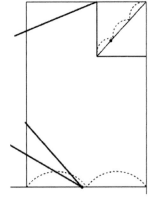

图4-18　画肩缝线

17. 画前袖窿弧线上段部分和前领弧线

（1）选择 ✐【智能笔】工具将前袖窿弧线上段部分相连成一条线，然后用 ⬚【调整】工具调顺前袖窿弧线上段部分。

（2）选择 ✐【智能笔】工具经前领弧控制点相连好前领弧线，然后用 ⬚【调整】工具调顺前领弧线（图 4-19）。

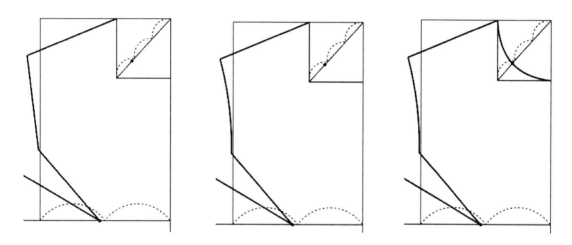

图4-19　画前袖窿弧线上段部分和前领弧线

18. 画后领弧线

选择 ✐【智能笔】工具将 A 点与 V 点连成一条线，然后用 ⬚【调整】工具调顺后领弧线（图 4-20）。

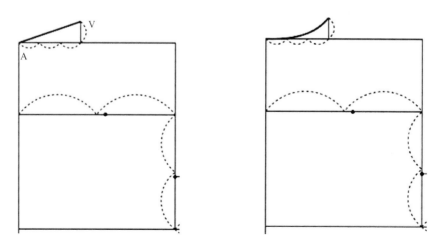

图4-20　画后领弧线

19. 画后肩缝线

（1）选择 ✐【智能笔】工具从后横开领端点画一条长 14.13 cm（计算公式：前肩缝线长度 12.37cm + $\dfrac{胸围 84cm}{32}$ −0.8cm）的垂直线。

（2）选择 ▨【旋转】工具，按【Shift】键进入【旋转】功能，将垂直线段进行旋转，在【旋转】对话框输入旋转角度 18°（图 4–21）。

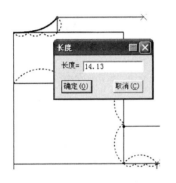

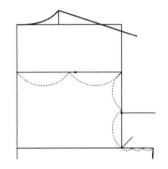

图4-21　画后肩缝线

20. 画袖窿弧线

（1）选择 ✐【智能笔】工具从背宽线与胸围线交点画一条 45° 对角线 2.6cm（三分之一等分量 1.8cm + 0.8cm）。

（2）选择 ✐【智能笔】工具从胸宽线与胸围线交点画一条 45° 对角线 2.3cm（三分之一等分量 1.8cm + 0.5cm）。

（3）选择 ✐【智能笔】工具经控制点画好袖窿弧线，再用 ▸【调整】工具调顺袖窿弧线（图 4–22）。

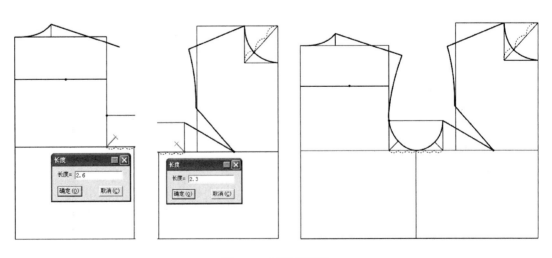

图4-22　画袖窿弧线

21. **画后肩省**

（1）选择 ✐【智能笔】工具从后肩省省尖点画一条垂直线超出肩缝线。

（2）选择 ✄【剪断线】工具，将肩缝线从垂直线交点处剪断。选择 ✐【智能笔】工具从肩省省尖点与肩缝线 1.5cm 处画一条线为肩省线。

（3）选择 ✄【剪断线】工具，将肩缝线从肩省线处剪断；选择 ✐【智能笔】工具从肩省省尖点与肩缝线 1.8cm 处画一条线为肩省线（图 4-23）。

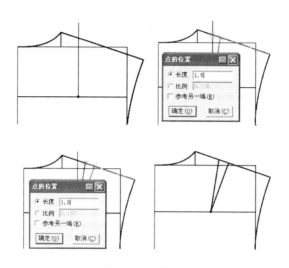

图4-23　画后肩省

22. **画腰省**

（1）选择 ✐【智能笔】工具从肩省省尖画一条垂直线与腰围线相交，从 BP 点画一条垂直线与腰围线相交，选择 ✐【智能笔】工具把光标放在后袖窿弧线控制点上按【Enter】键，出现【移动量】对话框输入横向偏移量 -1cm，然后以此画一条垂直线与腰围线相交（图 4-24）。

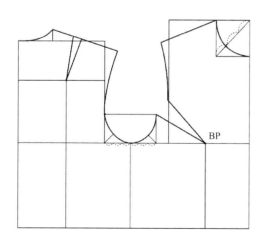

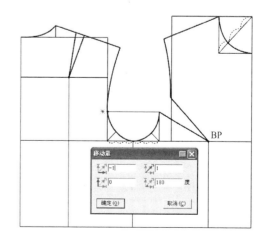

图4-24　画腰省步骤1

（2）选择 ✐【智能笔】工具前片胸围线 1.5cm 处画一条垂直线与腰围线相交, 选择 ✐【智能笔】工具的【单向靠边移】功能将垂直线靠边至袖窿省线（图 4-25）。

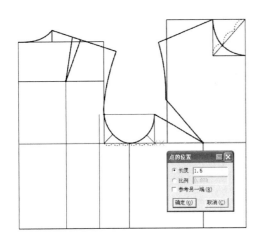
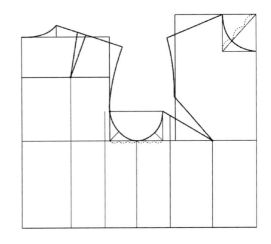

图4-25 画腰省步骤2

（3）选择 ✐【智能笔】工具在省中线 3cm 处开始画省线，将光标放在省中线腰围线交点上按【Enter】键，出现【移动量】对话框输入横向偏移量 0.88cm（计算方法：12.5cm×7%），然后以此画一条线与腰围线相交。选择 ✐【智能笔】工具从省中线袖窿省线交点开始画省线，将光标放在省中线腰围线交点上按【Enter】键，出现【移动量】对话框输入横向偏移量 0.94cm（计算方法：12.5cm×7.5%），然后以此画一条线与腰围线相交（图 4-26）。

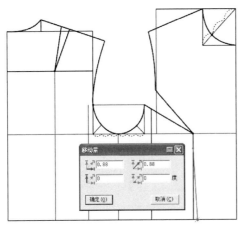
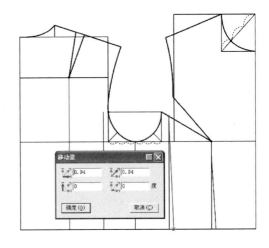

图4-26 画腰省步骤3

（4）选择 ✐【智能笔】工具在从省中线胸围线交点开始画省线，将光标放在省中线腰围线交点上按【Enter】键，出现【移动量】对话框输入横向偏移量 0.69cm（计算方法：12.5cm×5.5%），然后以此画一条线与腰围线相交。选择 ✐【智能笔】工具在从省中线顶点开始画省线，将光标放在省中线腰围线交点上按【Enter】键，出现【移动量】对话框输入横向偏移量 2.19cm（计算方法：12.5cm×17.5%），然后以此画一条线与腰围线相交（图 4-27）。

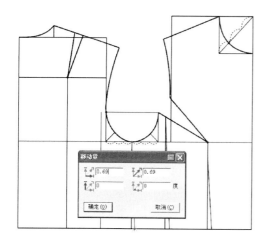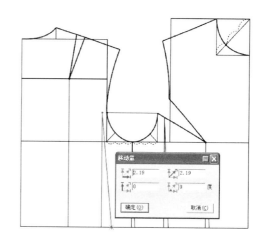

图4-27　画腰省步骤4

（5）选择 ✐【智能笔】工具中【单向靠边】功能将后腰省的省中线靠边到胸围线，选择 ✐【智能笔】工具按着【Shift】键，右键点击省中线上半部分，进入【调整曲线长度】功能。输入增长量2cm。选择 ✐【智能笔】工具在从省中线顶点开始画省线，将光标放在省中线腰围线交点上按【Enter】键，出现【移动量】对话框输入横向偏移量 1.13cm（计算方法：12.5cm×9%），然后以此画一条线与腰围线相交（图 4-28）。

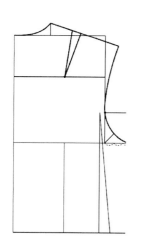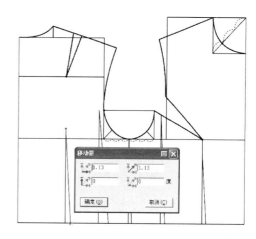

图4-28　画腰省步骤5

（6）选择 ✎【智能笔】工具在从后直开领端点开始画省线，与腰围线离后中 0.87cm
（计算方法：12.5cm×7%）相连为后中省线（图 4-29）。

23. 第 8 代女装上衣原型（图 4-30）

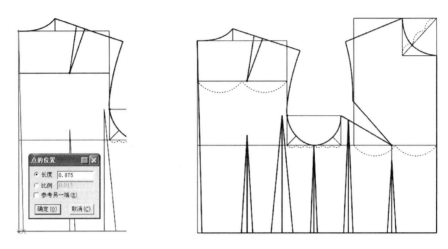

图4-29　画腰省步骤6

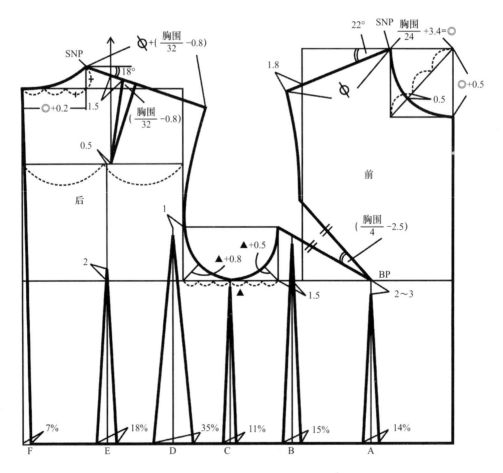

图4-30　第8代女装上衣原型

（三）新文化式袖原型 CAD 制图步骤

1. 选择 ✐【智能笔】工具按着【Shift】键，右键点击侧缝线基础线上半部分，进入【调整曲线长度】功能。输入增长量 22cm（图 4-31）。

2. **转移袖窿省至前中**（图 4-32）

（1）选择 ✂【剪断线】工具，将前中线在胸围线交点处剪断。

（2）选择 ↻【旋转】工具，按着【Shift】键进入【旋转】功能。将袖窿省闭合转移至前中。

（3）选择 ✂【剪断线】工具，依次点击前袖窿弧线的二段线，然后按右键结束将二段线连接成一条线。并选择 ▧【调整】工具调顺前袖窿弧线。

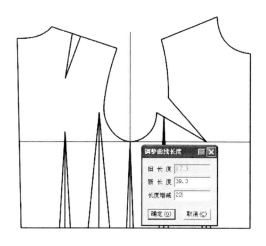

图4-31　延长侧缝线基础线

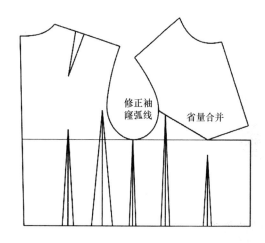

图4-32　转移袖窿省至前中

3. **画肩端点平行线**（图 4-33）

（1）选择 ✐【智能笔】工具从后肩端点画一条平行线至侧缝基础延长线。

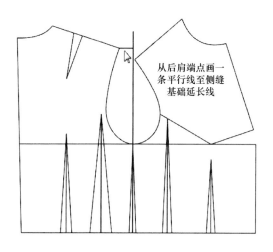

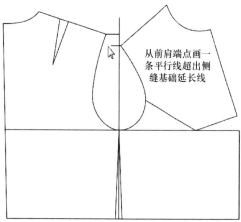

图4-33　画肩端点平行线

（2）选择 ✏【智能笔】工具从前肩端点画一条平行线超出侧缝基础延长线。

4．**确定袖山高**（图4-34）

（1）选择 ▣▣【等份规】工具将后肩端点至前肩端点的距离分成2个等分。

（2）选择 ▣▣【等份规】工具将前后肩端点的间距中点至袖窿深点的距离分成6个等分。

（3）选取前后肩端点的间距中点至袖窿深点距离的 $\frac{5}{6}$ 为袖山高。

（4）选择 ✏【智能笔】工具从前后肩端点的间距中点至袖窿深点距离的 $\frac{1}{3}$ 处画一条平行线。

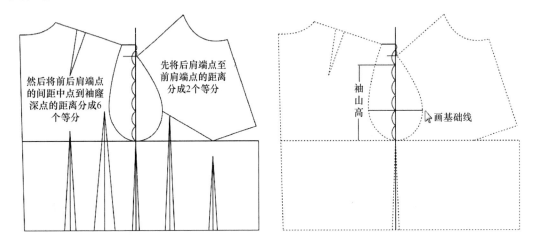

图4-34　确定袖山高

5．**画袖中线**（图4-35）

选择 ✏【智能笔】工具按着【Shift】键，右键点击侧缝基础线的下半部分，进入【调整曲线长度】功能。输入新长度52cm。

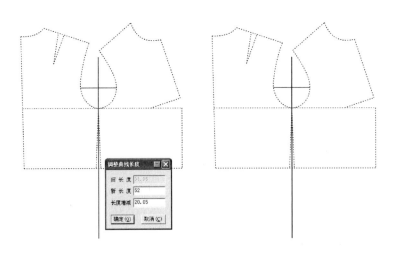

图4-35　画袖中线

6. 测量前后袖窿弧线长度（图4-36）

选择 🖊️【比较长度】工具点击后袖窿弧线测量出长度为21.78cm,选择 🖊️【比较长度】工具点击前袖窿弧线测量出长度为20.81cm。

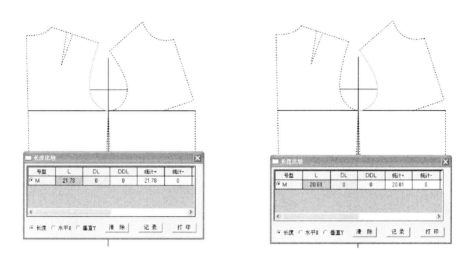

图4-36　测量前后袖窿弧线长度

7. 画袖山斜线（图4-37）

选择 🄰【圆规定】工具画出前袖山斜线20.8cm,后袖山斜线22.7cm。

8. 确定袖山弧线控制点（图4-38、图4-39）

9. 一片袖原型（图4-40）

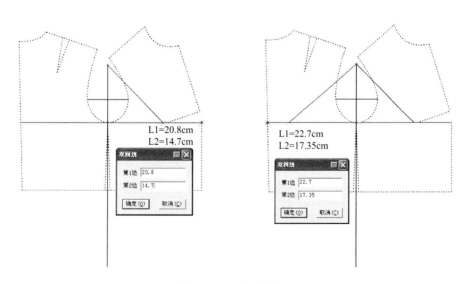

图4-37　画袖山斜线

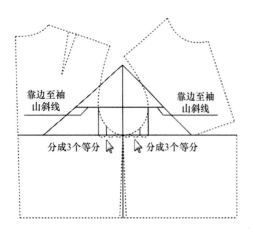
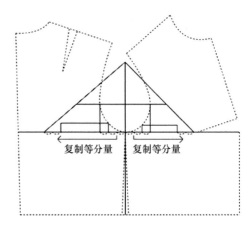

图4-38　确定袖山弧线控制点1

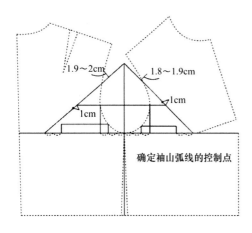
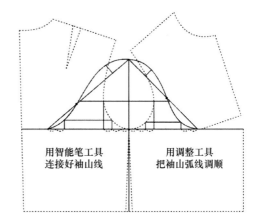

图4-39　确定袖山弧线控制点2

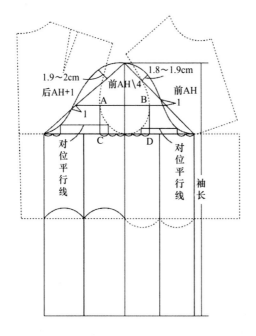
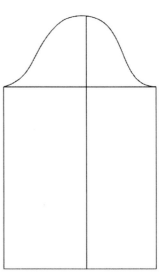

图4-40　一片袖原型

第二节　服装 CAD 转省应用

省是服装制作中对余量部分的一种处理形式，省的产生源自于将二维的布料置于三维的人体上，由于人体的凹凸起伏、围度的落差比、宽松度的大小以及适体程度的高低，决定了面料在人体的许多部位呈现出松散状态，将这些松散量以一种集约式的形式处理便形成了省的概念，省的产生使服装造型由传统的平面造型走向了真正意义上的立体造型。本节通过三款不同造型的转省 CAD 制图步骤讲解，让读者掌握转省 CAD 制图步骤和技巧。

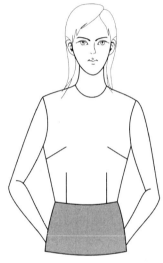

图4-41　横省和腰省设计

1. **横省和腰省设计**（图 4-41）

（1）选择 ✂【剪断线】工具将要旋转部位线段剪断后，选择 ◎【旋转】工具，按着【Shift】键进入【旋转】功能。将侧腰省闭合。

（2）选择 ✎【智能笔】工具从袖窿省尖画新省线至侧缝线。

（3）选择 📖【转省】工具框选要转省的样片，然后先点击新省线，再点击闭合二端线，即可转省。

（4）选择 ✂【剪断线】工具，依次点击袖窿弧线的 2 段线，然后按右键结束将 2 段线连接成一条线。并选择 🔍【调整】工具调顺袖窿弧线，以上步骤如图 4-42 所示。

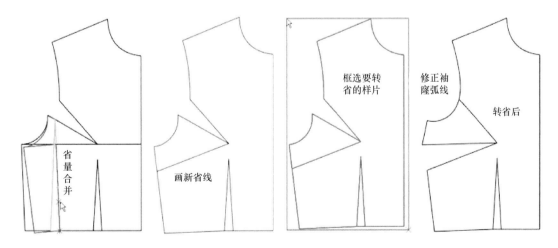

图4-42　横省和腰省设计步骤1

（5）选择 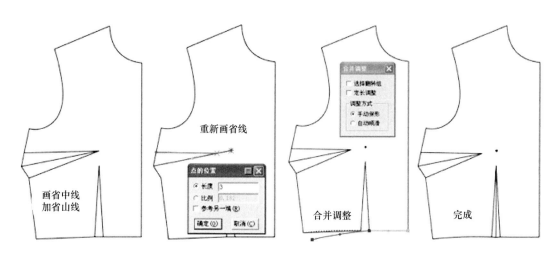【加省山】工具画好省山线，选择 【智能笔】工具从省山中点画一条线至省尖为省中线。

（6）选择 【橡皮擦】工具删除省线，选择 【智能笔】工具在省中线离省尖3cm开始画省线，然后用 【智能笔】工具【切角】功能删除多余的省中线。

（7）选择 【合并调整】工具先点击腰围线2段线，再点击闭合二端线，然后调顺腰围线，5～7步骤如图4-43所示。

图4-43　横省和腰省设计步骤2

2. 前片公主缝分割设计（图4-44）

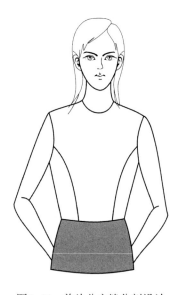

图4-44　前片公主缝分割设计

（1）选择 【剪断线】工具将要旋转部位线段剪断后，选择 【旋转】工具，按着【Shift】键进入【旋转】功能。将侧腰省闭合。

（2）选择 【智能笔】工具从袖窿省尖画新省线至侧缝线。

（3）选择 【转省】工具框选要转省的样片，然后先点击新省线，再点击闭合二端线，即可转省。

（4）选择 【剪断线】工具，依次点击袖窿弧线的2段线，然后按右键结束将2段线连接成一条线。并选择 【调整】工具调顺袖窿弧线，以上步骤如图4-45所示。

（5）选择 【调整】工具框选腰省，出现【偏移】对话框，输入横向偏移量2cm。

（6）选择 【智能笔】工具根据款式要求画好分割线。

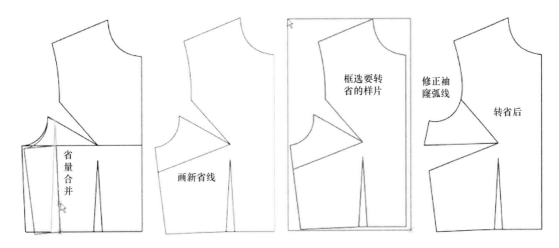

图4-45　公主缝分割设计步骤1

（7）选择 ✂【剪断线】工具将要旋转部位线段剪断后，选择 ↻【旋转】工具，按着【Shift】键进入【旋转】功能。将腋下省闭合。

（8）选择 ✂【剪断线】工具，依次点击前片（前侧）分割弧线的2段线，然后按右键结束将前片（前侧）分割弧线的2段线连接成一条线。并选择 ▸【调整】工具调顺前片（前侧）分割弧线，5 ~ 8步骤如图4-46所示。

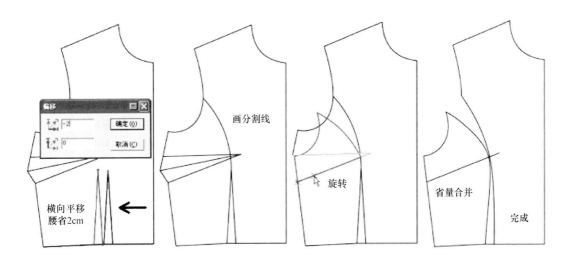

图4-46　公主缝分割设计步骤2

3. 后片公主缝分割设计（图4-47）

（1）选择 ✐【智能笔】工具从肩省画一条线至袖窿弧线距肩端点8cm。

（2）选择 ✂【剪断线】工具，将肩缝线肩省处剪断，选择 ⚬⚬【等分规】工具将肩省

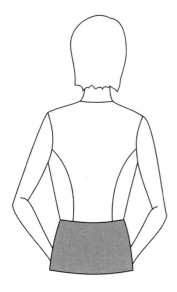

图4-47　后片公主缝分割设计

分成 3 个等分。

（3）选择 【剪断线】工具，将袖窿弧线新省线交点处剪断，选择 【旋转】工具，按着【Shift】键进入【旋转】功能。将肩省闭合 $\frac{2}{3}$。（注：$\frac{1}{3}$ 的肩省量保留在肩缝线作为吃势量，$\frac{2}{3}$ 的肩省量转移至袖窿弧线作为吃势量。）

（4）选择 【剪断线】工具，依次点击肩缝线（袖窿弧线）的 2 段线，然后按右键结束将肩缝线（袖窿弧线）的 2 段线连接成一条线。并选择 【调整】工具调顺肩缝线（袖窿弧线），以上步骤如图 4-48 所示。

（5）选择 【智能笔】工具从侧腰省尖画一条线至袖窿弧线，选择 剪断线工具剪断需要转省的线段。

（6）选择 【旋转】工具，按着【Shift】键进入【旋转】功能。将侧腰省闭合。

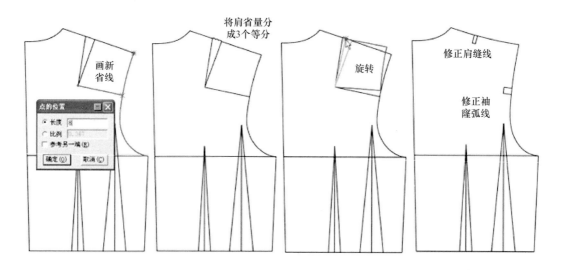

图4-48　后片公主缝分割设计步骤1

（7）选择 【调整】工具调顺袖窿弧线，把线型改变为虚线 ，选择 【设置线的颜色类型】工具点击腰省线。使腰省线变为虚线。

（8）选择 【智能笔】工具根据款式造型要求画分割线，选择 【调整】工具调顺分割线，5～8 步骤如图 4-49 所示。

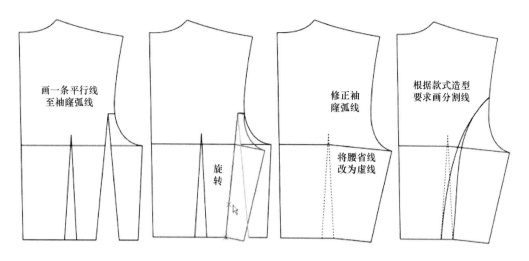

图4-49　后片公主缝分割设计步骤2

思考与练习题

1. 运用富怡V9服装CAD系统绘制第7代文化式服装上衣原型。

2. 运用富怡V9服装CAD系统绘制第7代文化式服装袖原型。

3. 运用富怡V9服装CAD系统进行20款省道转移训练。

入门篇——

女装CAD快速入门

课题名称：女装CAD快速入门

课题内容：1. 女装CAD制板

2. 女装CAD推板

3. 女装CAD排料

课题时间：12课时

训练目的：掌握女装CAD制板、女装CAD推板、女装CAD排料等操作技能。

教学方式：讲授法、举例法、示范法、启发式教学、现场实训教学相结合。

教学要求：1. 使学生掌握女装CAD制板操作技能。

2. 使学生掌握女装CAD推板操作技能。

3. 使学生掌握女装CAD排料操作技能。

第五章 女装 CAD 快速入门

第一节 女装 CAD 制板

一、建立纸样库

在制板之前，应先在计算机的硬盘中建立几个文件夹，如:春夏装、秋冬装、男装、女装等。也可以按照您的客户名称来划分，此后保存文件时可以分门别类的放在各自的位置。

二、短裙制板 CAD 制板步骤

（一）短裙款式效果图（图5-1）

正面   背面

图5-1 短裙款式效果图

（二）短裙规格尺寸表（表5-1）

表 5-1 短裙规格尺寸表   单位：cm

部位＼号型	S	M（基础板）	L	XL	档差
	155\64A	160\68A	165\72A	170\76A	
裙长	52.5	54	55.5	57	1.5
腰围	64	68	72	76	4
臀围	88	92	96	100	4
摆围	92	96	100	104	4

（三）画结构图

1. 首先单击【号型】菜单→【号型编辑】，在设置号型规格表中输入尺寸（图5-2）

号型名 ☑	☑S	⊙M	☑L	☑XL	☑
裙长	52.5	54	55.5	57	
腰围	64	68	72	76	
臀围	88	92	96	100	
摆围	92	96	100	104	

图5-2 设置号型规格表

2. 短裙结构图（图5-3）

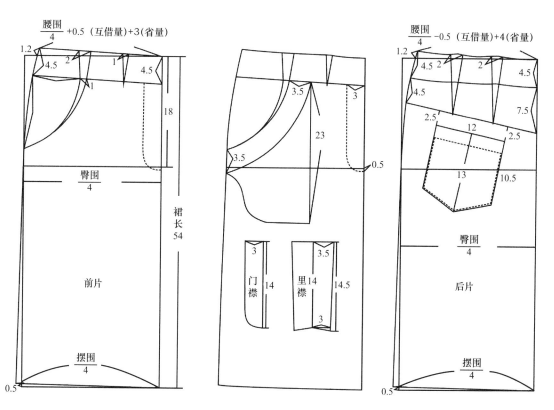

图5-3 短裙结构图

3. **画前片矩形**（图 5-4）

选择 ✎【智能笔】工具在空白处拖定出裙长 54cm，前臀围 23cm（计算公式：$\dfrac{\text{臀围 92cm}}{4}$）。

4. **画平行线（前片臀围线）**（图 5-5）

选择 ✎【智能笔】工具按住【Shift】键，进入【平行线】功能。输入臀高 18cm，按【确定】键即可画好前片臀围线。

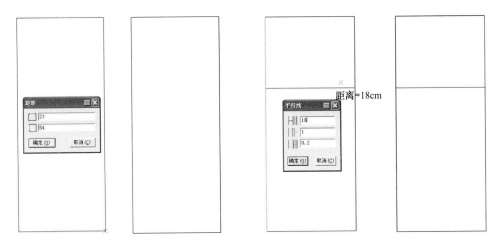

图5-4 画前片矩形   图5-5 画前片臀围线

5. **画腰口线**（图 5-6）

选择 ✎【智能笔】工具在腰围基础线前中点按【Enter】键，出现【移动量】对话框输入横向移动量 –20.5cm（计算公式：$\dfrac{\text{臀围 68cm}}{4}$ + 互借量 0.5cm+ 省量 3cm），纵向移动量 1.2cm（1.2cm 为起翘量），然后与腰围基础线前中点相连作为腰口线。

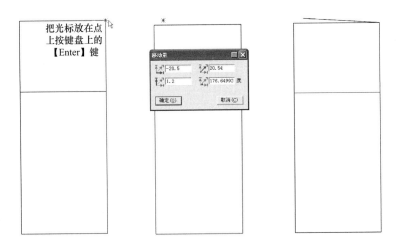

图5-6 画腰口线

6. 画侧缝线（图 5-7）

选择 ✐【智能笔】工具连接侧缝线，在摆围基础线前中点按【Enter】键，出现【移动量】对话框输入横向移动量 24cm（计算公式：$\dfrac{\text{摆围} 96cm}{4}$）纵向移动量 0.5cm（0.5cm 为起翘量）。然后选择 ▨【调整】工具调顺侧缝线。

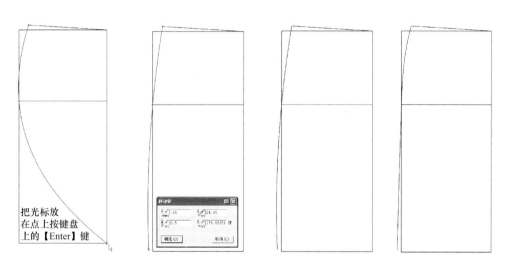

把光标放
在点上按键盘
上的【Enter】键

图5-7　画侧缝线

7. 画下摆线（图 5-8）

选择 ✐【智能笔】工具连接下摆线，然后选择 ▨【调整】工具调顺下摆线。

8. 画腰头线（图 5-9）

选择 ✐【智能笔】工具按住【Shift】键，进入【平行线】功能。输入腰头宽 4.5cm。按【确定】键即可画好腰头线。

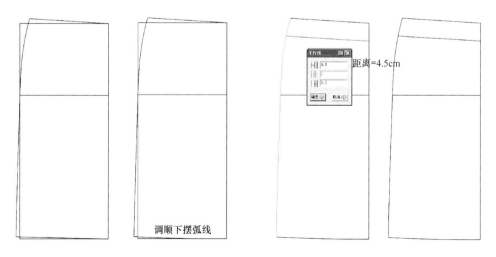

调顺下摆弧线

距离=4.5cm

图5-8　画下摆线　　　　　　　图5-9　画腰头线

9．画袋口线（图5-10）

（1）选择 ✎【智能笔】工具在腰头线8cm与侧缝线12cm处相连。然后选择 �【调整】工具调顺袋口线。

（2）选择 ✎【智能笔】工具在腰头线1cm（1cm为袋口松量）与侧缝线12cm处相连。然后选择 ▶【调整】工具调顺袋口线。

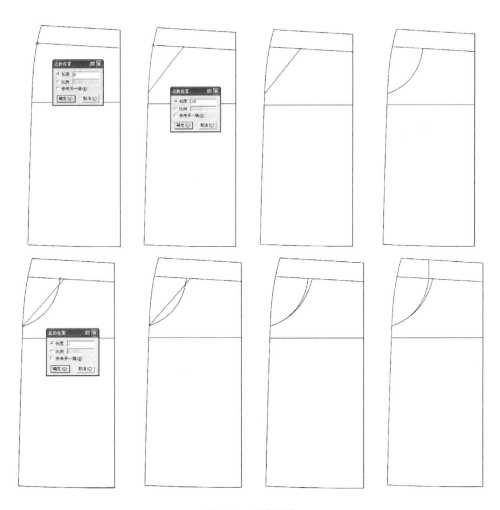

图5-10　画袋口线

10．画腰省

（1）如图5-11所示，选择 ✎【智能笔】工具在腰围线上画一个2cm腰省。

（2）如图5-12所示，选择 ✎【智能笔】工具按住【Shift】键，进入【三角板】功能。在腰围线上画垂直线5cm。选择 ✎【智能笔】工具按住【Shift】键，进入【开省】功能。先框选腰围线，再框选或点选省线，出现【省宽】对话框入1cm。然后调顺腰围线。

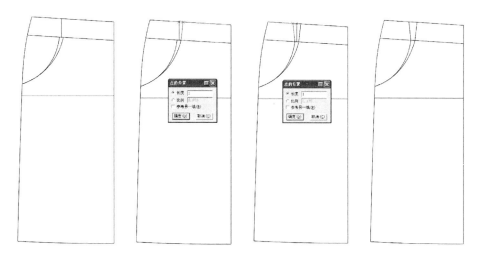

图5-11　画腰省步骤1

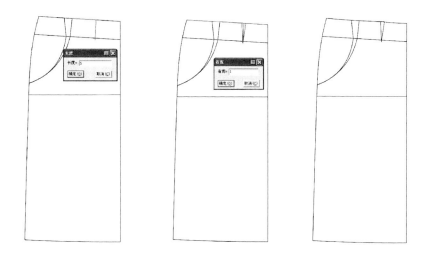

图5-12　画腰省步骤2

11. 画门襟线

（1）如图5-13所示，选择 ✐【智能笔】工具在腰头线3cm画垂直线相交至臀围线，前中线臀围下0.5cm处与垂直线4cm相连。

（2）如图5-14所示，选择 ✐【智能笔】工具框选两条门襟基础线，按鼠标右键结束即可连角处理。选择 ◤【调整】工具调顺门襟线。将线型框 ┈┈┈ 改为虚线，选择 ▤【设置线的颜色类型】工具点击门襟线，这时门襟线即变为虚线。

12. 画袋口贴线（图5-15）

选择 ✐【智能笔】工具按住【Shift】键，进入【平行线】功能。输入袋口贴3.5cm。按【确定】键即可画好腰头线。

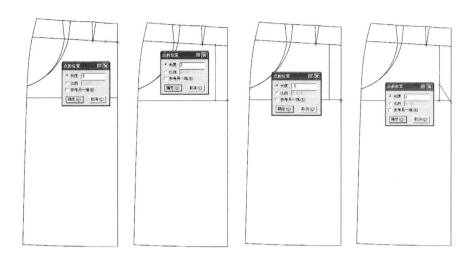

图5-13　画门襟线步骤1

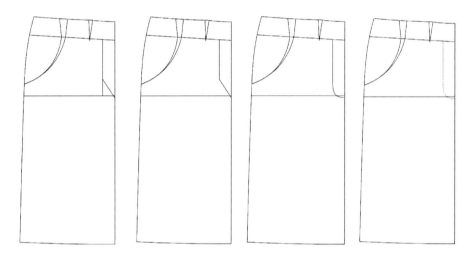

图5-14　画门襟线步骤2

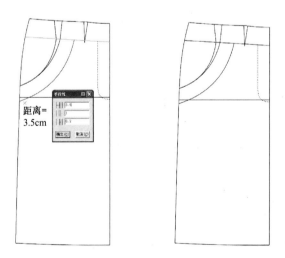

图5-15　画袋口贴线

13. 画袋布线（图 5-16）

选择 【智能笔】工具画一条长 23cm 的垂直线，然后以此画一条线与袋贴线端点相连。选择 【调整】工具调顺袋布线。

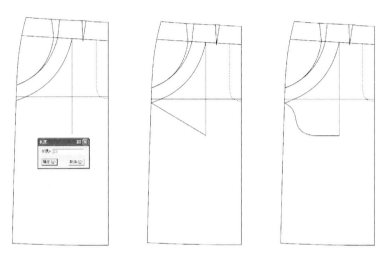

图5-16　画袋布线

14. 画后片基础线（图 5-17）

选择 【移动】工具按住【Shift】键，进入【复制】功能。将前片基础线复制作为后片基础线。

15. 画腰头线（图 5-18）

选择 【智能笔】工具按住【Shift】键，进入【平行线】功能。输入腰头宽 4.5cm。按【确定】键即可画好腰头线。

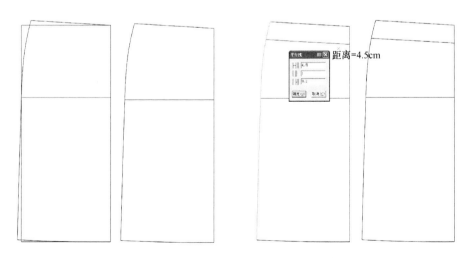

图5-17　画后片基础线　　　　　　图5-18　画腰头线

16. 画育克线（图5-19）

选择 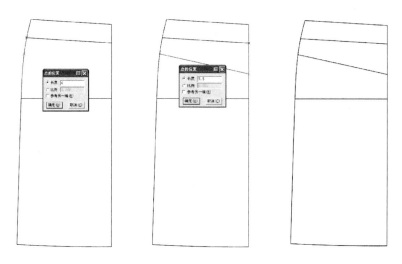【智能笔】工具在侧缝线4cm画一条线与后中线7.5cm处相连为育克线。

图5-19 画育克线

17. 画腰省

（1）如图5-20所示，选择【智能笔】工具按住【Shift】键，进入【三角板】功能。在腰围线三等分处画一条垂直线10cm。用同样方法再画一条垂直线11cm。

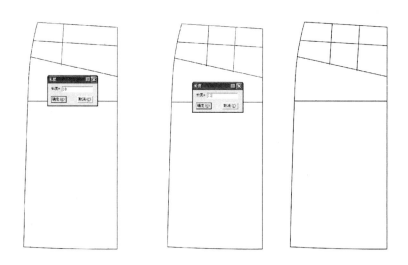

图5-20 画省线

（2）如图5-21所示，选择【智能笔】工具按住【Shift】键，进入【开省】功能。先框选腰围线，再框选或点选省线，出现【省宽】对话框入2cm。然后调顺腰围线。

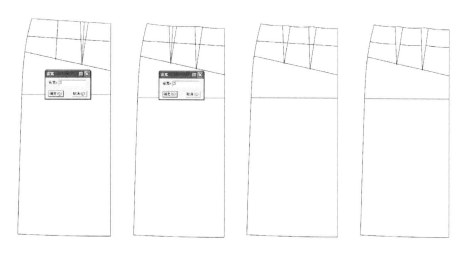

图5-21 画腰省

18. 画后贴袋

（1）如图 5-22 所示，选择 ✐ 【智能笔】工具按住【Shift】键，进入【平行线】功能。输入平行线宽 2.5cm。按【确定】键即可画好腰头线。然后选择 ✐ 【比较长度】工具测量出平行线长度为 23.06cm。

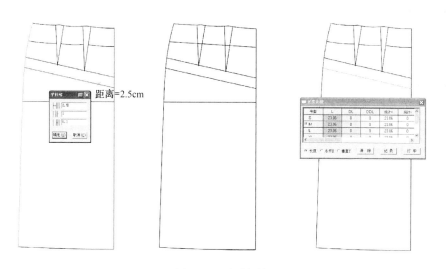

图5-22 画平行线

（2）如图 5-23 所示，选择 ✐ 【智能笔】工具按住【Shift】键点击平行线，出现【调整曲线长度】对话框输入 -5.53cm（计算方法：$\dfrac{\text{平行线长 23.06cm} - \text{袋口宽 12cm}}{2}$）。

（3）如图 5-24 所示，选择 ✐ 【智能笔】工具按住【Shift】键，进入【三角板】功能。从袋口线中点画一条垂直线 13cm。用同样方法在袋口线两端分别画一条垂直线 10.5cm。

（4）如图 5-25 所示，选择 ✐ 【智能笔】工具画好贴袋，将线型框 ┈┈ 改为虚线，选择 ▤ 【设置线的颜色类型】工具点击贴袋内缉线，这时缉线即变为虚线。

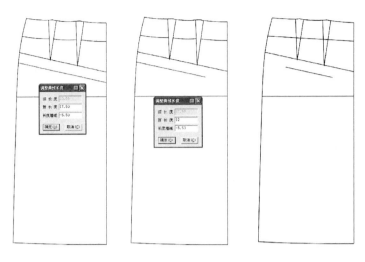

图5-23 画贴袋步骤1

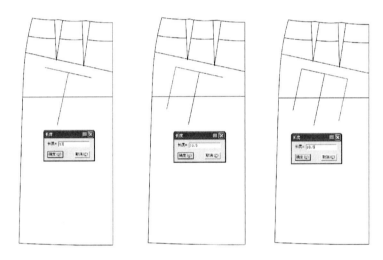

图5-24 画贴袋步骤2

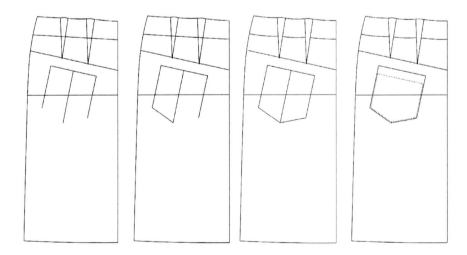

图5-25 画贴袋步骤3

（四）样板处理

1. **前左腰头、前右腰头样板处理**（图 5-26）

（1）选择 ▦【移动】工具，按住【Shift】键，进入【复制】功能。将前腰头部分复制到空白处。选择 ✎【智能笔】工具中的【连角】功能进行连角处理。也可用 ✂【剪断线】工具将不要的线段剪断后，用 ✐【橡皮擦】工具删除。

（2）选择 ▦【移动】工具，按住【Shift】键，进入【移动】功能将 A、B、C 三块依省尖为准重合在一起。

（3）选择 ▣【旋转】工具按住【Shift】键，进入【旋转】功能。将腰省旋转合并。

（4）选择 ✂【剪断线】工具依次点击腰头线的三段线，然后按右键结束；将三段线合并为一条线。

（5）选择 ▹【调整】工具将腰头线调顺畅。（注意：腰头线的调整控制点不宜多。多了弧线不宜调顺，可以将光标放在调整控制点上按【Delete】键删除。）选择 ✎【智能笔】工具画好前右腰头的搭门位置。

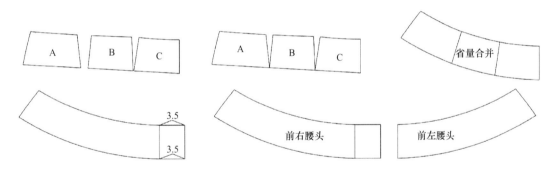

图5-26　前左腰头、前右腰头样板处理

2. **后腰头、后育克样板处理**

参照前面所学的知识，如图 5-27 所示，做好后腰头、后育克样板处理。

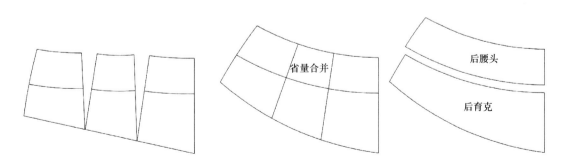

图5-27　后腰头、后育克样板处理

3. 袋口贴、袋布样板处理

参照前面所学的知识，如图5-28所示，做好袋口贴、袋布样板处理。

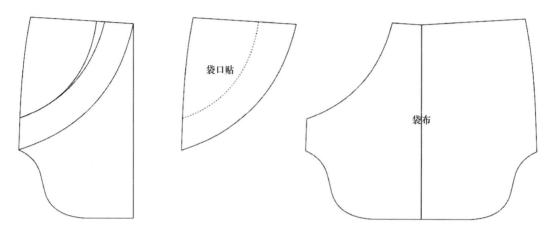

图5-28　袋口贴、袋布样板处理

4. 门襟、里襟（图5-29）

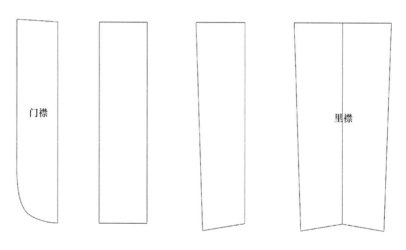

图5-29　门襟、里襟

5. 拾取样板

选择 ✂【剪刀】工具拾取纸样的外轮廓线，及对应纸样的省中线；击右键切换成拾取衣片辅助线工具拾取内部辅助线。并用 ▦【布纹线】工具将布纹线调整好。

6. 修改缝份量

选择 ▱【加缝份】工具将工作区的所有纸样统一加1cm缝份量，然后将前片、后片下摆线和后贴袋上口线缝份量修改为3cm。

7. 短裙样板

如图 5-30 所示，选择 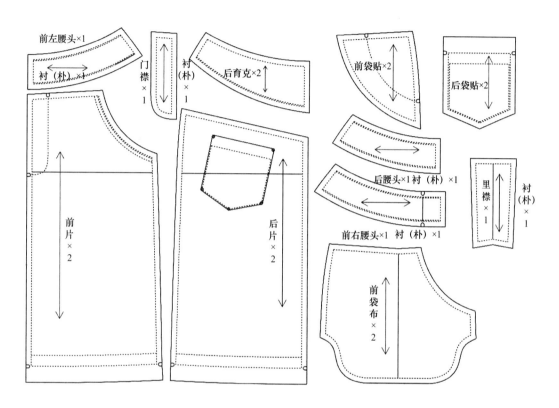【剪口】工具将所需部位打好剪口，选择 ⊙【钻孔】工具将后贴位置打标记。

图5-30　短裙样板

第二节　女装 CAD 推板

（1）设置号型规格表。单击【号型】菜单→【号型编辑】，增加需要的号型并设置好各号型的颜色。（注：为了让读者更直观看清放码的步骤，按键盘上方的【F7】隐藏缝份量）（图 5-31）。

（2）用 ■【选择纸样控制点】工具框选前左腰头的一端，在【横向放缩】栏输入放缩量 –1cm，然后点击 X 相等（图 5-32）。

（3）用 ■【选择纸样控制点】工具框选前右腰头、后腰头、后育克的一端，在【横向放缩】栏输入放缩量 1cm，然后点击 X 相等（图 5-33）。

图5-31　设置号型规格表

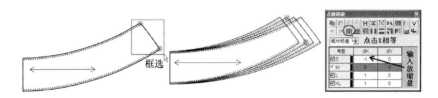

图5-32　前左腰头放缩效果图

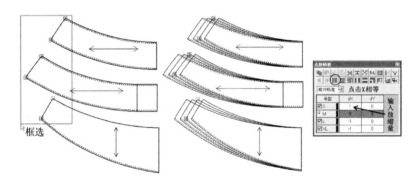

图5-33　前右腰头、后腰头、后育克放缩效果图

（4）用 ▨【选择纸样控制点】工具框选里襟、门襟、后贴袋上口，在【纵向放缩】栏输入放缩量 –0.5cm，然后点击 Y 相等（图 5-34）。

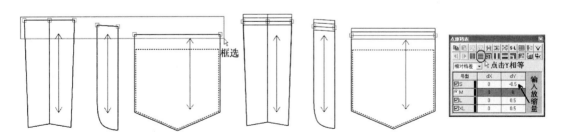

图5-34　里襟、门襟、后贴袋放缩效果图

（5）用 【选择纸样控制点】工具框选后贴袋左侧，在【横向放缩】栏输入放缩量 0.25cm，然后点击 X 相等（图 5–35）。

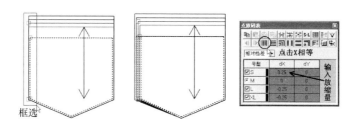

图5-35 后贴袋放缩效果图

（6）用 【选择纸样控制点】工具先框选被复制放码的部位，点击复制放码量；再用 【选择纸样控制点】工具先框选要复制放码的部位，点击粘贴 X（图 5–36）。

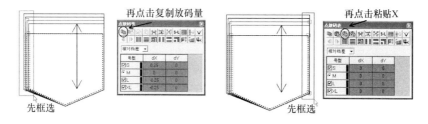

图5-36 复制粘贴放码量步骤1

（7）用 【选择纸样控制点】工具框选已复制好放码量的部位，点击 X 取反（图 5–37）。

图5-37 复制粘贴放码量步骤2

（8）用 【选择纸样控制点】工具框选前袋布、前袋贴上口，在【纵向放缩】栏输入放缩量 –0.5cm，然后点击 Y 相等（图 5–38）。

（9）用 【选择纸样控制点】工具框选前片上口，在【纵向放缩】栏输入放缩量 –0.5cm，然后点击 Y 相等（图 5–39）。

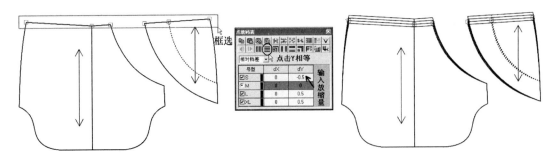

图5-38　前袋布、前袋贴放缩效果图

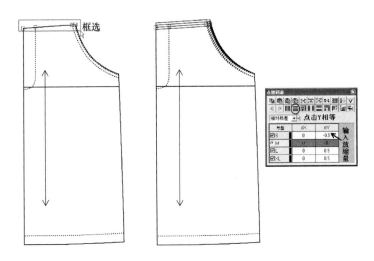

图5-39　前片上口放缩效果图

（10）用 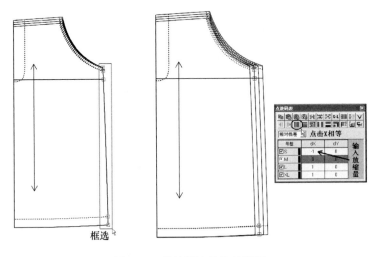【选择纸样控制点】工具框选前片侧缝，在【横向放缩】栏输入放缩量1cm，然后点击 X 相等（图 5-40）。

图5-40　前片侧缝放缩效果图

（11）用 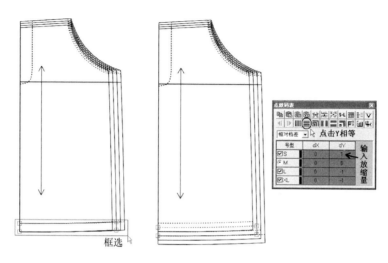【选择纸样控制点】工具框选前片下摆线，在【纵向放缩】栏输入放缩量 1cm，然后点击 Y 相等（图 5-41）。

图5-41　前片下摆线放缩效果图

（12）用【选择纸样控制点】工具框选后片上口及后贴袋上口线，在【纵向放缩】栏输入放缩量 -0.5cm，然后点击 Y 相等（图 5-42）。

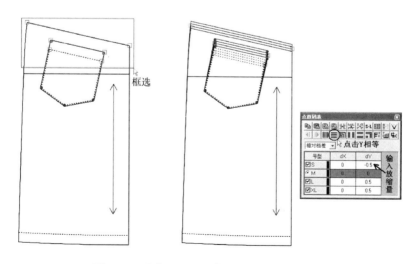

图5-42　后片上口及后贴袋上口线放缩效果图

（13）用 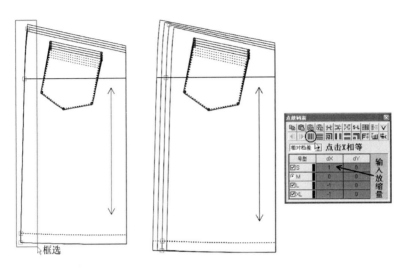【选择纸样控制点】工具框选后片侧缝，在【横向放缩】栏输入放缩量 1cm，然后点击 X 相等（图 5-43）。

图5-43　后片侧缝放缩效果图

（14）用【选择纸样控制点】工具框选后贴袋左侧，在【横向放缩】栏输入放缩量 0.5cm，然后点击 X 相等（图 5-44）。

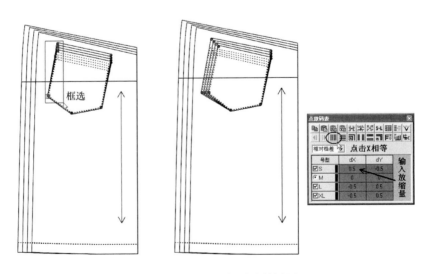

图5-44　后贴袋左侧放缩效果图

（15）用 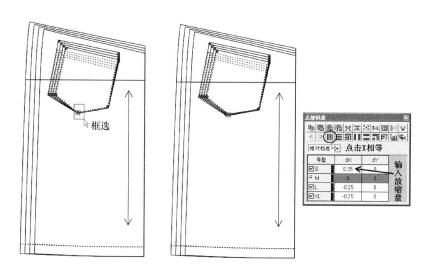【选择纸样控制点】工具框选后贴袋下端中点，在【横向放缩】栏输入放缩量 0.25cm，然后点击 X 相等（图 5–45）。

图5-45　后贴袋下端中点放缩效果图

（16）用 【选择纸样控制点】工具框选后片下摆，在【纵向放缩】栏输入放缩量 1cm，然后点击 Y 相等（图 5–46）。

（17）短裙放码完整图（图 5–47）。

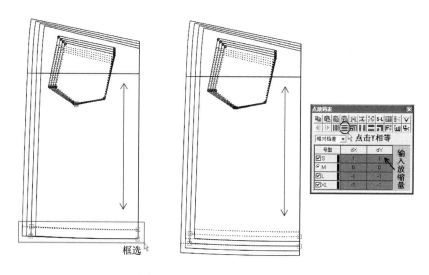

图5-46　后片下摆放缩效果图

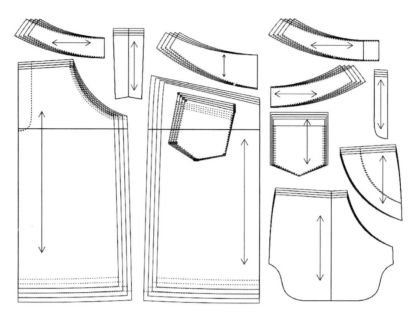

图5-47　短裙放码完整图

第三节　女装 CAD 排料

（1）单击 📄 新建或者单击文档菜单中的【新建】（图5-48），弹出【唛架设定】对话框，设定布封宽（唛架宽度根据实际情况来定）及估计的大约唛架长，最好略多一些，唛架边界可以根据实际自行设定（图5-49）。

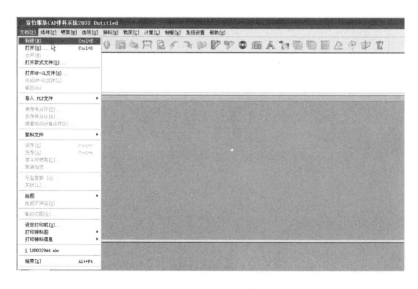

图5-48　文档菜单中的【新建】

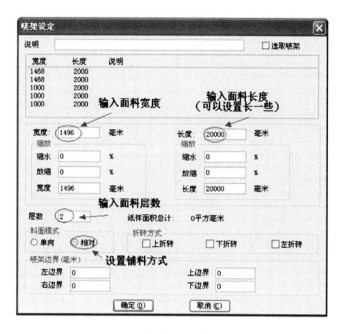

图5-49　【唛架设定】对话框

（2）单击【确定】，弹出【选取款式】对话框（图 5-50 ）。

图5-50　【选取款式】对话框

（3）单击【载入】，弹出【选取款式文档】对话框，单击文件类型文本框旁的【三角形】按钮，可以选择要排料的样板文档（图 5-51 ）。

（4）单击 短裙结构.dgs 文件名，单击【打开】，弹出【纸样制单】对话框。根据实际需要，可通过单击要修改的文本框进行补充输入或修改。检查各纸样的裁片数，并在【号型套数】栏，给各码输入所排套数（图 5-52 ）。

（5）单击【确定】，【选取款式】对话框（图 5-53 ）。

图5-51 【选取款式文档】对话框

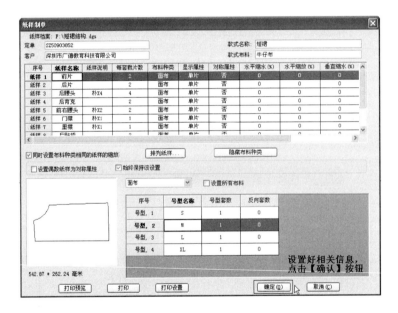

图5-52 【纸样制单】对话框

图5-53 【选取款式】对话框

（6）再单击【确定】，即可看到纸样列表框内显示纸样，号型列表框内显示各号型纸样数量（图5-54）。

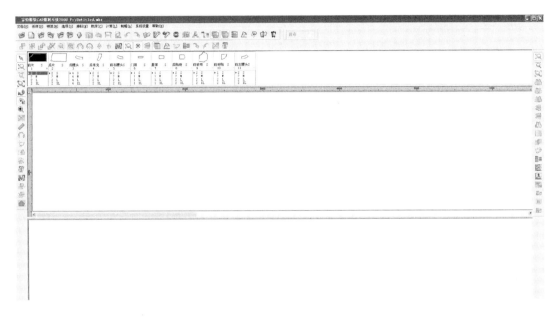

图5-54　纸样列表框内显示纸样

（7）这时需要对纸样的显示与打印进行参数的设定。单击【选项】→【在唛架上显示纸样】弹出【显示唛架纸样】对话框，单击【在布纹线上】和【在布纹线下】右边的三角箭头，勾选【纸样名称】等所需在布纹线上下显示的内容（图5-55）。

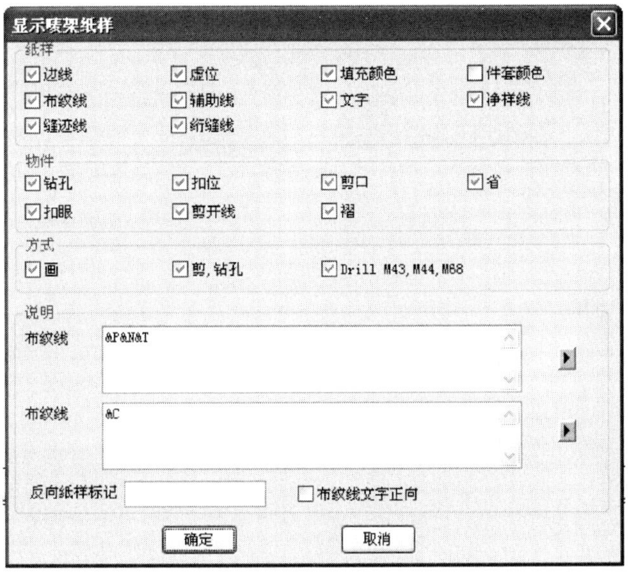

图5-55　【显示唛架纸样】对话框

（8）设置自动排料

①单击【排料】→【自动排料设定】弹出【自动排料设置】对话框，选择【精细】→
单击【确认】，然后单击【排料】→【开始自动排料】（图5-56）。

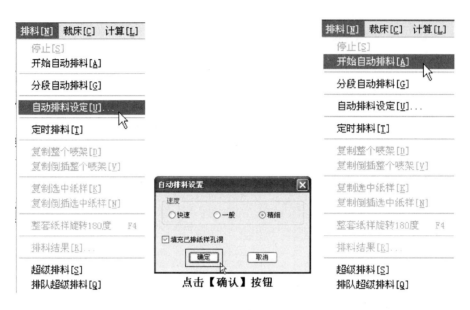

图5-56　设置自动排料

②自动排料（图5-57）。

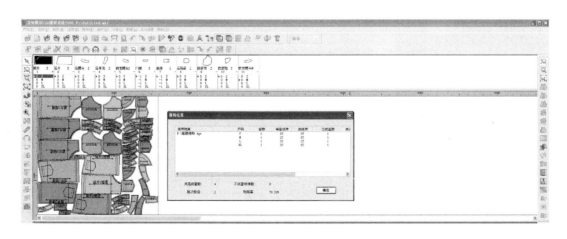

图5-57　自动排料

（9）采用人机交换排料（图5-58），人机交换排料结果（图5-59）。

（10）单击【文档】→【另存】，弹出【另存为】对话框，保存唛架。排料文档如
图6-60所示。

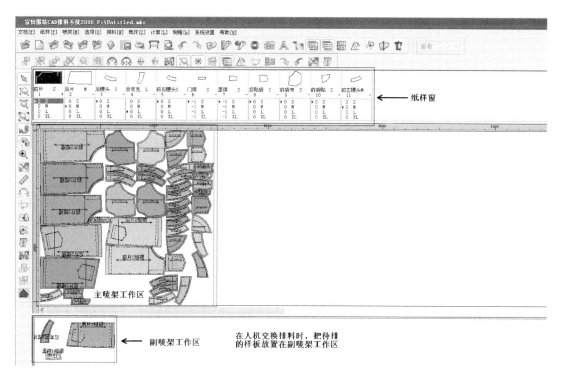

图5-58 采用人机交换排料

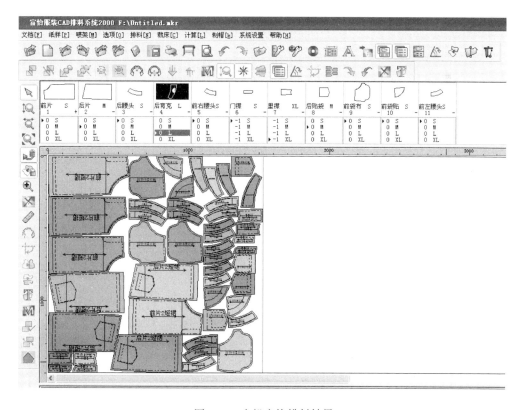

图5-59 人机交换排料结果

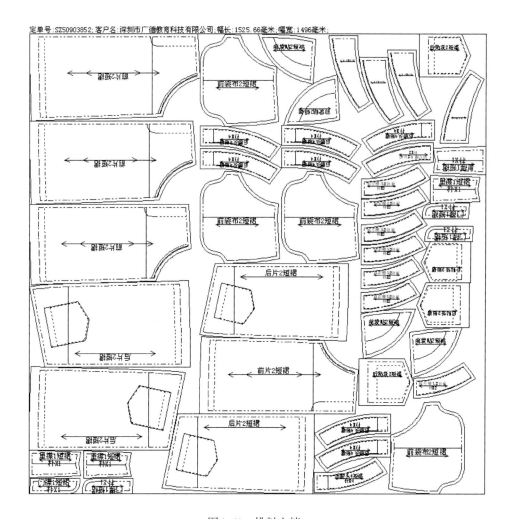

图6-60 排料文档

思考与练习题

1. 根据所学知识，运用富怡服装CAD，绘制3款裙子纸样，并推板和排料。

2. 根据所学知识，运用富怡服装CAD，绘制3款裤子纸样，并推板和排料。

3. 根据所学知识，运用富怡服装CAD，绘制3款衬衫纸样，并推板和排料。

4. 根据所学知识，运用富怡服装CAD，绘制3款西服纸样，并推板和排料。

5. 根据所学知识，运用富怡服装CAD，绘制3款大衣纸样，并推板和排料。

实操篇——

女裙CAD制板

课题名称：女裙CAD制板

课题内容： 1. 直筒裙

2. 褶裙

3. 拼接裙

4. 时装裙

课题时间： 16课时

训练目的： 掌握直筒裙、褶裙、拼接裙、时装裙等操作技能。

教学方式： 以实际生产任务为载体，模拟工业化生产的过程，要求学生做成系统的训练，即完成从结构设计、工业样板设计的一系列工作。通过综合训练，把单个工具的使用方法和实际任务结合，提高学生的熟练程度和解决实际问题的能力。

教学要求： 1. 让学生掌握直筒裙操作技能。

2. 让学生掌握褶裙操作技能。

3. 让学生掌握拼接裙操作技能。

4. 让学生掌握时装裙操作技能。

第六章　女裙 CAD 制板

　　裙子是女性着装的常用服装品类，其款式多种多样，归纳起来有直筒裙、圆裙、节裙三大类结构。裙子一般以腰部、长度、围度的变化为主。腰部的变化有高腰、装腰（直腰）、低腰（弧形腰）三种之分。长度的变化有长裙、七分裙、膝裙、短裙等。不管裙子的裙腰和围度如何变化都适合不同的长度。

　　虽然裙子的款式千变万化，只要我们掌握直筒裙 CAD 制图规律和方法；其他款式的裙子 CAD 制板就不难了。本章通过四款不同造型的裙子 CAD 制板，让读者掌握裙子 CAD 制板的规律和技巧。

第一节　直筒裙

一、直筒裙款式效果图（图6-1）

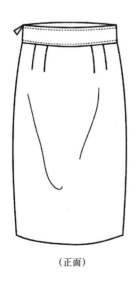
（正面）

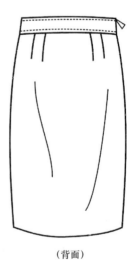
（背面）

图6-1　直筒裙款式效果图

二、直筒裙规格尺寸表（表 6-1）

表 6-1　直筒裙规格尺寸　　　　　　　　　　　　　　　　　　单位：cm

号型\部位	S	M（基础板）	L	XL	档差
	155\64A	160\68A	165\72A	170\76A	
裙长	54.5	56	57.5	59	1.5
腰围	64	68	72	76	4
臀围	88	92	96	100	4
摆围	92	96	100	104	4

三、直筒裙 CAD 制板步骤

（1）单击【号型】菜单—【号型编辑】，在设置号型规格表中输入尺寸（图 6-2）。

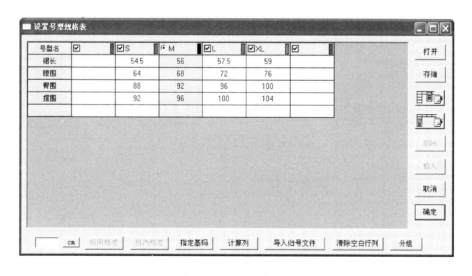

图6-2　设置号型规格表

（2）选择 【智能笔】工具，在空白处拖定出裙长 53cm（计算公式：裙长 56cm- 腰头宽 3cm），前臀围 23cm（计算公式：$\dfrac{臀围 92cm}{4}$）（图 6-3）。

（3）选择 【智能笔】工具按住【Shift】键，进入【平行线】功能。输入臀高 16.5cm（计算公式：臀高 $18-\dfrac{腰头高 3cm}{2}$）（图 6-4）。

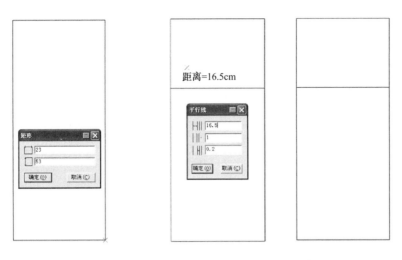

图6-3　画前片矩形　　　　　　　　图6-4　画前片臀围线

（4）选择 ✎【智能笔】工具在腰围基础线前中点按【Enter】键，出现移动量对话框输入横向移动量21.5cm（计算公式：$\dfrac{\text{腰围 68cm}}{4}$ + 互借量0.5cm + 省量4cm），纵向移动量1.2cm（1.2cm 就是起翘量）（图6-5）。

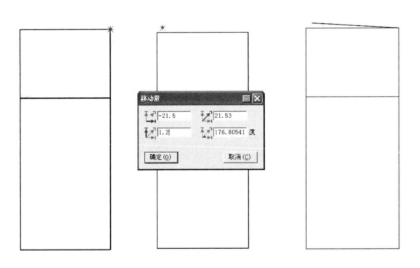

图6-5　画前片腰口斜线

（5）选择 ✎【智能笔】工具连接侧缝线，在摆围基础线前中点按【Enter】键，出现移动量对话框输入横向移动量24cm（计算公式：$\dfrac{\text{摆围 96cm}}{4}$）纵向移动量0.5cm（0.5cm 就是起翘量）。然后用 ✎【智能笔】工具连接腰口线和下摆线，并用 ▶【调整】工具调顺侧缝线（图6-6）。

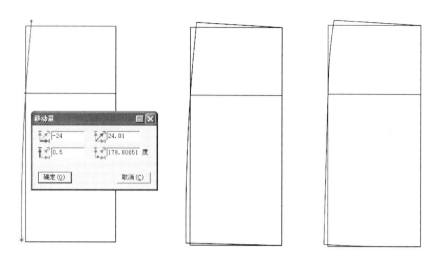

图6-6 画前片侧缝线

（6）绘制前片腰围线：

①选择 ✎【智能笔】工具按着【Shift】键，进入【三角板】功能。左键点击侧缝端点拖到前中端点；在 7cm 处确定第一个省长 8.5cm（图 6-7）。

②选择 ✎【智能笔】工具按着【Shift】键，进入【三角板】功能。左键点击前腰围基础线侧缝端点拖到前中端点；在 7.5cm 处确定第二个省长 9cm（图 6-8）。

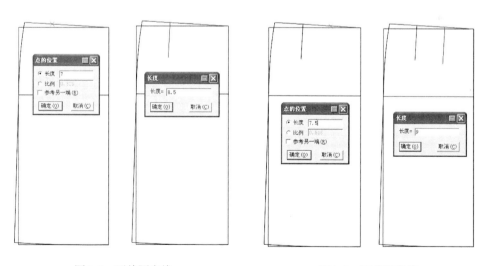

图6-7 画前腰省线   图6-8 画前腰省线

③选择 ✎【智能笔】工具按着【Shift】键，右键框选前腰围基础线，点击开省线，出现省宽对话框，输入 2cm 省量，确认后击右键调顺腰围线，单击右键结束（图 6-9）。

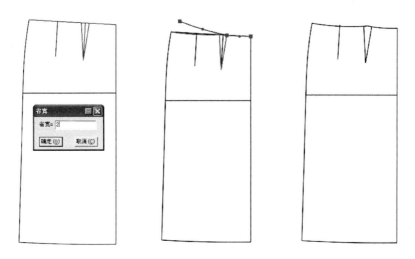

图6-9　画前片腰省

④选择 ✐【智能笔】工具框选并删除第二个省线多余线段。然后用上面的方法一样绘制第二个腰省（图 6-10）。

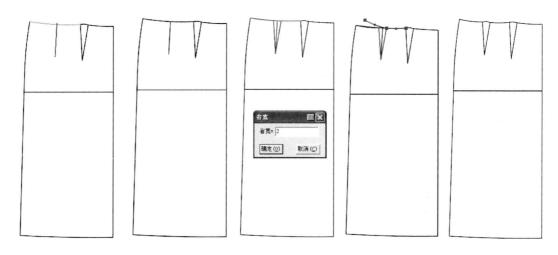

图6-10　画前片腰省

⑤选择 ✐【智能笔】工具画二个腰省的省山线（图 6-11）。

（7）绘制后片：

①后片也可采用前片一样的绘制方法重新绘制。

②选择 ⊞【移动】工具，按着【Shift】键进入【复制】功能，将前片复制作为后片基础。然后选择 ▨【调整】工具框选后片腰围线后中端点部分，按【Enter】键输入纵向 −0.5cm 确认即可（图 6-12）。

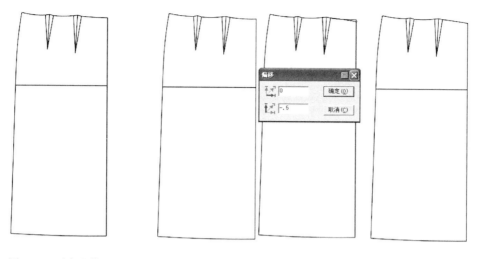

图6-11　画省山线　　　　　　　　　　　　　图6-12　调整后片腰口线

③选择 ⌐⌐【调整】工具框选后片腰围线侧缝端点部分，按【Enter】键输入横向 1cm 确认即可。因为后片腰围量是 20.5cm（计算公式：$\dfrac{腰围 68cm}{4}$ – 互借量 0.5cm + 省量 4cm），所以要减少 1 cm；并用 ⌐⌐【调整】工具调顺后片侧缝线（图 6-13）。

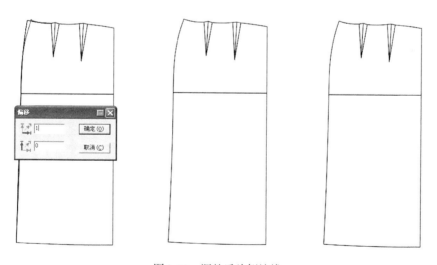

图6-13　调整后片侧缝线

④选择 ⌐⌐【调整】工具框选后片第一个腰省，按【Enter】键输入横向 0.6cm 即可。继续用 ⌐⌐【调整】工具框选后片第二个腰省，按【Enter】键输入横向 0.3cm 确认即可（图 6-14）。

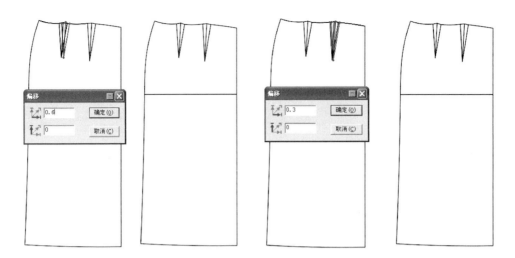

图6-14　调整后片腰省位置

⑤选择 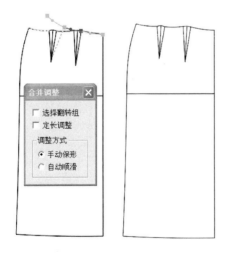【合并调整】工具，依次点击后片腰围基础线和省线，然后合并后调顺整个后片腰围线即可（图6-15）。

（8）选择 【智能笔】工具在空白处拖定出腰头长度70.5cm（计算公式：腰围68cm+叠门宽2.5cm），腰头宽度6cm。继续用 【智能笔】工具按住【Shift】键，光标成为三角板，进入【平行线】功能，输入叠门2.5cm（图6-16）。

图6-15　调顺后片腰口弧线

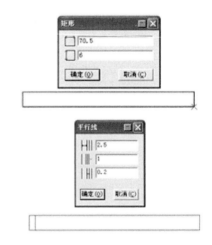

图6-16　画腰头

（9）选择 ✄【剪刀】工具拾取纸样的外轮廓线，及对应纸样的省中线；击右键切换成拾取衣片辅助线工具拾取内部辅助线。并用 ▦【布纹线】工具将布纹线调整好（图 6-17）。

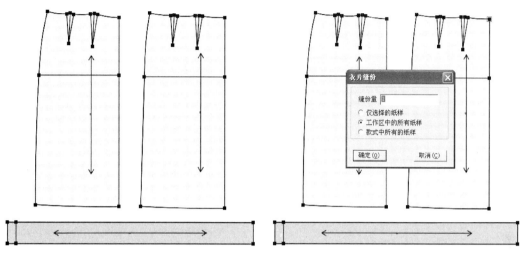

图6-17　拾取纸样　　　　　　　　　　　　　　　图6-18　加缝份步骤1

（10）选择 ▱【加缝份】工具将工作区的所有纸样一起加 1cm 缝份（图 6-18）。然后将前中和后中的缝份归零，并将前片和后片下摆缝份改成 2.5cm（图 6-19）。

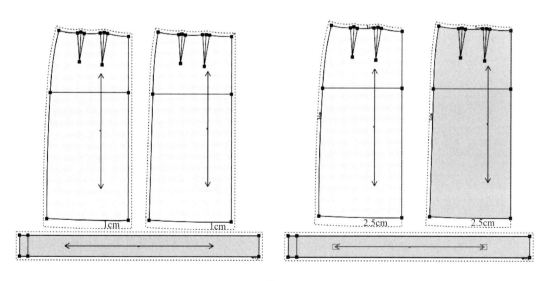

图6-19　加缝份步骤2

第二节　褶裙

一、褶裙款式效果图（图6-20）

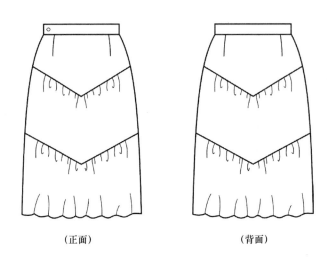

（正面）　　　　　　　　（背面）

图6-20　褶裙款式效果图

二、褶裙规格尺寸表（表6-2）

表 6-2　褶裙规格尺寸表　　　　　　　单位：cm

号型 部位	S 155\64A	M（基础板） 160\68A	L 165\72A	XL 170\76A	档差
裙长	52.5	54	55.5	57	1.5
腰围	64	68	72	76	4
臀围	88	92	96	100	4
摆围	180	184	188	192	4

三、褶裙CAD制板步骤

（1）单击【号型】菜单→【号型编辑】，在设置号型规格表中输入尺寸（图6-21）。

（2）选择 ✍【智能笔】工具在空白处拖定出裙长54cm，前臀围23cm（计算公式：$\dfrac{臀围92cm}{4}$）。选择 ✍【智能笔】工具按住【Shift】键，进入【平行线】功能。输入臀高

17cm（图 6–22）。

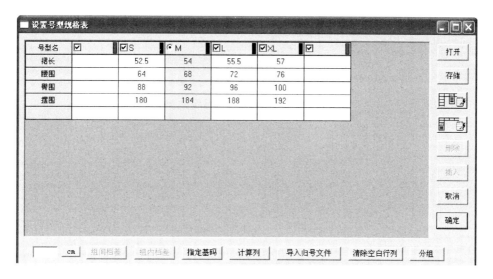

图6-21 设置号型规格表

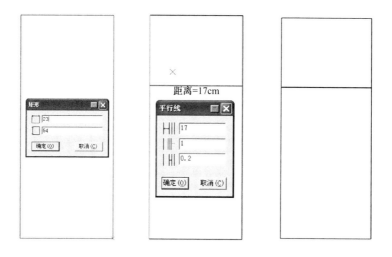

图6-22 画前片矩形和臀围线

（3）选择 ✐【智能笔】工具在腰围基础线前中点按【Enter】键，出现移动量对话框输入横向移动量 21cm（计算公式：$\dfrac{\text{腰围 68cm}}{4}$ + 省量 4cm），纵向移动量 1.2cm（1.2cm就是起翘量）。然后用 ✐【智能笔】工具连接腰口线和侧缝线，并用 ▷【调整】工具调顺侧缝线（图 6–23）。

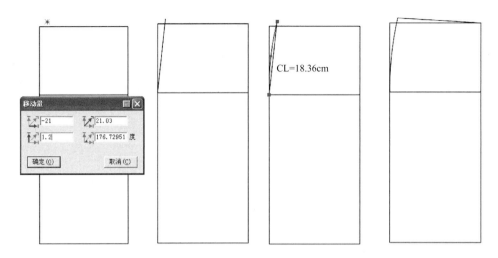

图6-23　画前片腰口线和侧缝线

（4）绘制前片腰围线。

①选择 ✎【智能笔】工具按着【Shift】键，进入【三角板】功能。左键点击侧缝端点拖到前中端点；在7cm处确定第一个省长8.5cm（图6-24）。

②选择 ✎【智能笔】工具按着【Shift】键，进入【三角板】功能。左键点击前腰围基础线侧缝端点拖到前中端点；在7cm处确定第二个省长9cm（图6-25）。

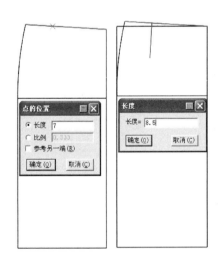

图6-24　画前片腰省线

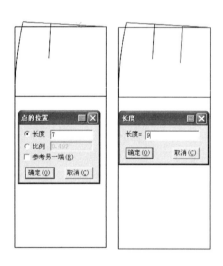

图6-25　画前片腰省线

③选择 ✎【智能笔】工具按着【Shift】键，右键框选前腰围基础线，点击开省线，出现省宽对话框，输入2cm省量，确认后击右键调顺腰围线，单击右键结束（图6-26）。

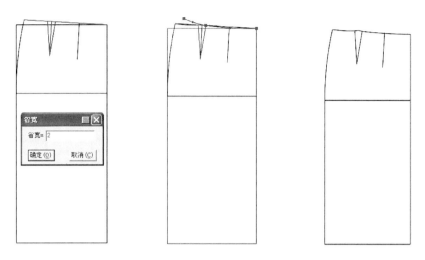

图6-26　画前腰省步骤1

④选择 ✐【智能笔】工具框选并删除第二个省线多余线段。然后上面的方法一样绘制第二个腰省（图 6-27）。

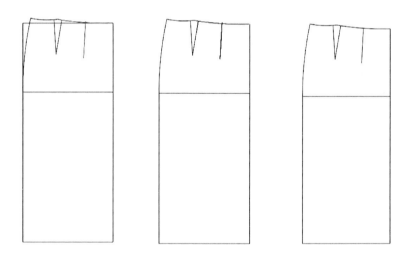

图6-27　画前腰省步骤2

⑤选择 ✐【智能笔】工具绘制二个腰省中心线（图 6-28）。

（5）选择 ✐【智能笔】工具按住【Shift】键，光标成为三角板，进入【平行线】功能。输入腰头宽 3.5cm（图 6-29）。

（6）选择 ✐【智能笔】工具分割好三个裁片，再用 ▨【调整】工具框选第一个腰省，按【Enter】键输入纵向移动量 -5.5cm（图 6-30）。

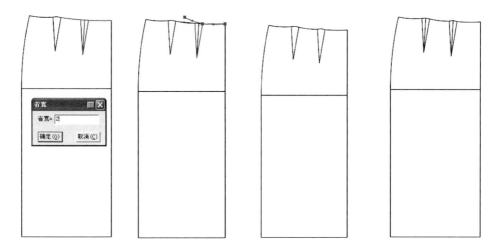

图6-28　画前腰省步骤3

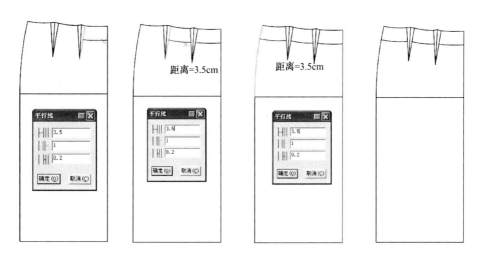

图6-29　画腰头平行线

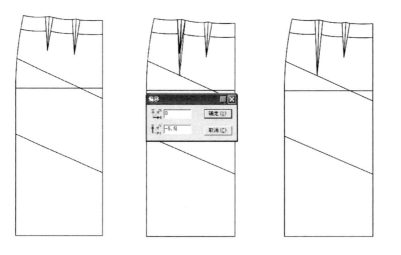

图6-30　腰省处理

（7）绘制腰头（图6-31）。

①选择 ⊞【移动】工具，按着【Shift】键进入【复制】功能。将腰头部位复制到空白处。

②选择 ⊠【旋转】工具，按着【Shift】键进入【旋转】功能。将腰头部位的省量合并。

③选择 ⊠【剪断线】工具，依次点击腰头上的三段线，然后按右键结束将三段线连接成一条线。并选择 ▧【调整】工具调顺腰头上下口弧线。

④选择 ⚠【对称】工具，将腰头对称复制成一个完整的腰头。

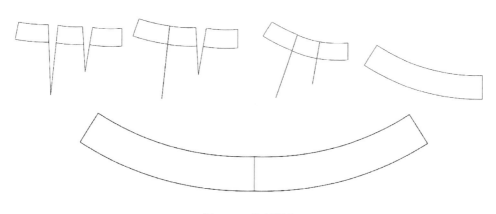

图6-31 处理腰头

（8）上拼块（图6-32）。

①选择 ⊞【移动】工具，按着【Shift】键进入【复制】功能。将上拼块部位复制到空白处。

②选择 ⊠【旋转】工具，按着【Shift】键进入【旋转】功能。将上拼块部位的省量合并。

③选择 ⊠【剪断线】工具，依次点击腰口线上的二段线，然后按右键结束将二段线连接成一条线。并选择 ▧【调整】工具调顺腰口弧线。

④选择 ⊠【剪断线】工具，依次点击上拼块下口弧线上的二段线，然后按右键结束将二段线连接成一条线。并选择 ▧【调整】工具调顺上拼块下口弧线。

⑤选择 ⚠【对称】工具，将腰头对称复制成一个完整的腰头。

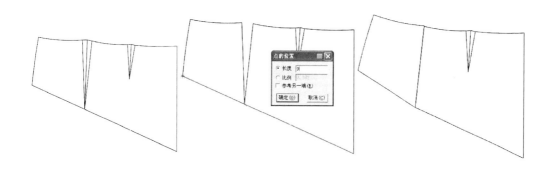

图6-32

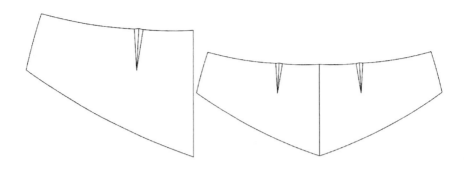

图6-32　处理上拼块

（9）中拼块（图6-33）。

①选择 【移动】工具，按着【Shift】键进入【复制】功能。将中拼块部位复制到空白处。

②选择 【调整】工具，框选中拼块的侧缝线，按【Enter】键输入横向偏移量 –11.5cm（计算方法：取前片臀围量23cm的一半）。

③选择 【对称】工具，将腰头对称复制成一个完整的腰头。

（10）下拼块（图6-34）。

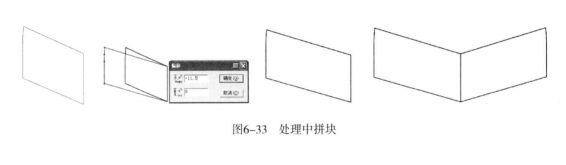

图6-33　处理中拼块

图6-34　处理下拼块

（11）拾取纸样（图6-35）。选择 【剪刀】工具拾取纸样的外轮廓线，及对应纸样的省中线，击右键切换成拾取衣片辅助线工具拾取内部辅助线。并用 【布纹线】工具将布纹线调整好。

（12）加缝份（图6-36）。

①选择 【加缝份】工具，将工作区的所有纸样统一加1cm缝份。

②将下拼块的下摆缝份修改为2.5cm。

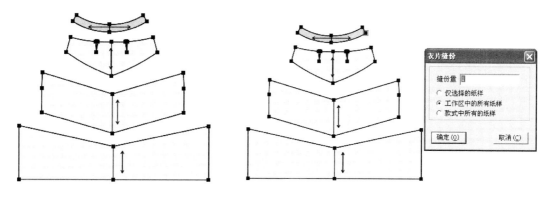

图6-35 拾取纸样

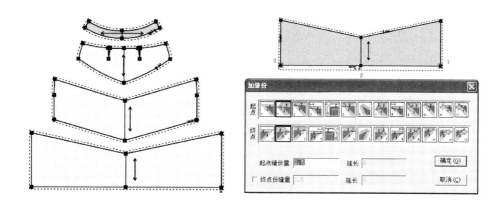

图6-36 加缝份

第三节 拼接裙

一、拼接裙款式效果图（图 6-37）

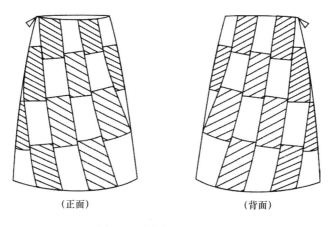

（正面）　　　　　（背面）

图6-37 拼接裙款式效果图

二、拼接裙规格尺寸表（表6-3）

表6-3　拼接裙规格尺寸表　　　　　　　　　　　　单位：cm

部位＼号型	S	M（基础板）	L	XL	档差
	155\64A	160\68A	165\72A	170\76A	
裙长	56	58	60	62	2
腰围	64	68	72	76	4
臀围	88	92	96	100	4
摆围	100	104	108	112	4

三、拼接裙 CAD 制板步骤

（1）单击【号型】菜单—【号型编辑】，在设置号型规格表中输入尺寸（图6-38）。

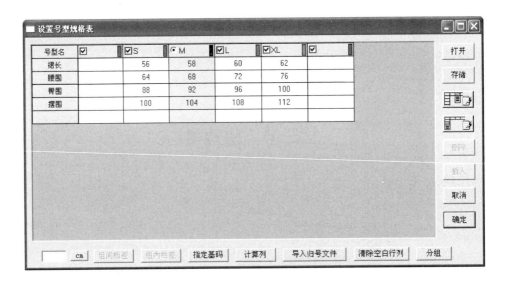

图6-38　设置号型规格表

（2）选择 【智能笔】工具在空白处拖定出裙长 58cm，前臀围 23cm（计算公式：$\dfrac{臀围 92cm}{4}$）（图6-39）。

（3）选择 【智能笔】工具按住【Shift】键，光标成为三角板，进入【平行线】功能。输入臀高 18cm（图6-40）。

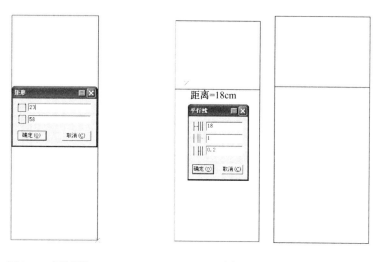

图6-39 画矩形　　　　　　　　　　　　图6-40 画臀围线

（4）选择 ✐【智能笔】工具在腰围基础线前中点按【Enter】键，出现移动量对话框输入横向移动量 21cm（计算公式：$\dfrac{\text{腰围 68cm}}{4}$ + 省量 4cm），纵向移动量 1.2cm（1.2cm就是起翘量）（图 6-41）。

（5）选择 ✐【智能笔】工具连接侧缝线，在摆围基础线前中点按【Enter】键，出现移动量对话框输入横向移动量 26cm（计算公式：$\dfrac{\text{摆围 104cm}}{4}$）纵向移动量 0.8cm（0.8cm就是起翘量）。然后用 ✐【智能笔】工具连接腰口线和下摆线，并用 ➘【调整】工具调顺侧缝线（图 6-42）。

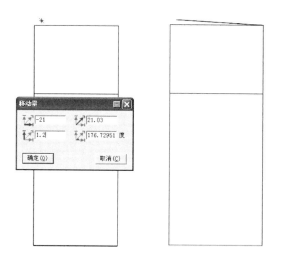

图6-41 画腰口线

图6-42 画侧缝线

（6）选择 ✐【智能笔】工具连接腰口线和侧缝线，并用 ⯈【调整】工具调顺侧缝线。然后选择 ⚠【对称】工具按着【Shift】键进入【对称复制】功能。将结构图对称复制（图6-43）。

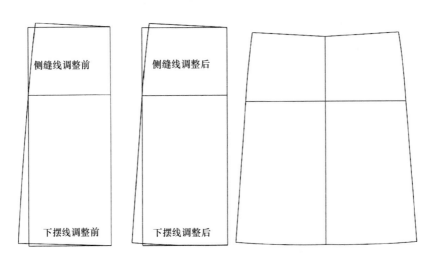

图6-43　对称复制

（7）绘制裁片分割线（图6-44）。

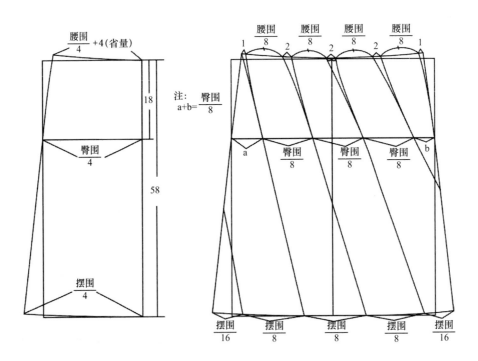

图6-44　分割方法示意图

①选择 ✏【智能笔】工具在腰口线 0.5cm 处开始画分割线。然后与下摆线处 19.5cm 相连接（图 6-45）。

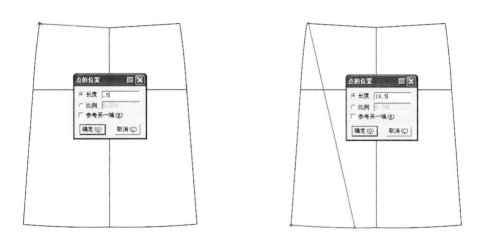

图6-45 画分割线步骤1

②选择 ✏【智能笔】工具在腰口线上画 0.5cm 的省，并用 ⬆【调整】工具把刚才画好的分割线上段部分调顺（图 6-46）。

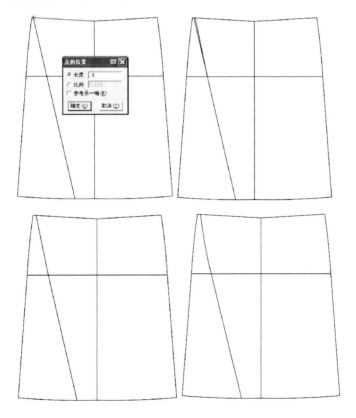

图6-46 画分割线步骤2

③选择 ✐【智能笔】工具在腰口线上画8.5cm（计算公式：$\dfrac{腰围\,68cm}{8}$）处开始画

分割线。在臀围线上取11.5cm（计算公式：$\dfrac{摆围\,92cm}{8}$），摆围线上取13cm（计算公式：

$\dfrac{摆围\,104cm}{8}$）然后相连（图6-47）。

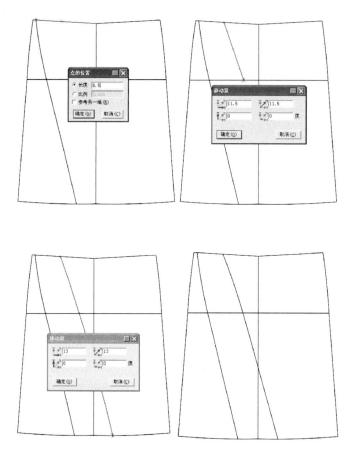

图6-47　画分割线步骤3

④选择 ▶【调整】工具把刚才画好的分割线上段部分调顺。

⑤选择 ▦【移动】工具，按住【Shift】键，进入【复制】功能。把刚才画好的二段分割线复制到空白处。

⑥选择 ✐【比较长度】工具，算出二条分割线的长短差量。然后选择 ▶【调整】工具，按【Enter】键用偏移方式把二条分割线调整为等量的（图6-48）。

⑦选择 ✐【智能笔】工具，按住【Shift】键，光标成为三角板，进入【平行线】功能。输入腰贴宽4cm（图6-49）。

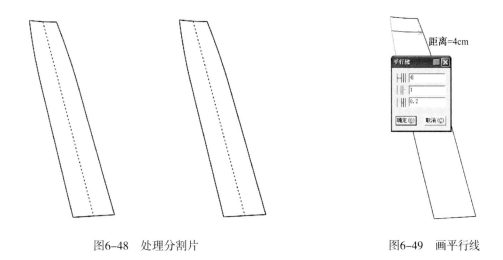

图6-48　处理分割片　　　　　　　　图6-49　画平行线

⑧选择 ✐【智能笔】工具把裁片的中心线画出来，并用 ✐【比较长度】工具量出长度尺寸（图 6-50）。

⑨选择 ✐【智能笔】工具，按住【Shift】键，出现三角板光标从一点拖至另一点。（注：每个裁片从上至下累计长 1cm，计算公式：X+（X+1）+（X+2）+（X+3）= 线长 60.6cm，最终计算结果是第一块裁片长 13.6cm，第二块裁片长 14.6cm，第三块裁片长 15.6cm，第四块裁片长 16.6cm。）（图 6-51、图 6-52）。

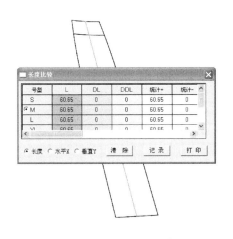

图6-50　画裁片中心线

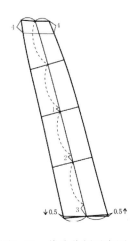

图6-51　裁片分割示意图

⑩用 ✐【智能笔】工具中三角板功能分好每块裁片，然后用 ✐【智能笔】工具中单向靠边或双向靠边功能将四块分割线连好（图 6-53）。

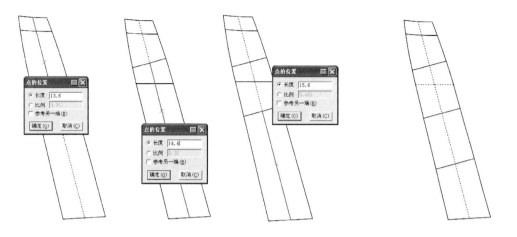

图6-52　分割裁片步骤1　　　　　　　　　图6-53　分割裁片步骤2

（8）腰贴。

①选择 ▦【移动】工具，按住【Shift】键，进入【复制】功能。把腰贴部分复制到空白处（图6-54）。

②选择 ▨【合并调整】工具，把复制组合腰贴上口弧线调顺（图6-55）。

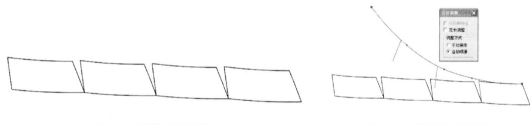

图6-54　腰贴处理步骤1　　　　　　　　　图6-55　腰贴处理步骤2

③选择 ▨【旋转】工具，按着【Shift】键进入【旋转】功能。将腰贴部位的省量合并（图6-56）。

④选择 ▨【旋转】工具，按着【Shift】键进入【旋转】功能。将腰贴旋转水平（图6-57）。

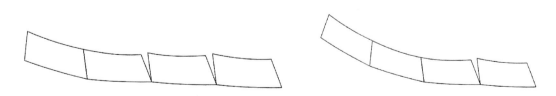

图6-56　腰贴处理步骤3

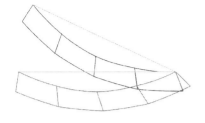

图6-57　腰贴处理步骤4

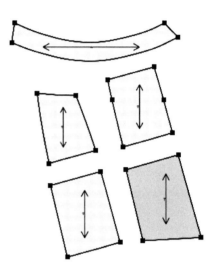

（9）拾取纸样（图6-58）。

（10）选择　【剪刀】工具拾取纸样的外轮廓线，及对应纸样的省中线；击右键切换成拾取衣片辅助线工具拾取内部辅助线。并用　【布纹线】工具将布纹线调整好。

（11）选择　【加缝份】工具，将工作区的所有纸样统一加 1cm 缝份（图 6-59）。

图6-58　拾取纸样

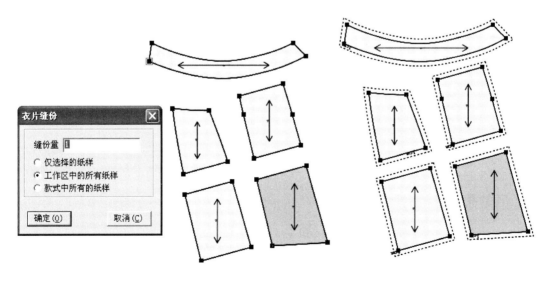

图6-59　加缝份

第四节　时装裙

一、时装裙款式效果图（图 6-60）

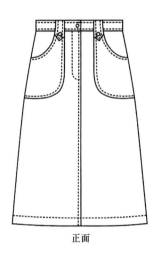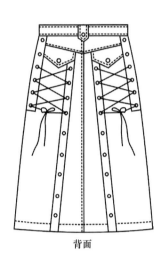

正面　　　　　　　　　　　背面

图6-60　时装裙款式效果图

二、时装裙规格尺寸表（表 6-4）

表 6-4　时装裙规格尺寸表　　　　　　　　　　　　　　　单位：cm

部位 ＼ 号型	S	M（基础板）	L	XL	档差
	155\64A	160\68A	165\72A	170\76A	
裙长	54	56	58	60	2
腰围	66	70	74	78	4
臀围	90	92	98	102	4
摆围	94	98	102	106	4

三、时装裙 CAD 制板步骤

（1）单击【号型】菜单—【号型编辑】，在设置号型规格表中输入尺寸（图 6-61）。

（2）运用我们前面所学的富怡服装 CAD 裙子制板知识，并结合图 6-62、图 6-63 所示各部位计算方法；运用富怡 CAD 把图 6-64 绘制好。

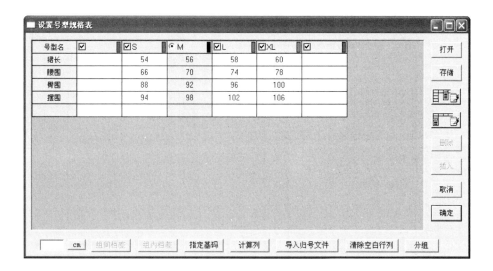

图6-61 设置号型规格表

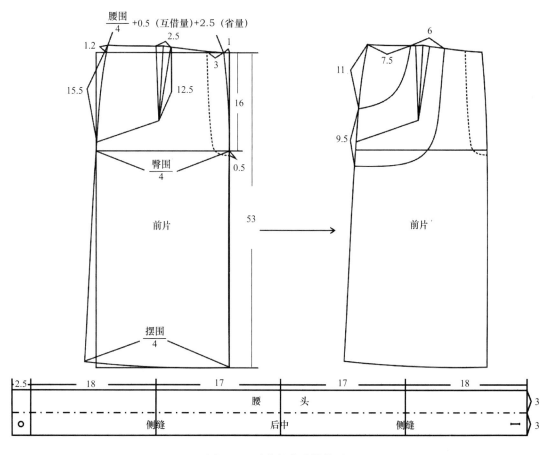

图6-62 时装裙前片结构图

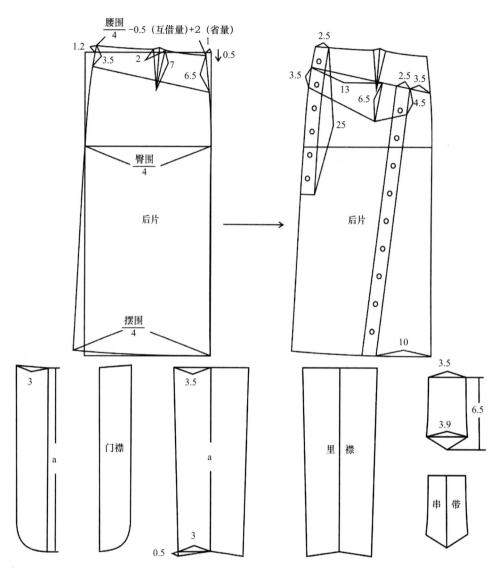

图6-63　时装裙后片结构图

（3）选择 ✐【智能笔】工具，按着【Shift】键，进入【三角板】功能。左键点击侧缝端点拖到前中端点，在二分之一处确定省长12.5cm（图6-64）。

（4）选择 ✐【智能笔】工具按着【Shift】键，右键框选前腰围基础线，点击开省线，出现省宽对话框，输入2.5cm省量，确认后击右键调顺腰围线，单击右键结束（图6-65）。

（5）选择 ✐【智能笔】工具从腰省省尖处与侧缝线15.5cm处相连一条直线。这条线作腰省转省后的新省线（图6-66）。

（6）选择 ✐【智能笔】工具在腰围线7.5cm处与侧缝线11cm处相连。然后用 ▨【调整】工具调顺袋口弧线（图6-67）。

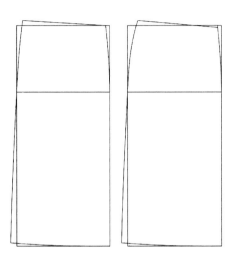

图6-64　前片结构图

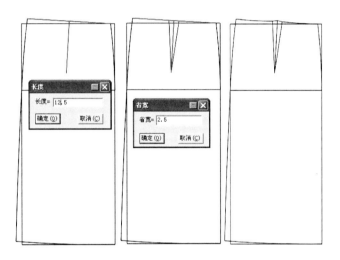

图6-65　画腰省

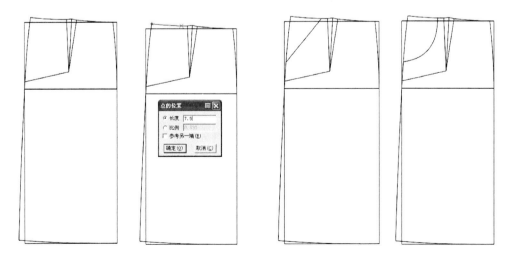

图6-66　画新省线　　　　　图6-67　画袋口弧线

（7）选择 ∠【智能笔】工具在腰围线 2cm 处（从腰省开始计算）与侧缝线袋口线下 9.5cm 处相连。然后用 ↖【调整】工具调顺贴袋外口弧线（图 6-68）。

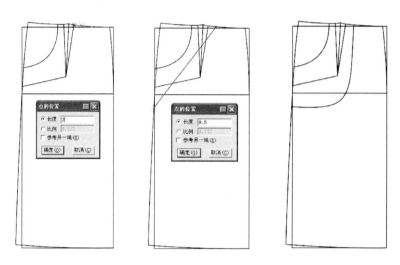

图6-68　画前贴袋

（8）门襟。

①选择 ∠【智能笔】工具在腰围线 3cm 处与臀围线 3cm 处相连。

②选择 ∠【智能笔】工具在前中线臀围下 0.5cm 处与门襟基础线臀围线上 4cm 处相连（图 6-69）。

③选择 ∠【智能笔】工具连角功能删除多条线段。

④选择 ↖【调整】工具调顺门襟线。

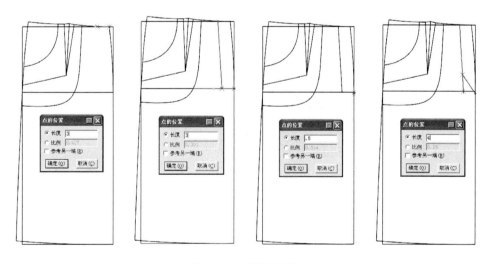

图6-69　画门襟步骤1

⑤在快捷工具栏处先改变线型 ┌┈┈┈▾┐，然后用 ▨▨【设置线的颜色类型】工具点击门襟线，将门襟线改为虚线（图 6-70）。

图6-70　画门襟步骤2

（9）选择 ✍【智能笔】工具在后中下 6.5cm 处与侧缝线 3.5cm 处相连（图 6-71）。

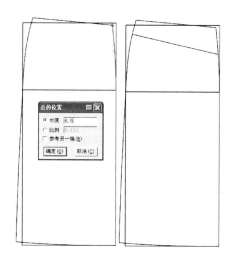

图6-71　画后育克步骤1

（10）选择 ✍【智能笔】工具按着【Shift】键，进入【三角板】功能。左键点击侧缝端点拖到前中端点，在二分之一处确定省长 7cm。

（11）选择 ✍【智能笔】工具按着【Shift】键，右键框选前腰围基础线，点击开省线，出现省宽对话框，输入 2.5cm 省量，确认后击右键调顺腰围线，单击右键结束（图 6-72）。

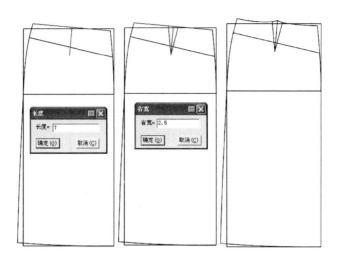

图6-72　画后育克步骤2

（12）装饰条。

①选择 ✐【智能笔】工具后片分割线 4.5cm 处与下摆线 10cm 处相连。

②选择 ✐【智能笔】工具按住【Shift】键，进入【平行线】功能。输入 2.5cm 为装饰条的宽度（图 6-73）。

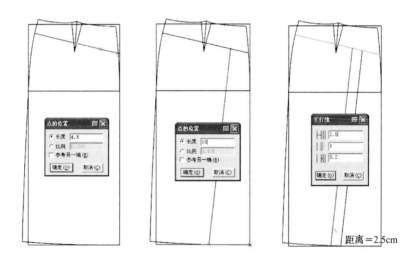

图6-73　画装饰条步骤1

③选择 ✐【智能笔】工具按住【Shift】键，进入【平行线】功能。输入 2.5cm 为装饰条的宽度。

④选择 ✐【智能笔】工具取 25cm 长为第二个装饰条的长度。

⑤选择 ✐【智能笔】工具连角功能删除多条线段（图 6-74）。

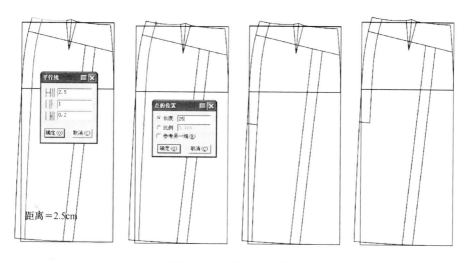

距离＝2.5cm

图6-74　画装饰条步骤2

第二个装饰条我们在这里绘制是为了让读者一目了然，在实际工业化生产中，我们将第二个装饰条就绘制成双折长方形的，这样便于工业化生产。但必须要把第二个装饰条归缩熨烫一下，这样才平整。

（13）装饰袋盖（图 6-75）。

①选择 ✎【智能笔】工具按着【Shift】键，进入【三角板】功能。在后片分割线12cm 处画袋盖尖宽 6.5cm。

②选择 ✎【智能笔】工具在侧缝线分割处 3.5cm 经袋盖尖点与装饰线 4.5cm 处画好装饰袋盖。

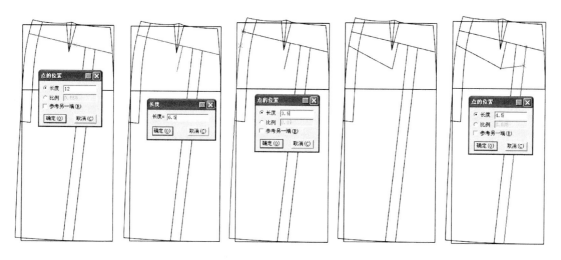

图6-75　画装饰袋盖

（14）装饰条扣眼位。

①选择 ▦【移动】工具按住【Shift】键，进入【复制】功能。将装饰条部分复制在空白处。

②选择 ✎【智能笔】工具按住【Shift】键，进入【平行线】功能。画装饰条中线。

③选择 ⚠【对称】工具按住【Shift】键，进入【复制】功能。将装饰条复制为一整块。

④选择 ⚿【等份规】工具把装饰条中线分成 10 个等份。

⑤选择 ⟋【点】工具把每个等份处加个点，再选择 ✎【橡皮擦】工具把等份线删除（图6-76）。

⑥选择 ✎【智能笔】工具在空白处拖定出宽 5cm，长 25cm。

⑦选择 ✎【智能笔】工具按住【Shift】键，进入【平行线】功能。输入 1.25cm 画装饰条中线。

⑧选择 ⚿【等份规】工具把装饰条中线分成 7 个等份。

⑨选择 ⟋【点】工具把每个等份处加个点，再选择 ✎【橡皮擦】工具把等份线删除（图6-77）。

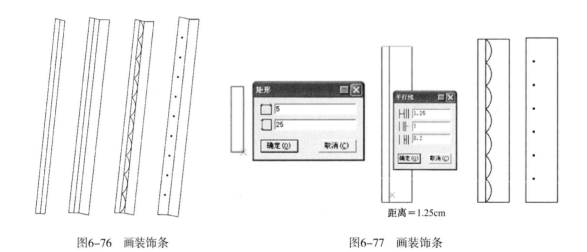

图6-76　画装饰条　　　　　　　　　图6-77　画装饰条

（15）前片转省处理。

①选择 ▦【移动】工具按住【Shift】键，进入【复制】功能。将前片结构线部分复制在空白处。

②选择 ▓【转省】工具将腰省转移，选择 ◳【加省山】工具把省山画好，然后用 ✎【智能笔】工具画好省中线。

③在快捷工具栏处先改变线型 ┈┈ ,然后用 ▤【设置线的颜色类型】工具点击袋位线；将袋位线改为虚线（图6-78）。

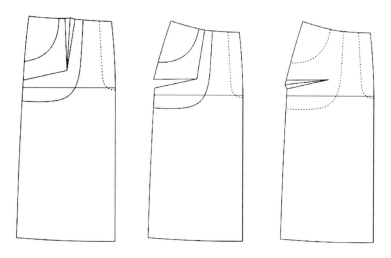

图6-78　前片转省处理

（16）前片贴袋处理。

①选择 【移动】工具按住【Shift】键，进入【复制】功能。将贴袋部分复制在空白处。

②选择 【智能笔】工具在省尖处画一条相交贴袋外口线，然后 【剪断线】工具从刚画线的相交处剪断。

③选择 【旋转】工具，按着【Shift】键进入【旋转】功能。将腰省合并。

④选择 【橡皮擦】工具删除不需要的线段，选择 【剪断线】工具分别点击贴袋外口二段线，按右键结束将两条线连接成一条线。然后选择 【调整】工具调顺贴袋外口线。

⑤选择 【智能笔】工具按住【Shift】键，进入【平行线】功能。输入 2.5cm 画袋口贴。

⑥选择 【移动】工具按住【Shift】键，进入【复制】功能。将袋口贴部分复制在空白处（图 6-79）。

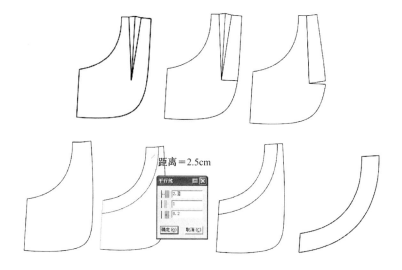

图6-79　前贴袋和袋口贴

（17）后育克（又称后机头）处理。

①选择 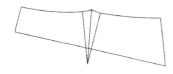【移动】工具按住【Shift】键，进入【复制】功能。将后机头部分复制在空白处。

②选择 【剪断线】工具将分割线从省线处剪断。

③选择 【橡皮擦】工具删除省山线和省中线（图6-80）。

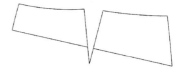

图6-80　后育克处理步骤1

④选择 【旋转】工具，按着【Shift】键进入【旋转】功能。将腰省合并。

⑤选择 【剪断线】工具，分别点击二段线，按右键结束将两条线连接成一条线。

⑥选择 【调整】工具，调顺腰口线和后机头下口弧线（图6-81）。

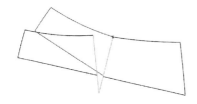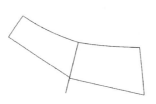

图6-81　后育克处理步骤2

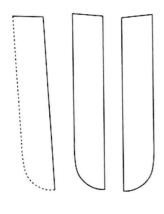

图6-82　门襟

（18）门襟（图6-82）。

①选择 【移动】工具按住【Shift】键，进入【复制】功能，将门襟部分复制在空白处。

②选择 【旋转】工具，按着【Shift】键进入【旋转】功能，将门襟旋转校正。

③选择 【对称】工具，按着【Shift】键进入【对称移动】功能，将门襟翻转。

（19）里襟。

①选择 【比较长度】工具，测量出门襟长度为16.53cm。

②选择 【智能笔】工具在空白处拖定出宽3.5cm，长16.53cm（图6-83）。

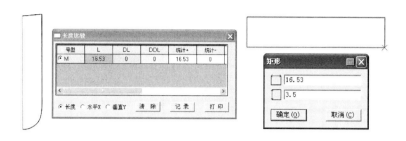

图6-83　里襟处理步骤1

③选择 🔲【调整】工具框选其中的一个外端点按【Enter】键，出现对话框输入横向偏移量 -0.5cm，纵向偏移量 -0.5cm。

④选择 ▲【对称】工具，按着【Shift】键进入【对称复制】功能。将里襟复制成一个完整的结构（图 6-84 ）。

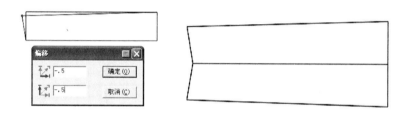

图6-84　里襟处理步骤2

（20）串带（又称耳仔）。

①选择 ✐【智能笔】工具在空白处拖定出宽 3.5cm，长 6.5cm。

②选择 ✐【智能笔】工具在宽度一半的地方画一条中线。

③选择 ✐【智能笔】工具在二边各画 1.2cm 切角线（图 6-85 ）。

图6-85　串带处理步骤1

④选择 ✐【智能笔】工具中的连角功能删除不要的线段，不能连角删除的线用 ✐【橡皮擦】工具删除。

⑤选择 ↖【调整】工具分别框选串带尖角二端，二边分别向外偏移0.2cm，然后用 ↖【调整】工具调整串带线（图6-86）。

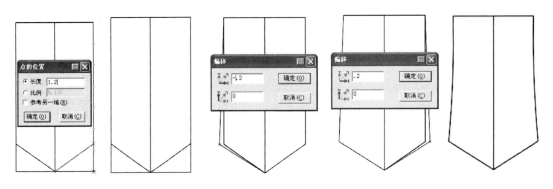

图6-86　串带处理步骤2

（21）腰头（图6-87）。

①选择 ✐【智能笔】工具在空白处拖定出宽6cm，长73.5cm（计算公式：腰围70cm+里襟宽3.5cm）。

②选择 ✐【智能笔】工具3.5cm画一条垂直线。

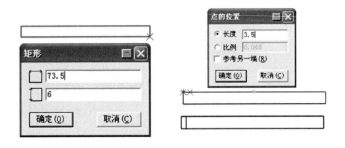

图6-87　腰头

（22）拾取纸样（图6-88）。选择 ✄【剪刀】工具拾取纸样的外轮廓线，及对应纸样的省中线；击右键切换成拾取衣片辅助线工具拾取内部辅助线。并用 ▦【布纹线】工具将布纹线调整好。

（23）选择 ▨【加缝份】工具，将工作区的所有纸样统一加1cm缝份（图6-89）。

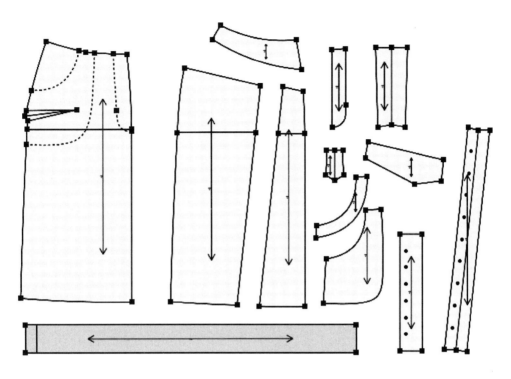

图6-88　拾取纸样

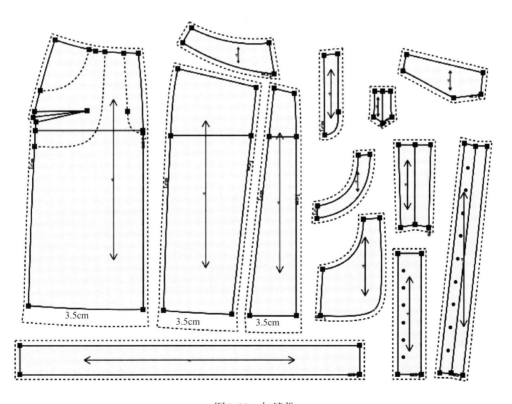

图6-89　加缝份

思考与练习题

1. 运用富怡服装CAD，进行直筒裙练习训练。

2. 运用富怡服装CAD，进行褶裙练习训练。

3. 运用富怡服装CAD，进行拼接裙练习训练。

4. 运用富怡服装CAD，进行时装裙练习训练。

实操篇——

女裤CAD制板

课题名称：女裤CAD制板

课题内容：1．直筒裤

2．牛仔裤

3．无侧缝休闲裤

4．时装短裤

课题时间：16课时

训练目的：掌握直筒裤、牛仔裤、无侧缝休闲裤、时装短裤等操作技能。

教学方式：以实际生产任务为载体，模拟工业化生产的过程，要求学生做成系统的训练，即完成从结构设计、工业样板设计的一系列工作。通过综合训练，把单个工具的使用方法和实际任务结合，提高学生的熟练程度和解决实际问题的能力。

教学要求：1．让学生掌握直筒裤操作技能。

2．让学生掌握牛仔裤操作技能。

3．让学生掌握无侧缝休闲裤操作技能。

4．让学生掌握时装短裤操作技能。

第七章 女裤 CAD 制板

　　裤子是人们下装的主要服装品类之一。从长度上可以分为短裤、五分裤、七分裤、九分裤、长裤等。从款式造型可以分为合体和宽松两大类。裤子的款式多种多样，只要掌握直筒裤 CAD 制图规律和方法；其他款式的裤子 CAD 制板就不难了。本章通过四款不同造型的裤子 CAD 制板，让读者掌握裤子 CAD 制图规律和技巧。

第一节　直筒裤

一、直筒裤款式效果图（图 7-1）

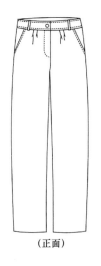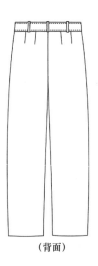

（正面）　　　　　　　　（背面）

图 7-1　直筒裤款式效果图

二、直筒裤规格尺寸表（表 7-1）

表 7-1　直筒裤规格尺寸　　　　　　　单位：cm

部位＼号型	S	M（基础板）	L	XL	档差
	155\64A	160\68A	165\72A	170\76A	
裤长	97	100	103	106	3
腰围	64	68	72	76	4

续表

部位＼号型	S	M（基础板）	L	XL	档差
	155\64A	160\68A	165\72A	170\76A	
臀围	94	98	102	106	4
立裆（不含腰）	24.8	25.5	26.2	26.9	0.7
前浪（不含腰）	26.6	27.5	28.4	29.3	0.9
后浪（不含腰）	34.8	35.8	36.8	37.8	1
横裆宽	57.5	60	62.5	65	2.5
膝围	43	45	47	49	2
裤口	42	44	46	48	2

三、直筒裤 CAD 制板步骤

（1）单击【号型】菜单→【号型编辑】，在设置号型规格表中输入尺寸（此操作可有可无）（图 7-2）。

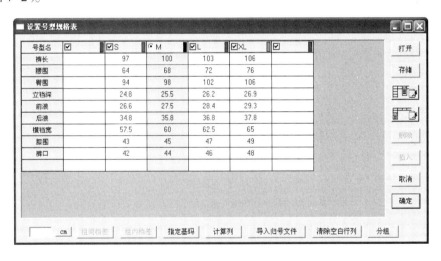

图 7-2　设置号型规格表

（2）选择 【智能笔】工具在空白处拖定出 25.5cm（计算公式：$\dfrac{臀围\,98\mathrm{cm}}{4}+1\mathrm{cm}$），前臀围 24cm（计算公式：$\dfrac{臀围\,98\mathrm{cm}}{4}-$ 互借量 0.5cm）（图 7-3）。

（3）选择【智能笔】工具按住【Shift】键，进入【平行线】功能。输入臀高 8.5cm（计算公式：$\dfrac{立裆\,25.5\mathrm{cm}}{3}$）（图 7-4）。

（4）选择【智能笔】工具按着【Shift】键，右键点击横裆基础线前中部分；进入【调整曲线长度】功能。输入增长量 4cm（计算公式：$\dfrac{臀围\,98\mathrm{cm}}{24}$）（图 7-5）。

图 7-3　画矩形

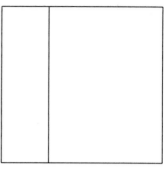

图 7-4　画臀围线

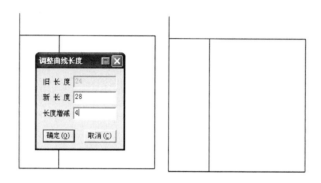

图 7-5　画横裆线步骤 1

（5）选择 【智能笔】工具按着【Shift】键，右键点击横裆基础线侧缝部分；进入【调整曲线长度】功能。输入增长量 –0.8cm（0.8cm 为侧缝劈势量）（图 7-6）。

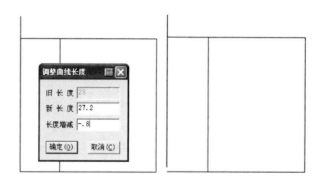

图 7-6　画横裆线步骤 2

（6）选择 【等份规】工具，将横裆线平分二个等份。然后用 【智能笔】工具，切换成丁字尺状态，从横裆线二等份处连接到腰口基础线（图 7-7）。

（7）选择 【智能笔】工具按着【Shift】键，右键点击烫迹基础线上半部分；进入【调整曲线长度】功能。输入增长量 97cm（计算公式：裤长 100– 腰头宽 3）（图 7-8）。

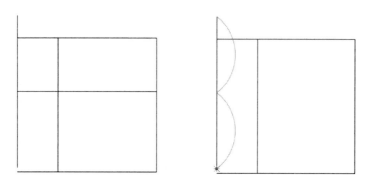

图 7-7　画烫迹线步骤 1

图 7-8　画烫迹线步骤 2

（8）选择 ✐【智能笔】工具切换成丁字尺状态，画前片裤口线 10.5cm（计算公式：$\dfrac{裤口\,44cm}{4}$ – 互借量 0.5cm）（图 7-9）。

图 7-9　画裤口线

（9）画膝围（图 7-10）。

①选择 ✐【智能笔】工具按住【Shift】键，进入【平行线】功能。从横裆线向下 30cm 定膝围线。

②选择 ✐【智能笔】工具中的【靠边】功能将膝围线靠边至烫迹线。

③选择 ✐【智能笔】工具按着【Shift】键，右键点击膝围线侧缝部分；进入【调整曲线长度】功能。输入新长度 10.25cm（计算公式：$\dfrac{膝围\ 45cm}{4}$ − 互借量 0.5cm）。

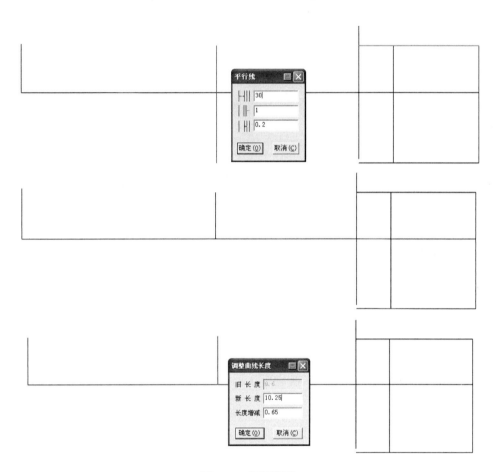

图 7-10　画膝围线

（10）选择 ✐【智能笔】工具将裤口端点经膝围线端点与横裆端点相连为内侧缝线，并用 ➤【调整】工具将内侧缝线调顺畅（图 7-11）。

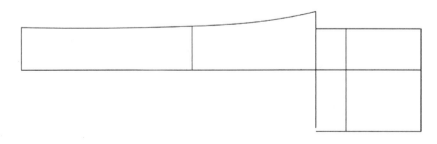

图 7-11　画内侧缝线

（11）选择 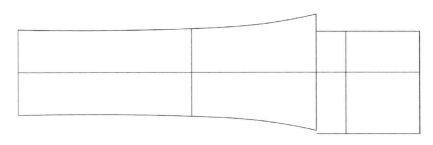 【对称】工具按着【Shift】键，进入【对称复制】功能。将内侧缝线对称复制（图 7-12）。

图 7-12　对称复制内侧缝线

（12）选择 【智能笔】工具从横裆线端点经臀围线端点，在腰口线上取 0.3cm 相连。再用 【调整】工具将前浪弧线调顺畅（图 7-13）。

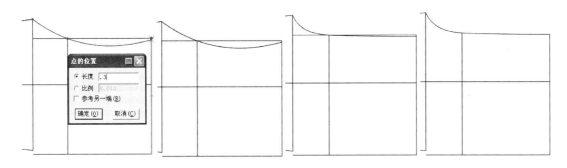

图 7-13　画前浪弧线

（13）选择 【智能笔】工具在腰口线前中端点按【Enter】键，输入纵向起翘量 0.5cm，横向偏移量 -22.5cm（计算公式：$\dfrac{腰围 68cm}{4}$ + 互借量 0.5cm+ 省量 5cm）（图 7-14）。

（14）选择 【智能笔】工具将腰口线和侧缝线上段部分连接好，再用 【调整】工具将侧缝线上段部分调顺畅（图 7-15）。

（15）选择 【剪断线】工具，依次点击侧缝线上段部分和下段部分的二段线；然后按右键结束将两条线连接成一条线。这样侧缝线会更加顺畅（图 7-16）。

（16）选择 【智能笔】工具在腰口线上取侧袋宽 3.5cm，在侧缝线上取侧袋深 15cm，并连接袋口线（图 7-17）。

（17）选择 【智能笔】工具按住【Shift】键，光标成为三角板，进入【平行线】功能。输入袋口贴宽度 3cm，并画好袋口贴（图 7-18）。

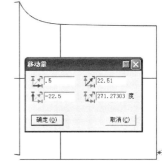

图 7-14　画腰围线

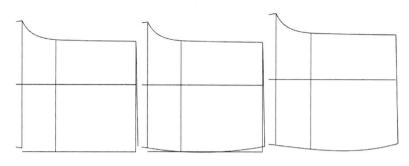

图 7-15　画侧缝线上裆部分

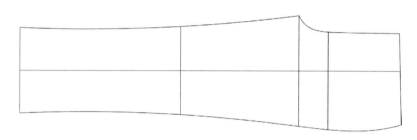

图 7-16　前裤片

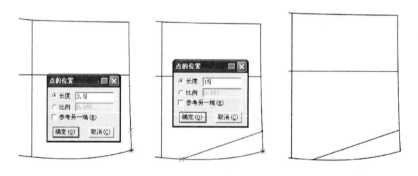

图 7-17　画侧袋

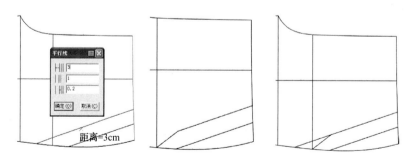

图 7-18　画袋贴

（18）选择 ⬚【智能笔】工具绘制袋布，并用 ⬚【调整】工具将袋布下口弧线调顺畅
（图 7-19）。

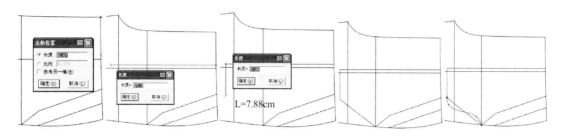

图 7-19　画袋布

（19）选择 ⬚【移动】工具，按住【Shift】键，进入【复制】功能。把袋布复制到空
白处。并用 ⬚【橡皮擦】工具将不要的线段删除（图 7-20）。

（20）选择 ⬚【对称】工具按住【Shift】键，切换为【对称复制】功能，将袋布对称
复制（图 7-21）。

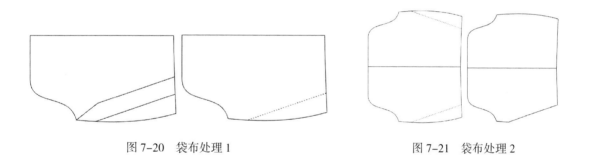

图 7-20　袋布处理 1　　　　　　　　图 7-21　袋布处理 2

（21）选择 ⬚【移动】工具，按住【Shift】键，进入【复制】功能。将袋贴和袋口贴
复制（图 7-22）。

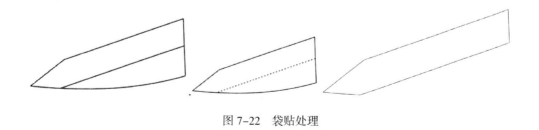

图 7-22　袋贴处理

（22）绘制腰省。

①选择 ⬚【智能笔】工具绘制第一个腰省（图 7-23）。

图 7-23　画腰省

②选择 ✐【智能笔】工具按着【Shift】键，进入【三角板】功能。左键点击第一个省与侧袋的两个点，在一半地方画省线长 8.5cm。选择 ✐【智能笔】工具按着【Shift】键，右键框选前腰围基础线，点击开省线，出现省宽对话框，输入 2cm 省量，然后调顺腰口线（图 7-24）。

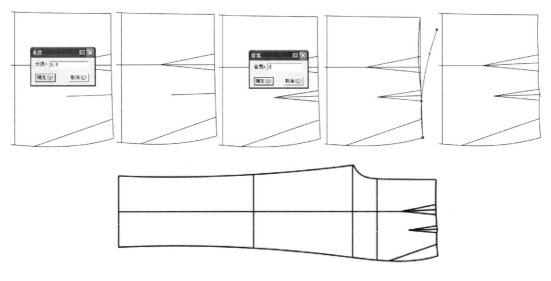

图 7-24　画腰围线

（23）绘制前门襟。

①选择 ✐【智能笔】工具绘制前门襟。并用 ▨【调整】工具将前门襟线调顺畅（图 7-25）。

②选择 ⊞【移动】工具，按住【Shift】键，进入【复制】功能。将前门襟复制。然后用 ⚠【对称】工具。按住【Shift】键，切换为【对称移动】功能，将前门襟对称移动（图 7-26）。

（24）绘制前里襟。

①选择 ✐【智能笔】工具在空白处拖定出里襟长 19cm，里襟宽 3.5cm（图 7-27）。

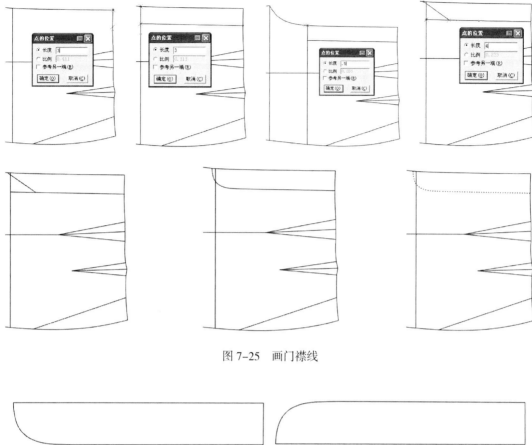

图 7-25 画门襟线

图 7-26 门襟处理

图 7-27 画里襟步骤 1

②选择 [调整] 工具框选中线点按【Enter】键，输入纵向偏移量 0.5cm（图 7-28）。

图 7-28 画里襟步骤 2

③选择 [调整] 工具框选外框线端点按【Enter】键，输入横向偏移量 0.5cm

（图 7-29 ）。

图 7-29　画里襟步骤 3

④选择 【对称】工具按住【Shift】键，切换为【对称复制】功能，将前里襟对称复制（图 7-30 ）。

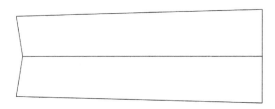

图 7-30　画里襟步骤 4

（25）选择 【移动】工具，按住【Shift】键，进入【复制】功能。将前片复制。然后把线型改变为虚线 └┄┄┄┘ ，选择 【设置线的颜色类型】工具点击线段。使前片线条变为虚线（图 7-31 ）。

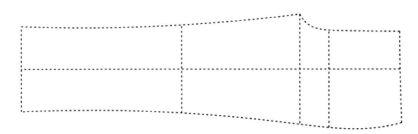

图 7-31　复制前片结构线

（26）选择 【智能笔】工具在臀围线前中 2cm 取后片臀围量。继续用 【智能笔】工具按着【Shift】键，右键点击臀围线，进入【调整曲线长度】功能。输入增长量 3cm（后片臀围量计算公式：$\dfrac{臀围 98cm}{4}$ + 互借量 0.5cm，然后用 25cm -22cm =3cm）（图 7-32 ）。

（27）选择 【智能笔】工具按着【Shift】键，右键点击裤口线，进入【调整曲线长度】功能。输入增长量 2cm（图 7-33 ）。

（28）选择 【智能笔】工具在横裆线前中交点按【Enter】键，输入横向移动量 -1.2cm（1.2cm 是落裆量），纵向移动量 10.3cm（计算公式：$\dfrac{臀围 98cm}{10}$ +0.5cm）（图 7-34 ）。

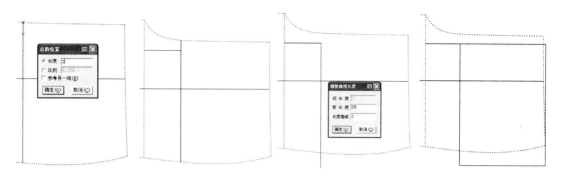

图 7-32　确定后片臀围线

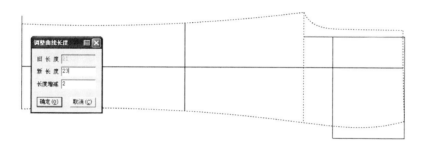

图 7-33　画后裤口线

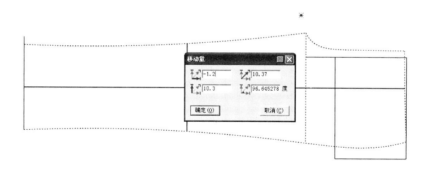

图 7-34　确定后片横裆宽

（29）选择 【智能笔】工具将横裆端点与裤口端点连接，并用 【调整】工具调顺后片内侧线（图 7-35）。

（30）选择 【智能笔】工具中单向靠边功能。将膝围线靠边到内侧缝线（图 7-36）。

（31）选择 【智能笔】工具从横裆线端点经臀围前中端点，与在后年腰口线后中 3.2cm 处相连。并用 【调整】工具调顺后浪弧线。选择 【智能笔】工具按着【Shift】键，右键点击后浪弧线，进入【调整曲线长度】功能。输入增长量 2.5cm。（2.5cm 是后中翘势量）（图 7-37）。

（32）选择 【智能笔】工具在后浪弧线腰口端点按【Enter】键，输入纵向移动

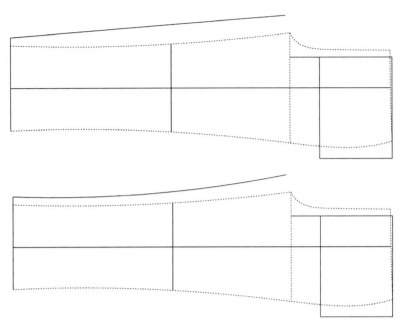

图 7-35　画后片内侧缝线

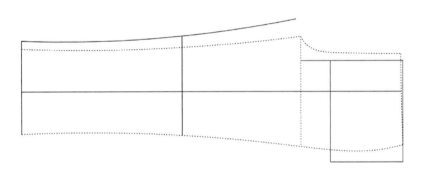

图 7-36　膝围线单向靠边至内侧缝线

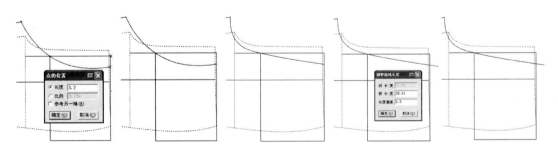

图 7-37　画后浪弧线

量 –2.5cm（2.5cm 是后中翘势量），横向移动量 20.5cm（计算公式：$\dfrac{腰围\ 68cm}{4}$ – 互借量 0.5cm + 省量 4cm），然后用 ⟋【智能笔】工具连接后腰口线（图 7-38）。

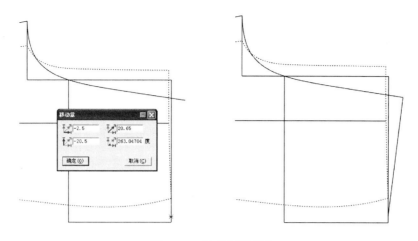

图 7-38　画后片腰围线

（33）选择 ✐【智能笔】工具按着【Shift】键，右键点击裤口线，进入【调整曲线长度】功能。输入增长量 2cm（图 7-39）。

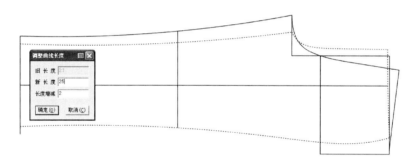

图 7-39　画后片裤口线

（34）选择 ✐【智能笔】工具将后片侧缝线连接，并用 ➘【调整】工具调顺后片侧缝线（图 7-40）。

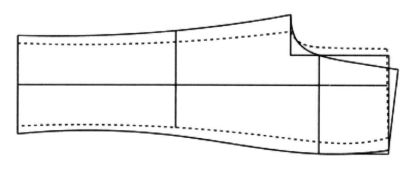

图 7-40　调顺后片侧缝线

（35）选择✍【智能笔】工具中单向靠边功能。将膝围线靠边到侧缝线（图7-41）。

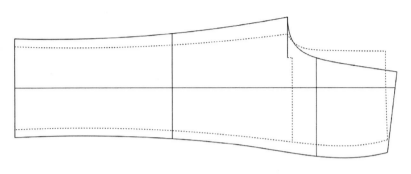

图7-41 后片结构线

（36）绘制腰省。

①选择✍【智能笔】工具按着【Shift】键，进入【三角板】功能。在腰口线6.8cm处画第一个省7.5cm。然后用同样的方法绘制第二省线（图7-42）。

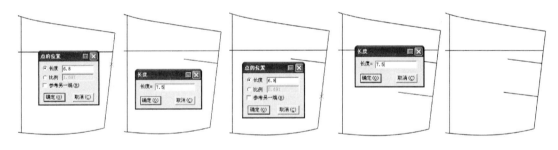

图7-42 画腰省

②选择✍【智能笔】工具按着【Shift】键，右键框选前腰围基础线，点击开省线，出现省宽对话框，输入2cm省量，然后调顺腰口线（图7-43）。

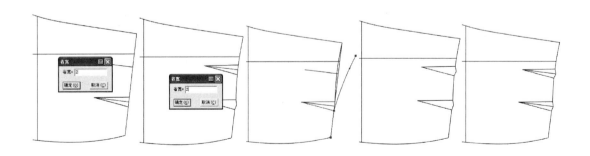

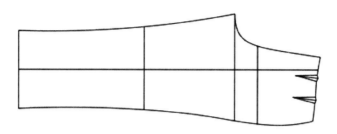

图 7-43　调顺后片腰口弧线

（37）前后浪弧线调整。

①选择 🖰【合并调整】工具，前后浪为同边时，则勾选此选项再选线，线会自动翻转（图 7-44）。

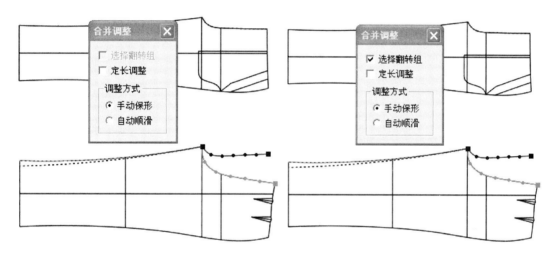

图 7-44　合并调整 1

②选中【自动顺滑】调顺前后浪弧线（图 7-45）。

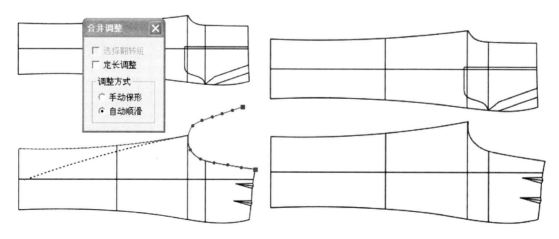

图 7-45　合并调整 2

（38）腰头（图7-46）。

①选择 ✐【智能笔】工具在空白处拖定出71.5cm（计算公式：腰围68cm+里襟宽3.5cm），腰头宽6cm。

②选择 ✐【智能笔】工具按住【Shift】键，光标成为三角板，进入【平行线】功能。输入里襟宽3.5cm。

图7-46 画腰头

（39）选择 ✐【智能笔】工具在空白处拖定出长55cm，宽2cm绘制串带（图7-47）。

图7-47 画串带

（40）拾取纸样（图7-48）。选择 ✂【剪刀】工具拾取纸样的外轮廓线，及对应纸样的省中线，击右键切换成拾取衣片辅助线工具拾取内部辅助线。并用 ▨【布纹线】工具将布纹线调整好。

（41）加缝份（图7-49）。

①选择 ▱【加缝份】工具，将工作区的所有纸样统一加1cm缝份。

②将前后片裤口缝份修改为3.8cm。将耳仔缝份归零。

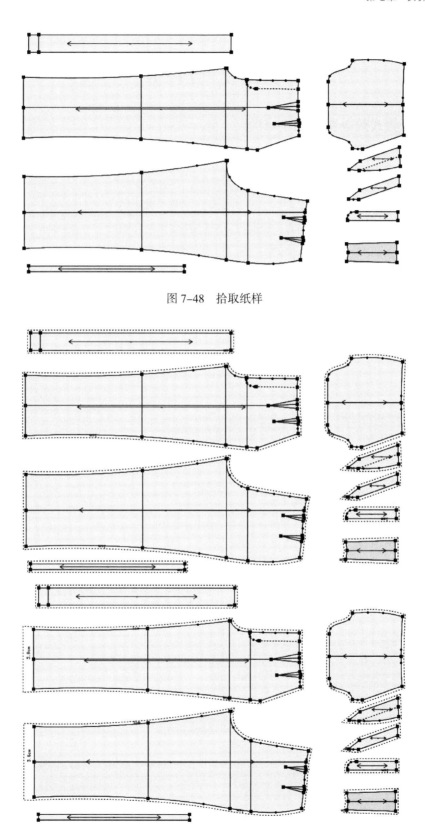

图 7-48　拾取纸样

图 7-49　加缝份

第二节　牛仔裤

一、牛仔裤款式效果图（图7-50）

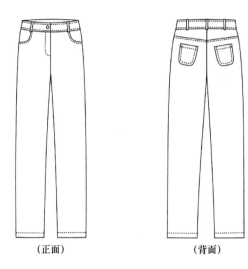

（正面）　　　　　　　（背面）

图7-50　牛仔裤款式效果图

二、牛仔裤规格尺寸表（表7-2）

表7-2　牛仔裤规格尺寸　　　　　　单位：cm

部位 ＼ 号型	S 155\64A	M（基础板） 160\68A	L 165\72A	XL 170\76A	档差
裤长	97	100	103	106	3
腰围	66	70	74	78	4
臀围	88	92	96	100	4
立裆（不含腰）	22.5	23	23.5	24	0.5
前浪（不含腰）	24.3	25	25.7	26.4	0.7
后浪（不含腰）	33	33.8	34.6	35.4	0.8
横裆宽	53.5	56	58.5	61	2.5
膝围	40	42	44	46	2
裤口	39	41	43	45	2

三、牛仔裤 CAD 制板步骤

（1）单击【号型】菜单→【号型编辑】，在设置号型规格表中输入尺寸（图 7-51）。

（2）牛仔裤 CAD 制板方法参照我们前面所讲的直筒裤 CAD 制板，同时注意以下几个方面。

①牛仔裤各部位控制尺寸和公式计算方法（图 7-52）。

图 7-51　设置号型规格表

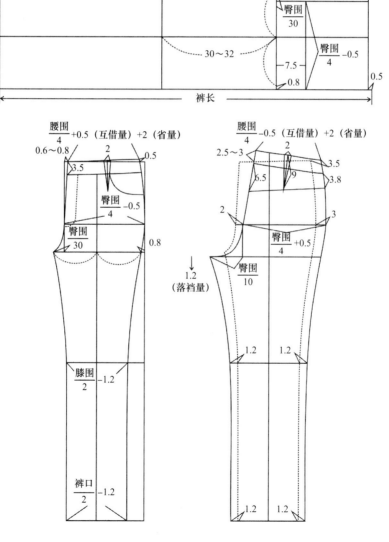

图 7-52　牛仔裤结构图

②牛仔裤与直筒裤计算公式不同的地方是前小裆和后小裆。牛仔裤前小裆计算公式是 $\frac{臀围92cm}{30}$ ，后小裆是 $\frac{臀围92cm}{10}$ 。

（3）参照直筒裤的 CAD 制板方法，我们将牛仔裤结构图绘制好（图7-53）。

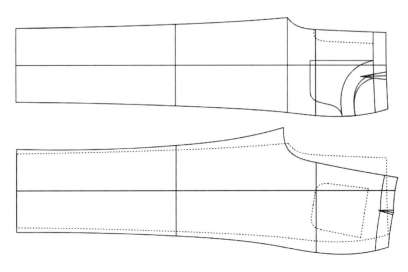

图7-53　牛仔裤结构图

（4）绘制袋布（图7-54）。

①选择 ⊞【移动】工具，按着【Shift】键进入【复制】功能。将袋布部位复制到空白处。

②选择 ✎【橡皮擦】工具，将不需要的线段删除。有的线段用 ✎【智能笔】工具中的连角功能删除不需要线段。

③选择 ⚠【对称】工具，按着【Shift】键进入【复制】功能。将袋布对称复制成一个完整的袋布。

④选择 ✎【智能笔】工具中的连角功能删除不需要线段。

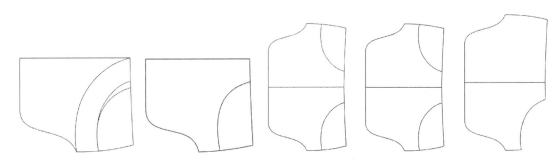

图7-54　袋布

（5）绘制袋贴（图7-55）。

①选择 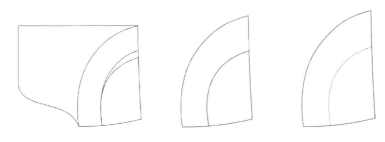【移动】工具，按着【Shift】键进入【复制】功能。将袋贴部位复制到空白处。

②选择 【智能笔】工具中的连角功能删除不需要的线段。

③选择 改变线型，然后选择 【设置线的颜色类型】工具，点击要改变线型的线段。

图 7-55　袋贴

（6）绘制前片右腰头（图7-56）。

①选择 【移动】工具，按着【Shift】键进入【复制】功能。将腰头部位复制到空白处。

②选择 【剪断线】工具，将腰口线从省线处剪断。然后用 【智能笔】工具中的连角功能删除不需要线段。

③选择 【移动】工具，按着【Shift】键进入【移动】功能。将二段腰头部位合并在一起。

④选择 【旋转】工具,按着【Shift】键进入【旋转】功能。将腰头部位的省量合并。

⑤选择 【智能笔】工具将腰头二端连成一条线，并用 【调整】工具调顺腰口弧线。

⑥选择 【智能笔】工具按住【Shift】键,进入【平行线】功能。输入腰头宽3.5cm。

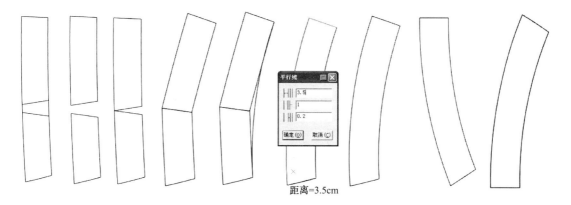

图 7-56　前片右腰头

⑦选择 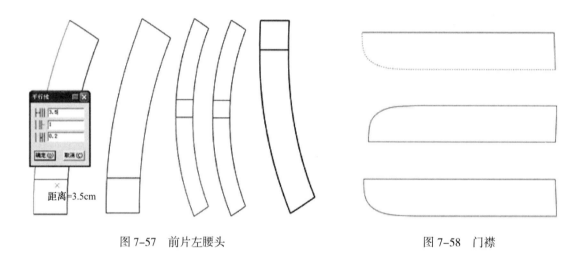 【对称】工具，按着【Shift】键进入【对称移动】功能。将前片右腰头对称翻转一下。

（7）绘制前片左腰头（图7-57）。

①选择 【移动】工具，按着【Shift】键进入【复制】功能。将前片右腰头复制到空白处。

②选择 【智能笔】工具按住【Shift】键，进入【平行线】功能。输入里襟宽3.5cm。

③选择 【对称】工具，按着【Shift】键进入【复制】功能。将腰头对称复制。

④选择 【智能笔】工具中的连角功能删除不需要线段。

（8）门襟（图7-58）。

①选择 【移动】工具，按着【Shift】键进入【复制】功能。将门襟部位复制到空白处。

距离=3.5cm

图7-57　前片左腰头　　　　　　　　　　　　图7-58　门襟

②选择 改变线型，然后选择 【设置线的颜色类型】工具，点击要改变线型的线段。

③选择 【对称】工具，按着【Shift】键进入【对称移动】功能。将门襟对称翻转一下。

（9）里襟、串带制板方法与直筒裤里襟、串带制板方法一样。

（10）后片腰头（图7-59）。

①选择 【移动】工具，按着【Shift】键进入【复制】功能。将后片腰头部分复制到空白处。

②选择 【旋转】工具，按着【Shift】键进入【旋转】功能。将腰头部位的省量合并。

③选择 【智能笔】工具将腰头二端连成一条线。并用 【调整】工具调顺腰口弧线。

④选择 【智能笔】工具按住【Shift】键，进入【平行线】功能。输入腰头宽3.5cm。

⑤选择 【旋转】工具，按着【Shift】键进入【旋转】功能。将后片腰头调整垂直平

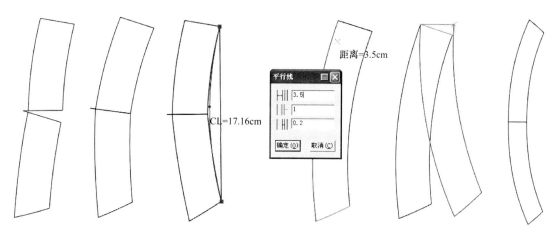

图 7-59　后腰头

行状态。

　　⑥选择 ⚠【对称】工具，按着【Shift】键进入【复制】功能。将腰头对称复制。

　　（11）后片袋布位置（图 7-60）。

　　①选择 ✎【智能笔】工具按住【Shift】键，进入【平行线】功能。输入 4.5cm 间距量。再选择 ▶【调整】工具点击平行线控制点，当线上的控制点出现光点后，按【Delete】键将线上的控制点删除；平行线就会变成一条直线。

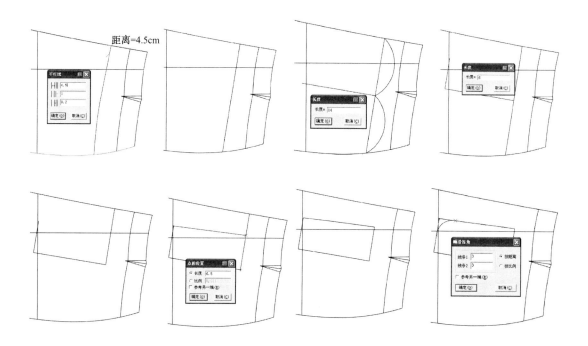

图 7-60

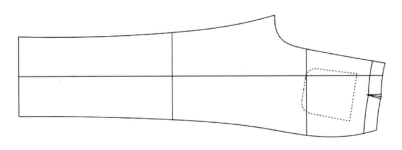

图7-60 后片袋布位置

②选择 ▦【等份规】工具，将平行线分成两个等份。再选择 ✐【智能笔】工具按住【Shift】键，从平行线的后中端点拖拉到平行线的中点；出现对话框输入袋布长度14cm。

③选择 ✐【智能笔】工具按住【Shift】键，从平行线中点拖拉到袋布长度端点；出现对话框输入袋布下口宽度6cm。并且与袋布上口宽度6.5cm相连，并用 ✐【智能笔】工具中的连角功能删除不需要线段。

④选择 ⌐【圆角】工具将袋布下口绘制成圆角的。

⑤选择 ▲【对称】工具，按着【Shift】键进入【复制】功能。将袋布对称复制。

（12）调整前浪、后浪弧线（图7-61）。

①选择 ⚒【合并调整】工具，前后浪为同边时，则勾选此选项再选线，线会自动翻转。

②选中【手动保形】调顺前后浪弧线。

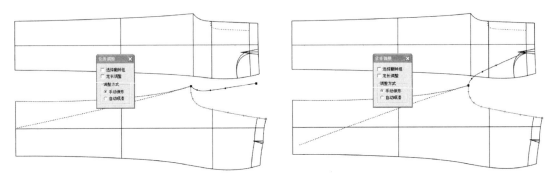

图7-61 合并调整

（13）拾取纸样（图7-62）。选择 ✂【剪刀】工具拾取纸样的外轮廓线，及对应纸样的省中线，击右键切换成拾取衣片辅助线工具拾取内部辅助线。并用 ▥【布纹线】工具将布纹线调整好。

（14）加缝份（图7-63）。

①选择 ▱【加缝份】工具，将工作区的所有纸样统一加1cm缝份。

②将前后片裤口缝份修改为3.8cm、将耳仔缝份归零、将后袋布上口缝份修改为2.5cm。

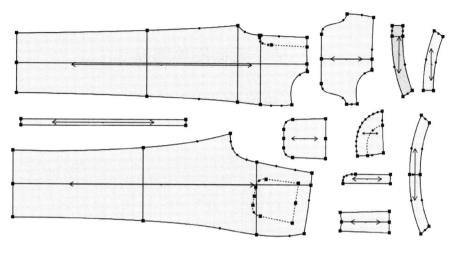

图 7-62 拾取纸样

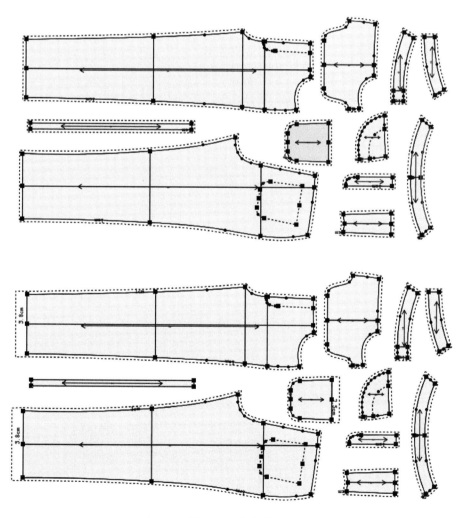

图 7-63 加缝份

第三节　无侧缝休闲裤

一、无侧缝休闲裤款式效果图（图7-64）

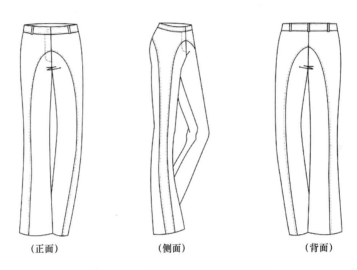

（正面）　　　　　　（侧面）　　　　　　（背面）

图7-64　无侧缝休闲裤款式效果图

二、无侧缝休闲裤规格尺寸表（表7-3）

表7-3　无侧缝休闲裤规格尺寸　　　　　单位：cm

部位 ＼ 号型	S	M（基础板）	L	XL	档差
	155\64A	160\68A	165\72A	170\76A	
裤长	95.5	98	100.5	103	2.5
腰围	68	72	76	80	4
臀围	88	92	96	100	4
横裆	53.5	56	58.5	61	2.5
膝围	42	44	46	48	2
裤口	44	46	48	50	2
前浪（含腰）	25.1	25.8	26.5	27.2	0.7
后浪（含腰）	35.2	36	36.8	37.6	0.8

三、无侧缝休闲裤CAD制板步骤

（1）无侧缝休闲裤CAD制板方法参照我们前面所讲的直筒裤CAD制板。

（2）无侧缝休闲裤各部位控制尺寸和公式计算方法（图7-65～图7-67）。

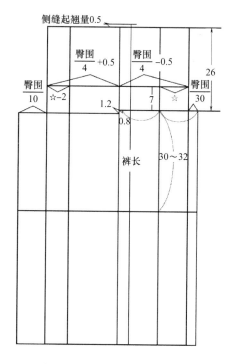

图7-65 无侧缝休闲裤结构图1

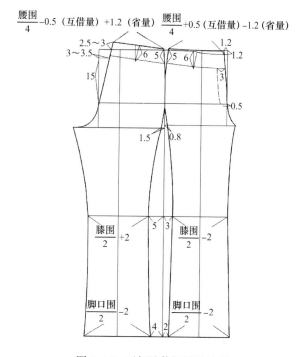

图7-66 无侧缝休闲裤结构图2

（3）单击【号型】菜单→【号型编辑】，在设置号型规格表中输入尺寸（此操作可有可无）（图7-68）。

（4）无侧缝休闲裤各部位控制尺寸和公式计算方法。

（5）无侧缝休闲裤腰头绘制方法参照牛仔裤的绘制方法。

（6）从结构图把裁片复制出来（图7-69）。

（7）拾取纸样（图7-70）。选择 【剪刀】工具拾取纸样的外轮廓线，及对应纸样的省中线，击右键切换成拾取衣片辅助线工具拾取内部辅助线。并用 【布纹线】工具将布纹线调整好。

（8）加缝份（图7-71）。

①选择 【加缝份】工具，将工作区的所有纸样统一加1cm缝份。

②将前后片裤口缝份修改为3.8cm。

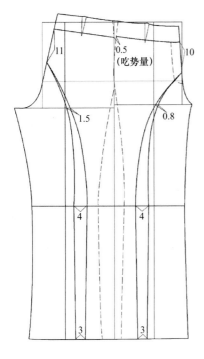

图 7-67　无侧缝休闲裤结构图 3　　　　　　　图 7-68　设置号型规格表

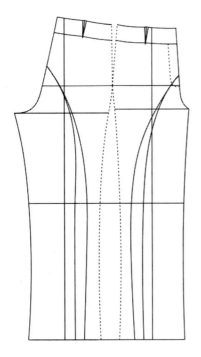

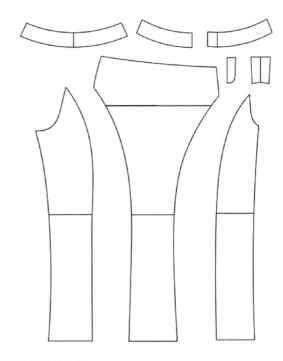

图 7-69　无侧缝休闲裤结构图

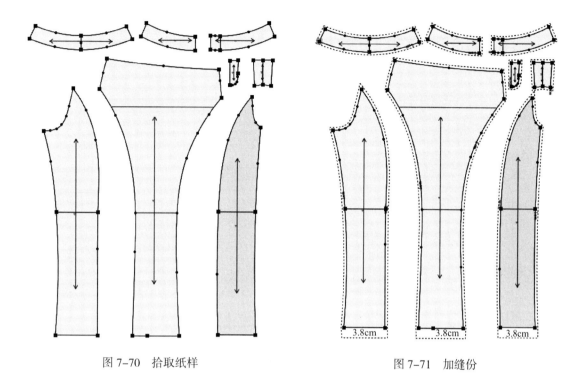

图 7-70 拾取纸样

图 7-71 加缝份

第四节 时装短裤

一、时装短裤款式效果图（图 7-72）

正面 　　　　　　 反面

图 7-72 时装短裤款式效果图

二、时装短裤规格尺寸表（表 7-4）

表 7-4　时装短裤规格尺寸表 　　　　单位：cm

号型 部位	S 155\64A	M（基础板） 160\68A	L 165\72A	XL 170\76A	档差
裤长	31	32	33	34	1
腰围	68	72	76	80	4
臀围	86	90	94	98	4
上裆（含腰）	19.5	20	20.5	21	0.5
前浪（含腰）	21.3	22	22.7	23.4	0.7
后浪（含腰）	32.2	33	33.8	34.6	0.8
横裆宽	50	52.5	55	57.5	2.5
裤口	46	48	50	52	2

三、时装短裤 CAD 制板步骤

（1）单击【号型】菜单→【号型编辑】，在设置号型规格表中输入尺寸（图 7-73）。

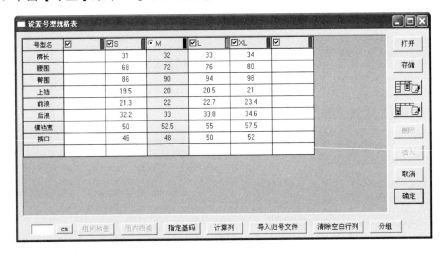

图 7-73　设置号型规格表

（2）选择 【智能笔】工具在空白处拖定出 21.2cm（计算公式：上裆 21cm+1.2cm），

前臀围 22cm（计算公式：$\dfrac{臀围\ 90cm}{4}$ – 互借量 0.5cm）（图 7-74）。

（3）选择 【智能笔】工具按住【Shift】键，进入【平行线】功能。输入 7cm（图 7-75）。

（4）选择 【智能笔】工具按着【Shift】键，右键点击横裆基础线前中部分，进入

【调整曲线长度】功能。输入增长量 3cm（计算公式：$\dfrac{臀围\ 90cm}{30}$）（图 7-76）。

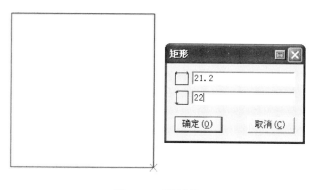

图 7-74　画矩形

距离=7cm

图 7-75　画臀围线

（5）选择 ✐【智能笔】工具按着【Shift】键,右键点击横裆基础线前中部分;进入【调整曲线长度】功能。输入增长量 -0.8cm（图 7-77）。

（6）选择 ☲☲【等份规】工具将前片横裆线分成两个等份（图 7-78）。

图 7-76　画横裆线步骤 1

图 7-77　画横裆线步骤 2

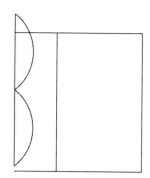

图 7-78　画横裆线步骤 3

（7）选择 ✐【智能笔】工具从横裆线二等份处画一条直线相交于腰口基础线（图 7-79）。

（8）选择 ✐【智能笔】工具按着【Shift】键，右键点击横裆基础线前中部分；进入【调整曲线长度】功能。在新长度一栏输入裤长 32cm（图 7-80）。

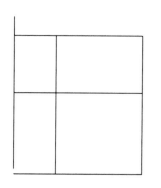

图 7-79　画中缝线

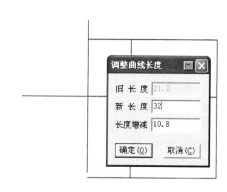

图 7-80　画中缝线延长线

（9）选择 ✎【智能笔】工具从横裆线端点经前中臀点在腰围基础线 1cm 处相连画一条线（图 7-81）。

（10）选择 ▶【调整】工具调顺前浪弧线（图 7-82）。

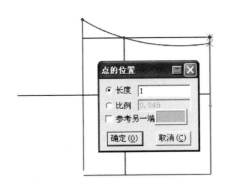

图 7-81　画前浪弧线

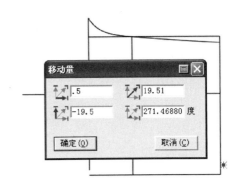

图 7-82　画腰口线步骤 1

（11）选择 ✎【智能笔】工具在腰口基础线前浪交点处按【Enter】键，输入纵向偏移量 0.5cm，横向偏移量 -19.5cm（计算公式：$\dfrac{\text{腰围 }72\text{cm}}{4}$ + 互借量 0.5cm+ 省 1cm）（图 7-83）。

（12）选择 ✎【智能笔】工具从图 7-142 确定腰围线端点与前浪 1.2cm 相连（图 7-84）。

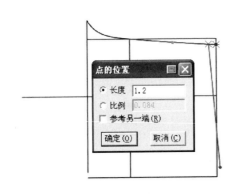

图 7-83　画腰口线步骤 2

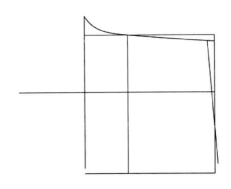

图 7-84　画腰口线步骤 3

（13）选择 ▶【调整】工具调顺腰口弧线（图 7-85）。

（14）选择 ✎【智能笔】工具在烫迹线端点画 10.5cm（图 7-86）。

（15）选择 ✎【智能笔】工具从裤口端点与横裆端点相连，再用 ▶【调整】工具调顺内侧缝线（图 7-87）。

（16）选择 ⚠【对称】工具按着【Shift】键，进入【对

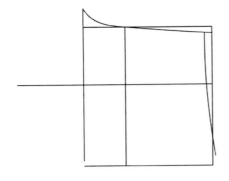

图 7-85　调顺腰口弧线

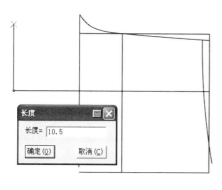

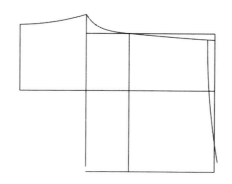

图 7-86　画裤口线

图 7-87　画内侧缝线

称复制】功能；将内侧缝线对称复制。然后用 【智能笔】工具的连角功能，把裤口线与侧缝线连角（图 7-88）。

（17）选择 【智能笔】工具画好侧缝线，并用 【调整】工具调顺侧缝线。然后用 【剪断线】工具分别点击侧缝线的二段线，按右键结束连接成一条线（图 7-89）。

（18）选择 【智能笔】工具在腰口线烫迹线 0.5cm 画腰省（图 7-90）。

（19）选择 【智能笔】工具在腰口线烫迹线 0.5cm 画腰省（图 7-91）。

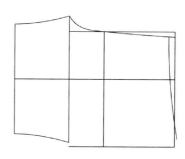

图 7-88　对称复制

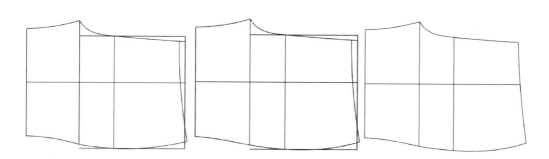

图 7-89　前片结构图

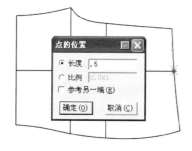

图 7-90　画腰省步骤 1

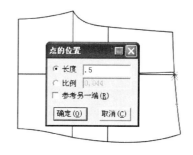

图 7-91　画腰省步骤 2

（20）选择 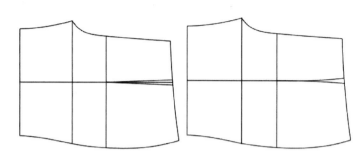【调整】工具把腰省调整为弧形省（图7-92）。

图7-92　画腰省步骤3

（21）选择 ![]【智能笔】工具按住【Shift】键，进入【平行线】功能。输入腰头宽4cm（图7-93）。

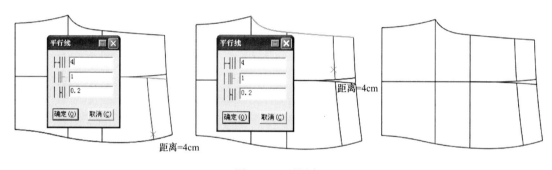

图7-93　画腰头

（22）贴袋位置。

①选择 ![]【智能笔】工具在腰头下口线的二分之一处与侧缝线臀围2cm相连（图7-94）。

②选择 ![]【智能笔】工具按住【Shift】键，进入【平行线】功能。输入腰头宽1.2cm（图7-95）。

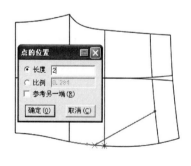
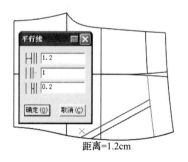

图7-94　画贴袋步骤1　　　　　　　图7-95　画贴袋步骤2

③选择 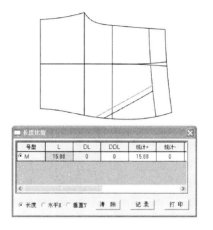【比较长度】工具测量出刚画的线段长度为 15.88cm（图 7-96）。

④选择 【智能笔】工具按着【Shift】键，右键分别点击袋位基础线的两端；进入【调整曲线长度】功能。两端分别输入 -2.44cm（图 7-97）。

⑤选择 【智能笔】工具按着【Shift】键，进入【三角板】功能。左键点击袋位线的一端拖到另一端；输入 1.5cm（图 7-98）。

⑥选择 【智能笔】工具按着【Shift】键，进入【三角板】功能。左键点击袋位线的一端拖到另一端，输入 1.5cm。然后用 【智能笔】工具把口袋位画好。

图 7-96　画贴袋步骤 3

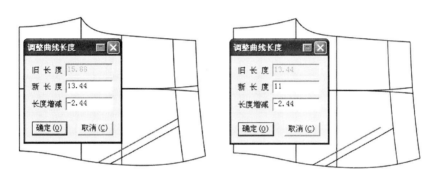

图 7-97　画贴袋步骤 4

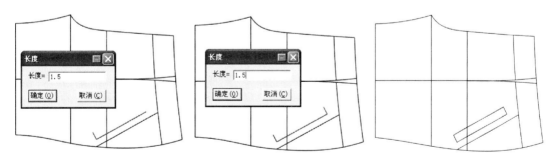

图 7-98　画贴袋步骤 5

⑦选择 【智能笔】工具腰口线烫迹线 1cm 画一条垂直 17cm 的线，然后用 【智能笔】工具画一条相交到侧缝线的直线（图 7-99）。

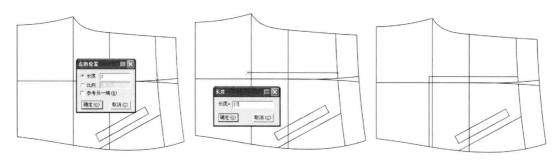

图 7-99　画贴袋步骤 6

（23）袋布。

①选择 ⊞【移动】工具按住【Shift】键，进入【复制】功能。将袋布部分复制在空白处（图 7-100）。

②选择 ✎【智能笔】工具在袋布口 1cm 画一条线（图 7-101）。

图 7-100　袋布步骤 1

图 7-101　袋布步骤 2

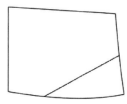

图 7-102　袋布步骤 3

③选择 ✎【智能笔】工具的连角功能进行连角，多余的线用 ✎【橡皮擦】工具删除（图 7-102）。

④选择 ⟲【旋转】工具按住【Shift】键，进入【旋转】功能，将袋布旋转水平状态（图 7-103）。

⑤选择 ⚠【对称】工具按住【Shift】键，进入【复制】功能。将袋布复制为一整块（图 7-104）。

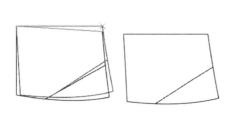

图 7-103　袋布步骤 4

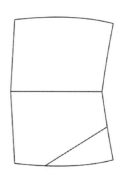

图 7-104　袋布步骤 5

⑥选择 ✐【智能笔】工具将袋布二端相连画一
条直线。

⑦选择 ✐【橡皮擦】工具删除多余的线段，再
用 ✐【智能笔】工具的靠边功能将线段靠边（图
7–105）。

（24）门襟（图 7–106）。参照我们前面所学的
门襟 CAD 制板方法进行绘制。

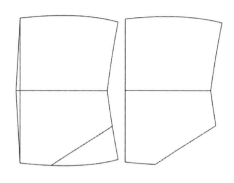

图 7–105　袋布步骤 6

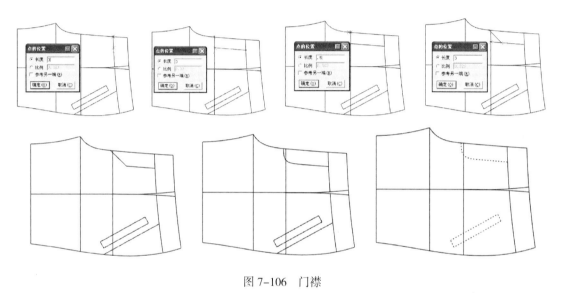

图 7–106　门襟

（25）里襟（图 7–107）。参照我们前面所学的里襟 CAD 制板方法进行绘制。

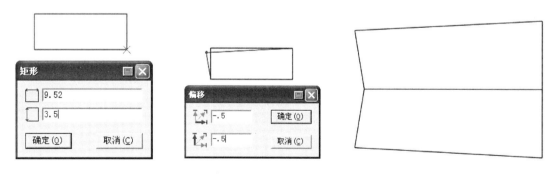

图 7–107　里襟

（26）前腰头（图 7–108、图 7–109）。

①选择 ▫▫【移动】工具按住【Shift】键，进入【复制】功能。将前腰头部分复制在空
白处。

②选择 ✂【剪断线】工具在腰省处将腰口线剪断。

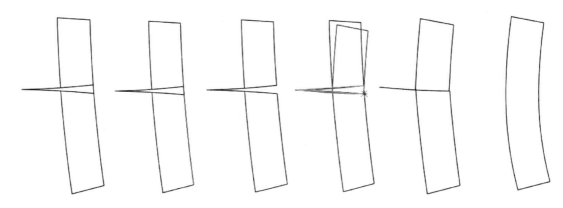

图 7-108　前腰头步骤 1

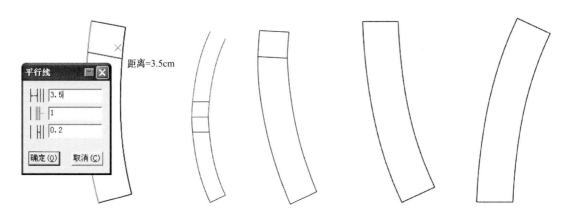

图 7-109　前腰头步骤 2

③选择 【旋转】工具按住【Shift】键，进入【旋转】功能。将腰省合并。

④选择 【剪断线】工具分别点击腰口线的二段线，按右键结束连接成一条线。然后用 【调整】工具调顺腰口线。

⑤选择 【智能笔】工具按住【Shift】键，进入【平行线】功能。输入里襟宽 3.5cm。

⑥选择 【对称】工具按住【Shift】键，进入【复制】功能，将腰头对称复制。

⑦选择 【智能笔】工具的连角功能进行连角，多余的线用 【橡皮擦】工具删除。这样前右腰头就绘制好了。

⑧选择 【移动】工具按住【Shift】键，进入【复制】功能，将前右腰头部分复制在空白处。

⑨选择 【对称】工具按住【Shift】键，进入【对称】功能，将前右腰头对称变成前左腰头。

（27）选择 【移动】工具按住【Shift】键，进入【复制】功能，将前片结构图复制在空白处。为了让读者更明白，在这里我们把复制前片结构图用虚线表示（图 7-110）。

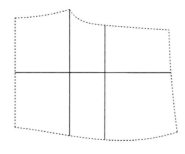

图 7-110　复制结构线

（28）选择 ✐【智能笔】工具按着【Shift】键，右键点击臀围线，进入【调整曲线长度】功能。输入增长量 1cm（图 7-111）。

（29）选择 ✐【智能笔】工具按着【Shift】键，右键点击烫迹线，进入【调整曲线长度】功能。输入增长量 1.2cm（图 7-112）。

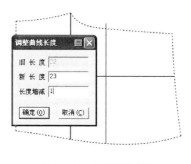

图 7-111　画后臀围线

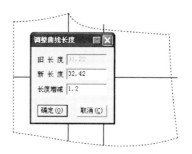

图 7-112　处理后片中缝线

（30）选择 ✐【智能笔】工具分别使用画线和连角功能把图 7-113 绘制好。

（31）选择 ✐【智能笔】工具在横裆线后中交点处按【Enter】键，输入纵向偏移量 2.5cm（2.5cm 是落裆量）；横向偏移量 9cm（计算公式：$\dfrac{\text{腰围}\,90\text{cm}}{10}$）。继续用 ✐【智能笔】工具经臀围线端点在腰围线 2.8cm 处相连（图 7-114）。

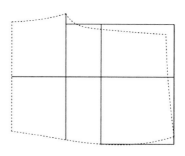

图 7-113　后片结构线

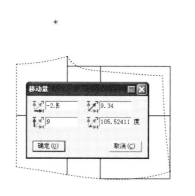

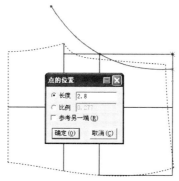

图 7-114　画后浪弧线步骤 1

（32）选择 ▧【调整】工具调顺后浪弧线。

（33）选择 ✐【智能笔】工具按着【Shift】键，右键点击后浪弧线，进入【调整曲线长度】功能。输入增长量 2.5cm（图 7-115）。

（34）选择 ✐【智能笔】工具将腰口二端相连。

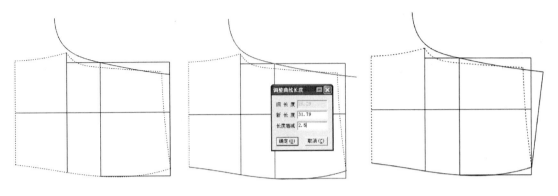

图 7-115　画后浪弧线步骤 2

（35）选择 ▨【调整】工具腰口线侧缝端点按【Enter】键，输入横向偏移量 -0.5cm（图 7-116）。

（36）选择 ◢【智能笔】工具按着【Shift】键，右键点击后裤口线，进入【调整曲线长度】功能。输入增长量 6cm（图 7-117）。

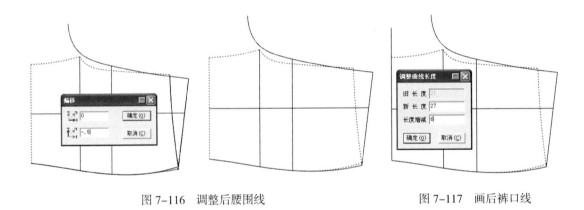

图 7-116　调整后腰围线　　　　　　　　图 7-117　画后裤口线

（37）选择 ▨【调整】工具裤口线内侧缝端点按【Enter】键，输入纵向偏移量 -2cm（图 7-118）。

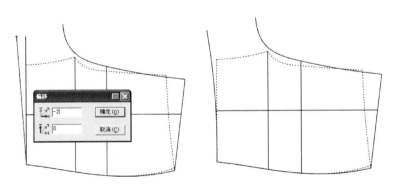

图 7-118　调整后片裤口线

（38）选择 ✐【智能笔】工具将裤口线内侧缝端点与横裆端点相连。并用 ▶【调整】工具调顺内侧缝线（图 7-119）。

（39）选择 ◢【比较长度】工具点击腰口线，测量出后腰口线长度为 19cm（图 7-120）。

（40）选择 ✐【智能笔】工具按着【Shift】键，进入【三角板】功能。左键点击腰口线的一端拖到另一端，在腰口线二分之一处垂直画出 5cm 一条省线。

（41）选择 ✐【智能笔】工具按着【Shift】键，右键框选腰口基础线，点击开省线，出现省宽对话框，输入 1.5cm 省量，确认后击右键调顺腰围线，单击右键结束（图 7-121）。

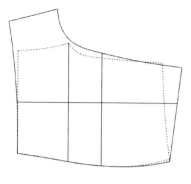

图 7-119　后片结构线

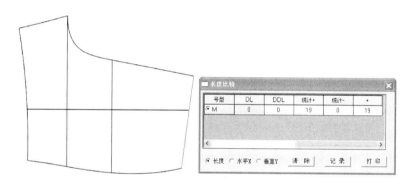

图 7-120　测量后腰围尺寸

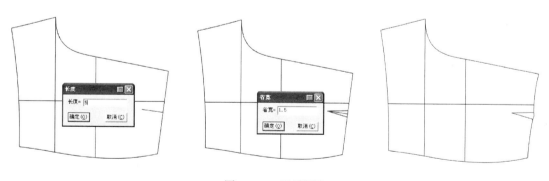

图 7-121　画后腰省

（42）后腰头（图 7-122、图 7-123）。

①选择 ✐【智能笔】工具按住【Shift】键，进入【平行线】功能。输入腰头宽 4cm。

②选择 ❖【移动】工具按住【Shift】键，进入【复制】功能。将后腰头部分复制在空白处。

③选择 ⟲【旋转】工具按住【Shift】键，进入【旋转】功能。水平校正后腰头。

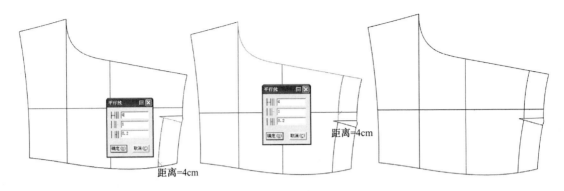

图 7-122　画后腰头步骤 1

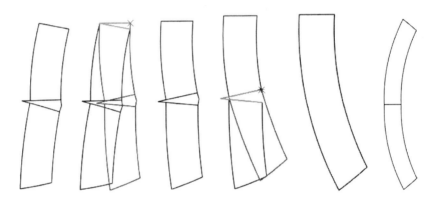

图 7-123　画后腰头步骤 2

④选择 【旋转】工具按住【Shift】键，进入【旋转】功能，将腰省合并。

⑤选择 【对称】工具按住【Shift】键，进入【复制】功能，将腰头对称复制。

（43）选择 【智能笔】工具在空白处拖定出宽度 2cm，长度 55cm 为串带（图 7-124）。

（44）选择 【智能笔】工具在空白处拖定出宽度 3cm，长度 11cm 为袋口布（图 7-125）。

图 7-124　串带

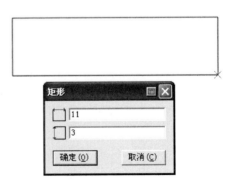

图 7-125　袋口布

（45）裤口反边处理（图7-126）。

①选择 ╏╏【移动】工具按住【Shift】键，进入【复制】功能。将前中片、前侧片、后片部分复制在空白处。

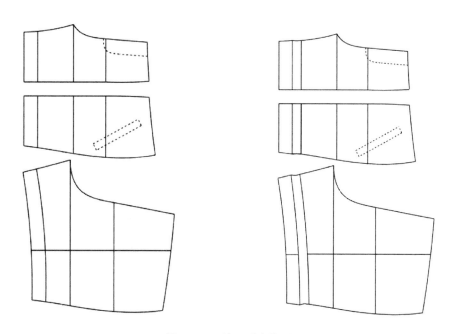

图7-126 裤口反边处理

②选择 ✐【智能笔】工具按住【Shift】键，进入【平行线】功能。分别在前中片、前侧片、后片输入3cm画一条线。此线为处理反边褶量的位置。

③选择 ▦【褶展开】工具，分别在前中片、前侧片、后片处理一个2cm刀字褶。

（46）拾取纸样（图7-127）。选择 ✂【剪刀】工具拾取纸样的外轮廓线，及对应纸样的省中线，击右键切换成拾取衣片辅助线工具拾取内部辅助线。并用 ▧【布纹线】工具将布纹线调整好。

（47）加缝份（图7-128）。

①选择 ▱【加缝份】工具，将工作区的所有纸样统一加1cm缝份。

②将前后片裤口缝份修改为4cm。

③将串带缝份修改为0cm。

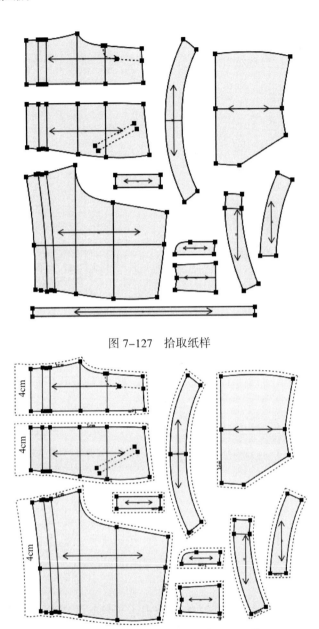

图 7-127　拾取纸样

图 7-128　加缝份

思考与练习题

1. 运用富怡服装CAD，进行直筒裤练习训练。

2. 运用富怡服装CAD，进行牛仔裤练习训练。

3. 运用富怡服装CAD，进行无侧缝休闲裤练习训练。

4. 运用富怡服装CAD，进行时装短裤练习训练。

实操篇——

女上装CAD制板

课题名称：女上装CAD制板

课题内容：1. 女西服

2. 连衣裙

3. 时装棉衣

4. 休闲大衣

课题时间：16课时

训练目的：掌握女西服、连衣裙、时装棉衣、时装风衣等操作技
能。

教学方式：以实际生产任务为载体，模拟工业化生产的过程，要
求学生做成系统的训练，即完成从结构设计、工业样
板设计的一系列工作。通过综合训练，把单个工具的
使用方法和实际任务结合，提高学生的熟练程度和解
决实际问题的能力。

教学要求：1. 让学生掌握女西服操作技能。

2. 让学生掌握连衣裙操作技能。

3. 让学生掌握时装棉衣操作技能。

4. 让学生掌握时装风衣操作技能。

第八章　女上装 CAD 制板

　　上衣是人们着装的常用服装品类，其款式是多种多样，归纳起来有衬衣、西服、风衣、大衣等。女装的上衣款式变化多端，只要掌握女衬衣、女西服 CAD 制图规律和方法，其他款式的上衣 CAD 制板就不难了。本章通过四款不同造型的上衣 CAD 制板，让读者掌握上衣 CAD 制图规律和技巧。

第一节　女西服

一、女西服款式效果图（图 8-1）

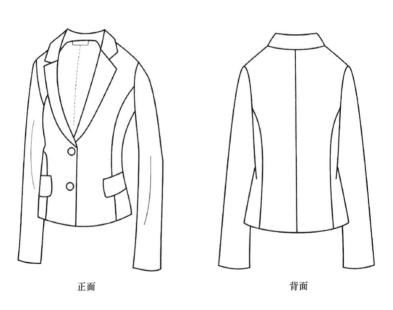

正面　　　　　　　　　　　　　　背面

图 8-1　女西服款式效果图

二、女西服规格尺寸表（表8-1）

表8-1 女西服规格尺寸表　　　　　　　　　　　　　　单位：cm

部位 \ 号型	S	M（基础板）	L	XL	档差
	155\80A	160\84A	165\88A	170\92A	
衣长	64	66	68	70	2
肩宽	38	39	40	41	1
胸围	90	94	98	102	4
腰围	74	78	82	86	4
摆围	94	98	102	106	4
袖长	55.5	57	58.5	60	1.5
袖口	24	25	26	27	1
袖肥	31.4	33	34.6	35.2	1.6
领围	——	——	——	——	1
袖窿弧长	45	47	49	51	2

三、女西服 CAD 制板步骤

（1）女西服结构图（图8-2）单击【号型】菜单→【号型编辑】，在设置号型规格表中输入尺寸（图8-3）。

（2）运用我们第三章所学的女衬衫 CAD 制板知识，并结合图8-3所示各部位计算方法；运用富怡 CAD 把图8-4绘制好。

（3）选择 ✎【智能笔】工具从后中点起，经腰围线后中 2cm 处（2cm 为后中省量）与下摆线后中 2cm 处相连成后中弧线（图8-5）。

（4）后片分割线（公主缝）。

①选择 ✎【智能笔】工具在后袖窿弧线 10.6cm 处开始画分割线。

②继续用 ✎【智能笔】工具在后片腰围线二分之一中点处，按【Enter】键输入移动量 -1.5cm。并与下摆线 11.5cm 处相连。

③选择 ▧【调整】工具将分割缝调整顺畅（图8-6）。

④选择 ✎【智能笔】工具在后袖窿弧线 10.6cm 处开始画第二条分割线。

⑤继续用 ✎【智能笔】工具在后片腰围线分割点处，按【Enter】键输入移动量 3cm。并与下摆线上的第一条分割线 1.6cm 处相连。

⑥选择 ▧【调整】工具将分割缝调整顺畅（图8-7）。

（5）后领贴（图8-8）。

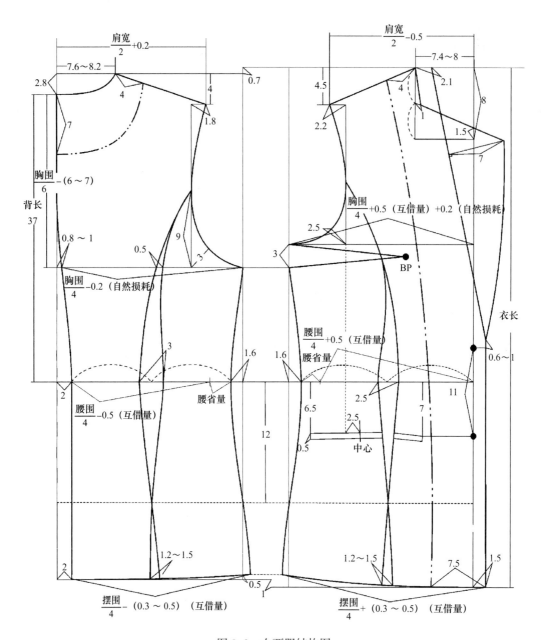

图 8-2 　女西服结构图

①选择 ✐【智能笔】工具肩缝线 4cm 处后中 7cm 处相连。

②选择 ▧【调整】工具调顺领贴弧线。

③选择 ▱【对称调整】工具，将领贴对称调好。

（6）前片分割线（公主缝）。

①选择 ✐【智能笔】工具在前袖窿弧线 10cm 处开始画分割线。

②继续用 ✐【智能笔】工具在前片腰围线二分之一中点处，按【Enter】键输入移动量 1.25cm，并与下摆线 12.5cm 处相连。

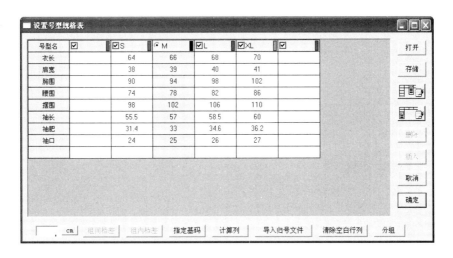

图 8-3 设置号型规格表

号型名	☑	☑S	⊙M	☑L	☑XL	☑
衣长		64	66	68	70	
肩宽		38	39	40	41	
胸围		90	94	98	102	
腰围		74	78	82	86	
摆围		98	102	106	110	
袖长		55.5	57	58.5	60	
袖肥		31.4	33	34.6	36.2	
袖口		24	25	26	27	

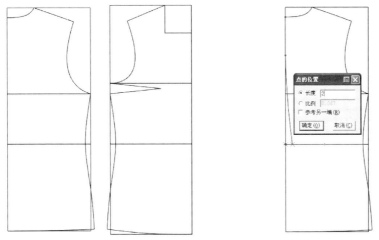

图 8-4 女西服结构图

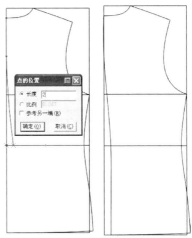

图 8-5 画后中线

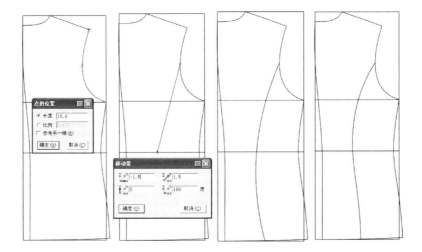

图 8-6 后片分割线

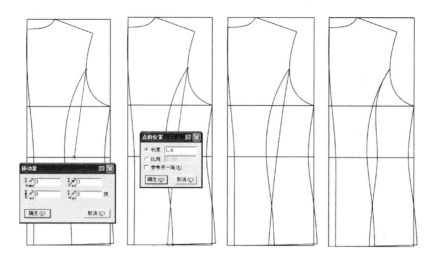

图 8-7　后片分割线

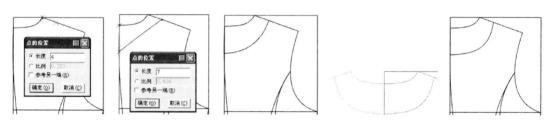

图 8-8　后领贴

③选择 【调整】工具将分割缝调整顺畅（图 8-9）。

④选择 【智能笔】工具在前袖窿弧线 10cm 处开始画第二条分割线。

⑤继续用 【智能笔】工具在前片腰围线分割点处，按【Enter】键输入移动量 −2.5cm，并与下摆线上的第一条分割线 1.6cm 处相连。

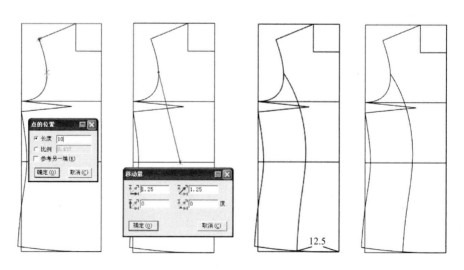

图 8-9　前片分割线

⑥选择 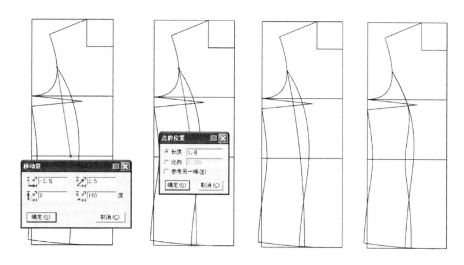【调整】工具将分割缝调整顺畅（图 8-10）。

图 8-10　前片分割线

（7）前侧片转省处理（图 8-11）。

①选择 【剪断线】工具将袖窿弧线从分割线交叉处剪断。

②选择 【剪断线】工具将分割线在腋下省处剪断。

③选择 【旋转】工具按住【Shift】键，进入【旋转】功能。将前侧片省量旋转合并。

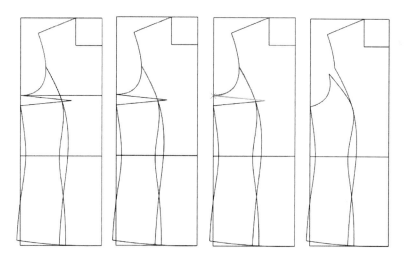

图 8-11　前侧片转省处理

④选择 【剪断线】工具依次点击分割线的二段线，然后按右键结束，将二段线合并为一条线。

⑤选择 【调整】工具将分割缝调整顺畅。（注意：分割线的调整控制点不能太多，太多了弧线不宜调顺畅。可以把光标放在调整控制点，按 Delete 键删除。）

（8）前片袋位（图8-12 ~ 图8-14）。

①选择 ✐【智能笔】工具从前片胸宽处垂直画一条直线至腰围线以下。

②选择 ✐【智能笔】工具单向靠边功能，将腰围线以上部分的线段删除。

③选择 ✐【智能笔】工具按着【Shift】键，右键点击需修长度的线段，进入【调整曲线长度】功能。将腰围线以下部分的线段长度调整为7cm。

④选择 ✐【智能笔】工具从腰围线以下部分的线段垂直画2.5cm为口袋位置的中点。

⑤选择 ✐【智能笔】工具在空白处拖出口袋宽度13cm，袋口高度0.5cm。然后用【点】工具在口袋宽度一半的地方加个点。

⑥选择 ⊞【移动】工具按住【Shift】键，进入【移动】功能。将画好的袋口与我们确定好的口袋中间吻合在一起。然后把中点和2.5cm的线段用 ✐【橡皮擦】工具删除。

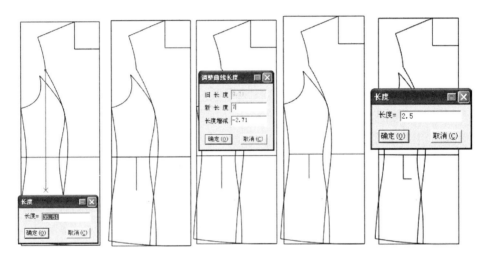

图8-12　前片袋位步骤1

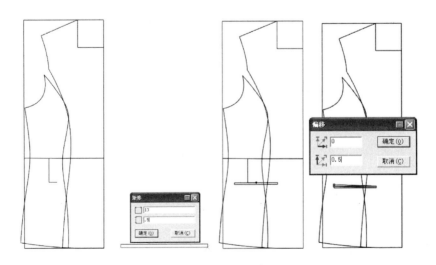

图8-13　前片袋位步骤2

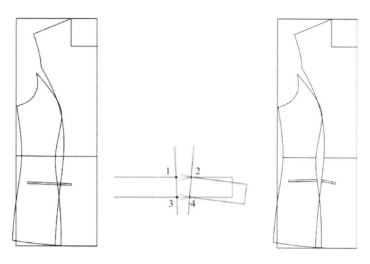

图 8-14 局部放大图

⑦选择 ▨【调整】工具框选袋口侧缝部分,按【Enter】键输入纵向偏移量 0.5cm。(注意:如果偏移后出现线段中间有曲线,就用 ✎【智能笔】工具将袋口二端重新连接一条线,然后用 ✎【橡皮擦】工具删除线段中间的曲线。)

⑧选择 ✄【剪断线】工具,将袋口线从第一条分割线处剪断。

⑨选择 ⌑【对接】工具按住【Shift】键,进入【对接】功能,将袋口对接。

(9)选择 ✎【智能笔】工具按住【Shift】键,进入【平行线】功能。输入门襟宽 1.5cm(图 8-15)。

(10)扣位确定(图 8-16)。

①选择 ✎【智能笔】工具从袋位点画平行线相交于前中线。

②选择 ⌇【点】工具,在前中线交叉点处画一个点。

③选择 ⌇【点】工具按【Enter】键,输入纵向偏移量 11cm(11cm 是纽扣间距)。

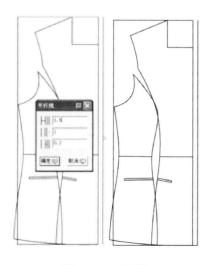

图 8-15 画门襟

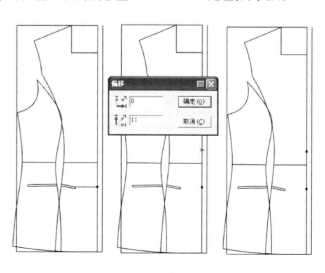

图 8-16 确定扣位

（11）西服领绘制（图 8-17 ~ 图 8-23）。

①选择 ✎【智能笔】工具，在第一颗扣上按【Enter】键输入横向移动量 1.5cm，纵向移动量 1cm，然后与胫肩点横向移动量 2.1cm 处相连为翻折线（图 8-17）。

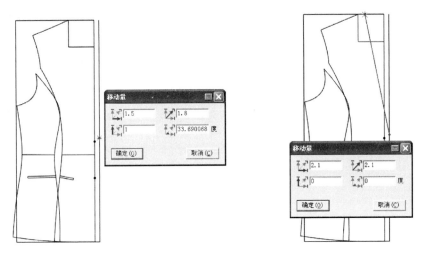

图 8-17　画翻折线

②选择 ✎【智能笔】工具按着【Shift】键，右键点击翻折线，进入【调整曲线长度】功能。将翻折线增长 17cm。

③选择 ✎【智能笔】工具按着【Shift】键，进入【三角板】功能，在翻折线顶端点画 5cm 长的线与翻折线上平线处相连为倒幅线。

④选择 ✎【智能笔】工具按住【Shift】键，进入【平行线】功能，输入 3cm 画平行线。

⑤选择 ✎【智能笔】工具画串口线（图 8-18）。

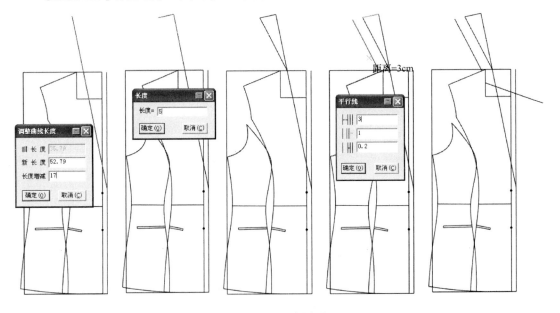

图 8-18　画西服领步骤 1

⑥选择 ✎【智能笔】工具按住【Shift】键，进入【平行线】功能。输入 7cm 画驳宽线。

⑦选择 ✎【智能笔】工具将驳宽端点与翻折线止口点相连，并用 ▶【调整】工具将驳头外口弧线调顺畅。然后用 ✎【智能笔】工具连角功能把不需要的线段删除。

⑧选择 ✎【智能笔】工具在串口线 1cm 处画前领口线。

⑨选择【比较长度】工具点击后领弧线，测量出后领弧线长度是 8.9cm。

⑩选择 ✎【智能笔】工具取后领弧线长度 8.9cm 与串口线上的领口端点相连，用 ▶【调整】工具调顺领子的下口弧线，再用【橡皮擦】工具删除不需要的线段。

⑪选择 ✂【点】工具，在领子的下口弧线 4cm 处画一个点。

⑫选择 ✎【智能笔】工具按着【Shift】键，进入【三角板】功能。画后领宽 7cm。

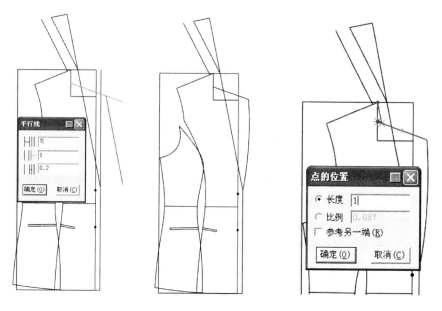

图 8-19　画西服领步骤 2

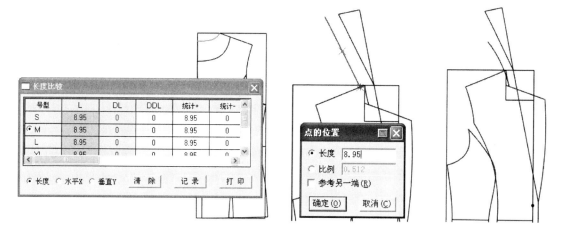

图 8-20　画西服领步骤 3

⑬选择 ✎【智能笔】工具，在串口线 4.5cm 处画领缺口线 4.3cm。

⑭选择 ✎【智能笔】工具，画好领子外围弧线。

⑮选择 ✍【对称调整】工具将领子对称调整好。

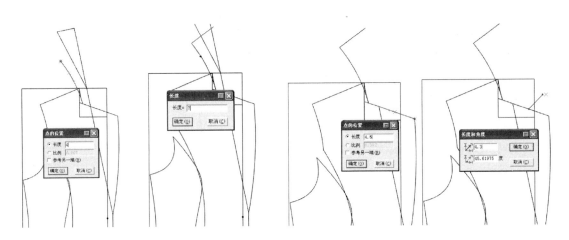

图 8-21　画西服领步骤 4

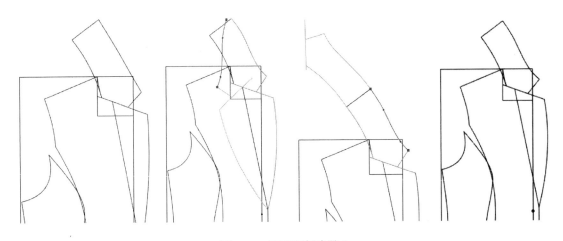

图 8-22　画西服领步骤 5

⑯参照（图 8-23）标注尺寸运用我们所学 CAD 制图方法去绘制底领、面领。

（12）里布。参照（图 8-24）标注尺寸运用我们所学 CAD 制图方法去绘制里布。

（13）挂面（图 8-25）。

①选择 ✎【智能笔】工具在肩斜线胫肩点 4cm 处与下摆线前中 5.5cm 处相连一条线。

②选择 ▶【调整】工具调顺挂面弧线。

（14）袋盖（图 8-26、图 8-27）。

①选择 ✎【智能笔】工具在空白处拖出袋盖宽度 13.2cm（袋盖要比袋口宽 0.2cm），袋盖高度 5cm。

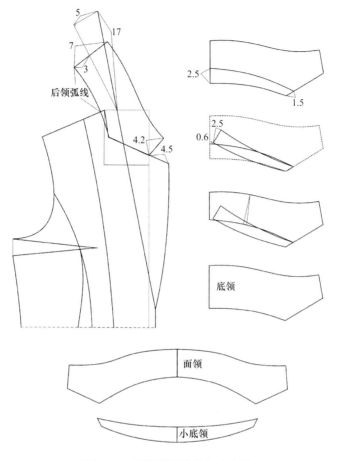

图 8-23　西服领结构分解示意图

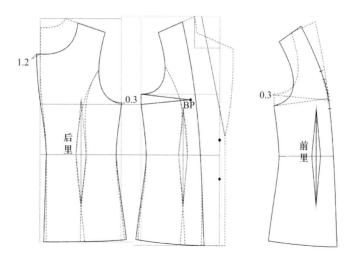

图 8-24　里布结构示意图

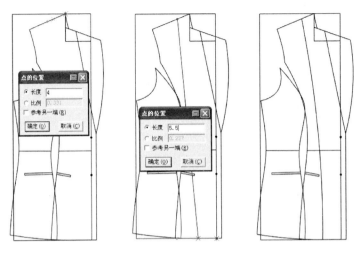

图 8-25　挂面

图 8-26　袋盖步骤 1

图 8-27　袋盖步骤 2

②选择 ▣【调整】工具框选袋盖的靠侧缝一边，按【Enter】键输入纵向偏移量 0.3cm。

③选择 ▣【调整】工具分别框选袋盖下端两侧，各横向加宽 0.2cm。

④选择 ▣【圆角】工具，把袋盖下端两侧做好。

（15）选择 ✎【智能笔】工具在空白处拖出袋唇条长度 37cm（37cm 为二根袋唇条的长度稍加了些多余量），袋唇条宽度 1.2cm（图 8-28）。

（16）选择 ✎【智能笔】工具在空白处拖出袋布长度 34cm（34cm 为袋布双折的总量），袋布宽度 15cm（图 8-29）。

（17）选择 ✎【智能笔】工具在空白处拖出袋垫布长度 15cm，袋垫布宽度 12cm（图 8-30）。

图 8-28　袋唇条

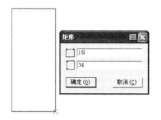

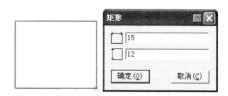

图 8-29　袋布　　　　　　　　　　　　　　图 8-30　袋垫布

（18）袖子。

①选择 【比较长度】工具，分别点击前、后袖窿弧线，测量出前、后袖窿弧线长度尺寸（图 8-31）。

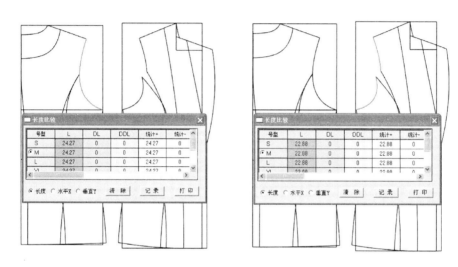

图 8-31　测量前后袖窿弧长度

②选择 【智能笔】工具在空白处画一个直线长 33cm（33cm 为袖肥量）（图 8-32）。

③选择 【智能笔】工具从一端拖到另一端，再将中间拉起；进入【圆规】功能后，在对话框中分别输入前、后袖窿弧线长度尺寸。（注：也可以选择 【圆规】工具进行操作）（图 8-33）。

图 8-32　画袖肥线

图 8-33　画袖山线

④选择 ✐【智能笔】工具从袖山点向下垂直57cm画袖中线，再选择 ➤【调整】工具把袖山弧线调好。

⑤选择 ▣▣【等份规】工具分别将前、后袖肥各分为二个等份，选择 ✐【智能笔】工具在前袖肥中点按【Enter】键输入横向偏移量 −3cm，然后画线到袖口处，并用 ✐【智能笔】工具中靠边和连角功能，将前袖分割线分别与袖山弧线和袖口线相交（图8-34）。

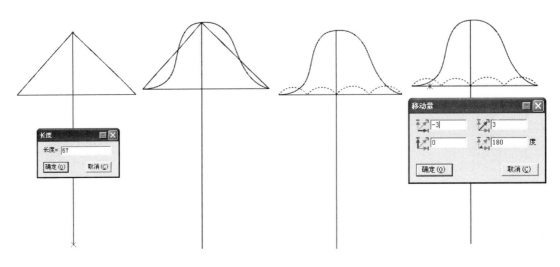

图8-34 画袖子步骤1

⑥选择 ➤【调整】工具把前袖分割线调成前凹0.5cm左右，然后用 ✐【智能笔】工具中平行线功能；画一条平行6cm的线。

⑦选择 ✐【智能笔】工具按着【Shift】键，右键点击袖口线，进入【调整曲线长度】功能。将袖口线调整为16.7cm（计算方法：$\dfrac{袖口\ 25cm}{2}$ + 褶量3cm + 衩量1.2cm）。

⑧选择 ✐【智能笔】工具在后袖肥中点按【Enter】键输入横向偏移量 −1.2cm，然后画线到袖口处；并用 ✐【智能笔】工具中靠边和连角功能；将后袖分割线分别与袖山弧线和袖口线相交。

⑨选择 ➤【调整】工具把后袖分割线调成外凸0.3cm左右，然后用 ✐【智能笔】工具中平行线功能，画一条平行2.5m的线（图8-35）。

⑩选择 ✐【智能笔】工具分别在前、后袖肥中点画一条短的垂直线，选择 ⚠【对称】工具按着【Shift】键，进入【复制对称】功能，分别将前、后袖窿弧线对称复制。然后用 ✐【智能笔】工具中连角功能删除不需要的线段，再用 ✂【剪断线】工具分别点击小袖弧线的二段线，按右键结束连接成一条线（图8-36）。

⑪选择 ➤【调整】工具将后袖口线下向偏移0.5cm，然后用 ✐【智能笔】工具将小袖口线画好，再选择 ⬚【移动】工具按着【Shift】键，进入【复制移动】功能，将小袖复制移动出来（图8-37）。

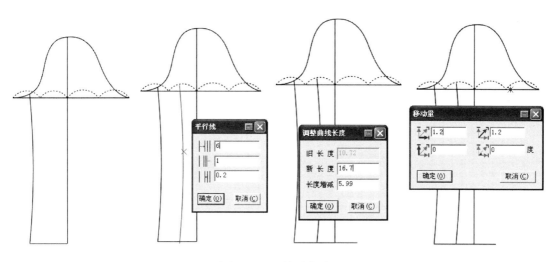

图 8-35 画袖子步骤 2

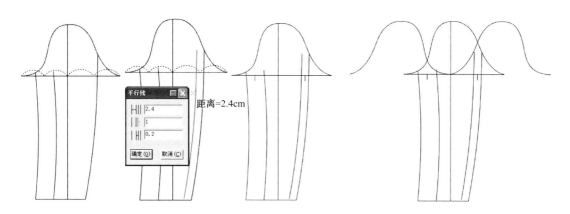

图 8-36 画袖子步骤 3

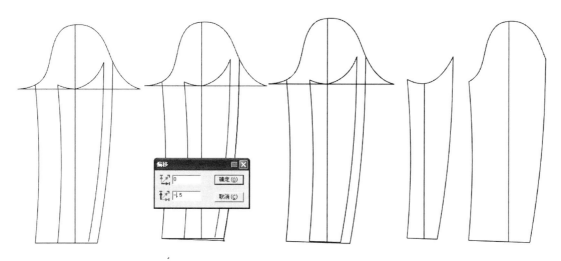

图 8-37 画袖子步骤 4

（19）袖里布。

①小袖里布与面布小袖一样，只是缝份宽度不一样。

②大袖里布绘制是选择 ▦【移动】工具按着【Shift】键，进入【复制移动】功能，将大袖复制移动出来。然后用 ▨【调整】工具框选袖山点向下偏移 0.3cm，并调顺袖山弧线（图 8-38）。

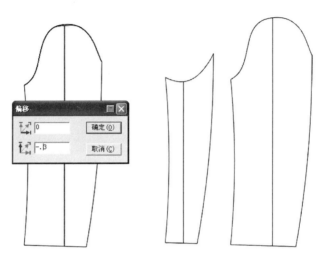

图 8-38　袖里布

（20）拾取纸样（图 8-39）。选择 ✂【剪刀】工具拾取纸样的外轮廓线，及对应纸样的省中线，击右键切换成拾取衣片辅助线工具拾取内部辅助线。并用 ▦【布纹线】工具将布纹线调整好。

（21）加缝份（图 8-40）。选择 ▱【加缝份】工具，将工作区的所有纸样统一加 1cm 缝份，然后将前片、前侧、后片、后侧、大袖、小袖下口缝份假改为 3.8cm，同时前片与前侧、后片与后侧、大袖与小袖拼缝起点缝份修改为直角的。

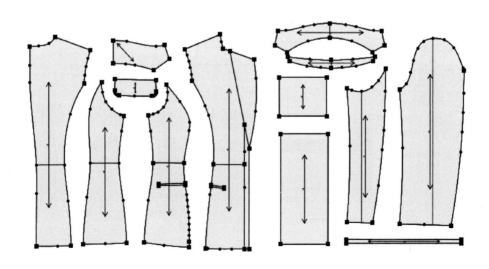

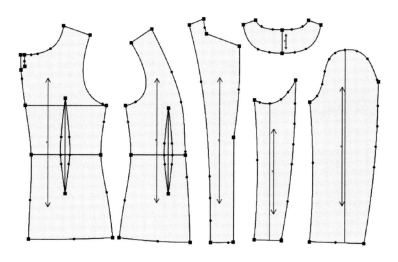

图 8-39　拾取纸样

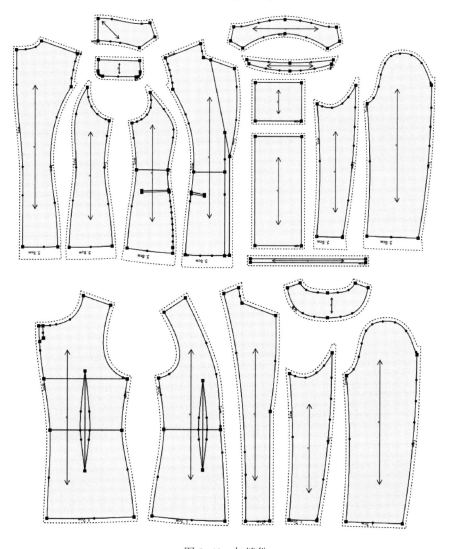

图 8-40　加缝份

第二节　连衣裙

一、连衣裙款式效果图（图8-41）

正面　　　　　　　　　　背面

图 8-41　连衣裙款式效果图

二、连衣裙规格尺寸表（表8-2）

表 8-2　连衣裙规格尺寸　　　　　　　　　单位：cm

部位 ＼ 号型	S	M（基础板）	L	XL	档差
	155\80A	160\84A	165\88A	170\92A	
衣长	89	91	93	95	2
肩宽	36.5	37.5	38.5	39.5	1
胸围	88	90	94	98	4
腰围	70	74	78	82	4
摆围	174	178	182	186	4
袖长	16	16.5	17	17.5	0.5
袖肥	30.8	32	33.2	34.4	1.2
袖口	30	31	32	33	1
领围	61	62	63	64	1
拉链长	32	32	32	32	0

三、连衣裙 CAD 制板步骤

（1）单击【号型】菜单→【号型编辑】，在设置号型规格表中输入尺寸（图 8-42）。

号型名	☑	☑S	⊙M	☑L	☑XL	☑
衣长		89	91	93	95	
肩宽		36.5	37.5	38.5	39.5	
胸围		86	90	94	98	
腰围		70	74	78	82	
摆围		174	178	182	186	
袖长		16	16.5	17	17.5	
袖肥		30.8	32	33.2	34.4	
袖口		30	31	32	33	
领围		61	62	63	64	
拉链长		32	32	32	32	

图 8-42　设置号型规格表

（2）运用我们前面所学的富怡服装 CAD 制板知识把图 8-43 绘制好。

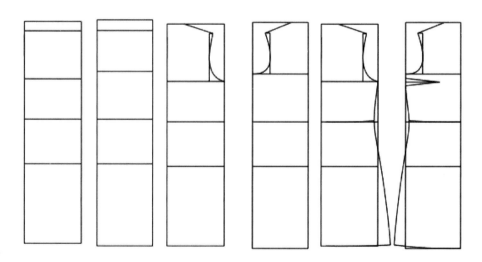

图 8-43　连衣裙结构图

（3）后领弧线（图 8-44）。

①选择 ✐【智能笔】工具在上平线上取 12.6cm（计算公式：$\dfrac{领围62cm}{5}+0.2cm$）画一条短的垂直基础线。

②选择 ✐【智能笔】工具在后中线端点向下取 5.2cm 画领弧线，选择 ▨【调整】工具调整领弧线。

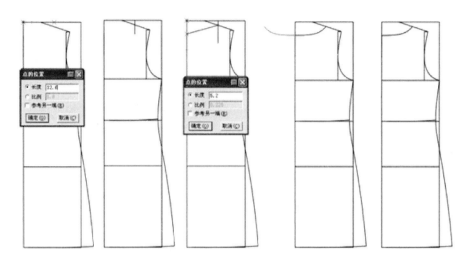

图 8-44　后领弧线

③选择 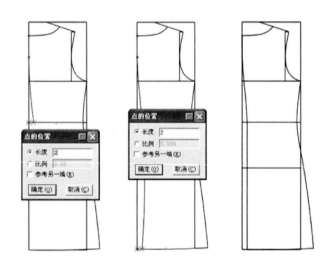【对称调整】工具，将领弧线对称调顺畅。

（4）选择 【智能笔】工具从后中点起，经腰围线后中 2cm 处（2cm 为后中省量）与下摆线后中 2cm 处相连成后中弧线（图 8-45）。

图 8-45　画后中线

（5）后片分割线（公主缝）。

①选择 【智能笔】工具在后袖窿弧线 7.9cm 处开始画分割线。

②继续用 【智能笔】工具在后片腰围线二分之一中点处，按【Enter】键输入移动量 –1.5cm。并与下摆线 13cm 处相连。

③选择 【调整】工具将分割缝调整顺畅（图 8-46）。

④选择 【智能笔】工具在后袖窿弧线 7.9cm 处开始画第二条分割线。

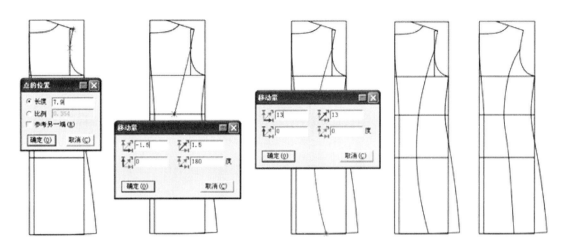

图 8-46 画分割线

⑤继续用 ⟋【智能笔】工具在后片腰围线分割点处，按【Enter】键输入移动量 3cm。并与下摆线上的第一条分割线 6cm 处相连。

⑥选择 ▨【调整】工具将分割缝调整顺畅（图 8-47）。

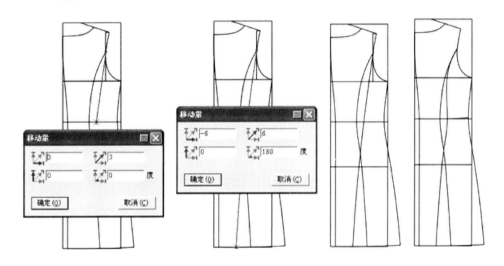

图 8-47 画分割线

（6）前片分割线（公主缝）。

①选择 ⟋【智能笔】工具在前袖窿弧线 9.4cm 处开始画分割线。

②继续用 ⟋【智能笔】工具在前片腰围线二分之一中点处，按【Enter】键输入移动量 -1.25cm。并与下摆线 8.4cm 处相连。

③选择 ▨【调整】工具将分割缝调整顺畅（图 8-48）。

④选择 ⟋【智能笔】工具在前袖窿弧线 9.4cm 处开始画第二条分割线。

⑤继续用 ⟋【智能笔】工具在前片腰围线分割点处，按【Enter】键输入移动量 2.5cm，并与下摆线上的第一条分割线 6cm 处相连。

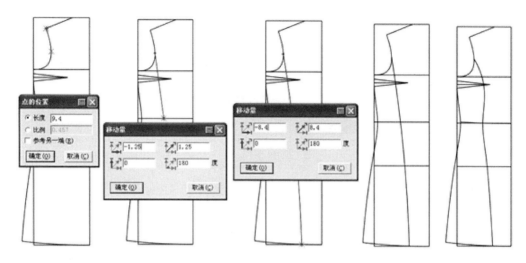

图 8-48　画分割线

⑥选择 工具将分割缝调整顺畅。

⑦前后片公主缝完成图（图 8-49）。

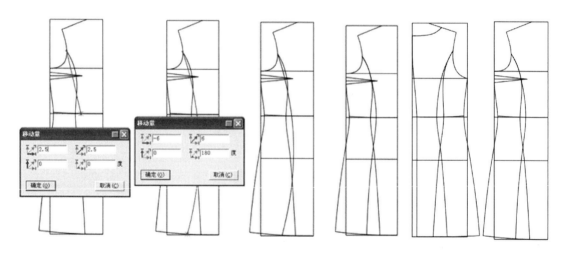

图 8-49　画分割线

（7）前领口弧线（图 8-50）。

①选择 工具在前片肩缝线上取 6.6cm 处开始画前领口弧线。

②选择 工具在前片中线取 10cm 处相连，再用 工具调整前领口弧线。

③选择 工具对称调顺领口弧线。

（8）前侧片转省处理（图 8-51）。

①选择 工具按住【Shift】键，进入【复制】功能，将要转省处理部分复制在空白处。

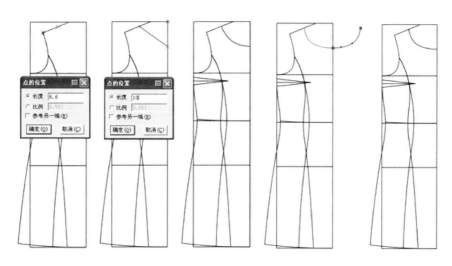

图 8-50　前领口弧线

②选择 ✂【剪断线】工具将要转省处理的线段剪断。

③选择 ☑【旋转】工具按住【Shift】键，进入【旋转】功能，将前侧片省量旋转合并。

④选择 ✂【剪断线】工具分别点击二段线，按右键结束，将两条线结成一条线，然后用 ▨【调整】工具分别调顺侧缝线和分割公主线。

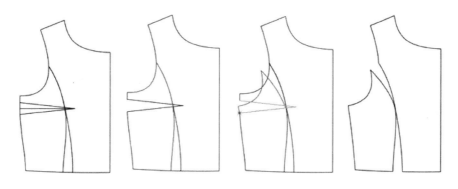

图 8-51　前侧片转省处理

（9）后片下拼块处理。

①选择 ▦【移动】工具按住【Shift】键，进入【复制】功能。将后片下拼块要转省处理部分复制在空白处。

②选择 ✂【剪断线】工具将要转省处理的线段剪断，再用 ✎【智能笔】工具中的连角功能分别把两块进行连角。

③选择 ☑【旋转】工具按住【Shift】键，进入【旋转】功能。将后片腰省量旋转合并。

④选择 ✂【剪断线】工具分别点击上、下口二段线，按右键结束，然后用 ▨【调整】

工具分别调顺腰口线和下摆线。

⑤选择 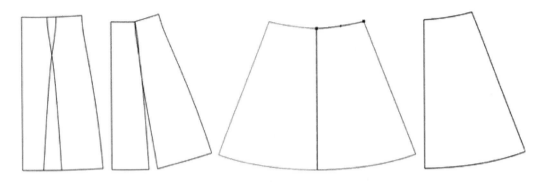【对称调整】工具分别对称调顺腰口线和下摆线，调到理想状态按右键结束即可（图8-52）。

图8-52　后片下拼块处理

（10）工字褶处理（图8-53）。

①选择 【比较长度】工具点击后下摆弧线，测量出后下摆弧线长为35.5cm。

②选择 【褶展开】工具，框选操作线，按右键结束。

③单击上段线，如有多条则框选并按右键结束（操作时要靠近固定的一侧，系统会有提示）。

④单击下段线，如有多条则框选并按右键结束（操作时要靠近固定的一侧，系统会有提示）。

⑤单击/框选展开线，击右键，弹出【刀褶\工字褶展开】对话框，在对话框中输入插入工字褶的数量上段褶展开量4cm，下段褶展开量4.5cm。（注：后下摆弧线长是35.5cm，$\dfrac{摆围178cm}{4}=44.5cm$；然后用44.5cm-35.5cm=9cm；$\dfrac{9cm}{4}=4.5cm$。）

⑥在弹出的对话框中输入数据，按"确定"键结束。

⑦将工字褶多余的线段删除，并调顺下摆弧线。

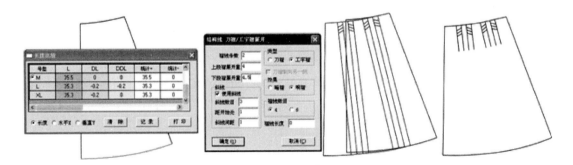

图8-53　工字褶处理

（11）前片下拼块处理（图 8-54、图 8-55）。

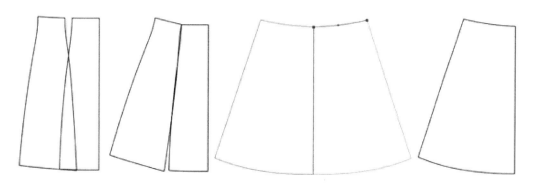

图 8-54　前片下拼块处理步骤 1

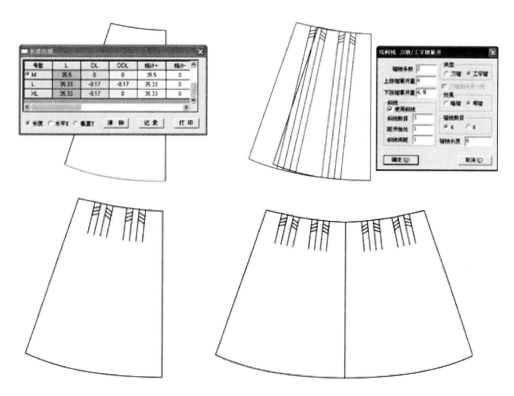

图 8-55　前片下拼块处理步骤 2

①处理方法同后片下拼块一样。在此不重复了。

②选择 【对称】工具按住【Shift】键，进入【复制】功能。将前片腰下拼块对称复制为一整块。

（12）袖子。

①选择 【比较长度】工具分别点击前、后袖窿弧线，交分别测量出前、后袖窿弧线的长度（图 8-56）。

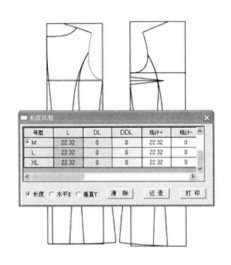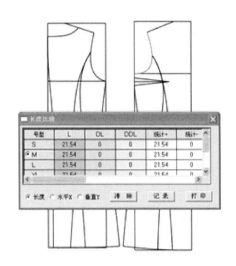

图 8-56　测量前后袖窿弧长

②选择 ✎【智能笔】工具画一条 32cm 直线，32cm 袖肥量。

③选择 A【圆规】工具，第一边输入前袖窿弧长 20.5cm（计算方法：前袖窿弧长 21.5cm-1），第二边输入前袖窿弧长 21.8cm（计算方法：前袖窿弧长 22.3cm-0.5cm）。

④选择 ✎【智能笔】工具画袖长 16.5cm。

⑤选择 ✎【智能笔】工具画袖山弧线，然后用 ▧【调整】工具调顺袖山弧线（图 8-57）。

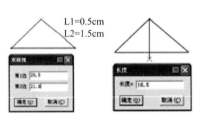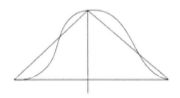

图 8-57　画袖子步骤 1

⑥选择 ▧【调整】工具将袖二端分别进去 0.5cm（图 8-58）。

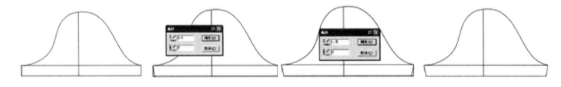

图 8-58　画袖子步骤 2

（13）领子。

①选择 ▦【移动】工具按住【Shift】键，进入【复制】功能，将前、后片腰节以上

部分复制在空白处。

②选择 📇【移动】工具按住【Shift】键，进入【移动】功能，将后片横开领端点与前片的横开领端点重合。

③选择 ⬚【旋转】工具按住【Shift】键，进入【旋转】功能，将前、后肩缝重合交叠 2.5cm（图 8-59）。

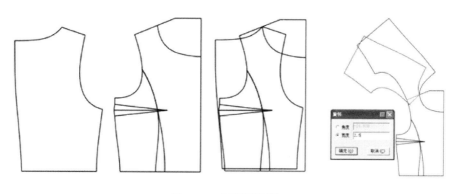

图 8-59　画领子步骤 1

④选择 ✐【智能笔】工具在前领口弧线 5.5cm 处画一条长 10.5cm 线为前右领宽线。

⑤选择 ✐【智能笔】工具在后中 7cm 处开始画一条线与前右领宽线端相连，然后用 ➤【调整】工具调顺领子外口线（图 8-60）。

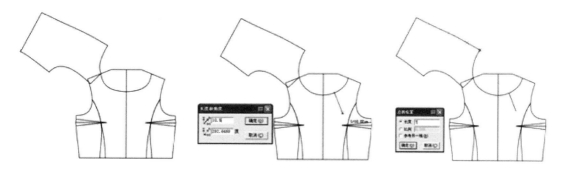

图 8-60　画领子步骤 2

⑥选择 ✐【智能笔】工具在前领口弧线 5.5cm 处画一条长 8.5cm 线为前左领宽线。

⑦选择 ✐【智能笔】工具在后中 7cm 处开始画一条线与前左领宽线端相连，然后用 ➤【调整】工具调顺领子外口线（图 8-61）。

⑧选择 📇【移动】工具按住【Shift】键，进入【复制】功能，将二片领子复制在空白处。

⑨选择 📇【移动】工具按住【Shift】键，进入【移动】功能，将二片领子后中点移动重合在一起。

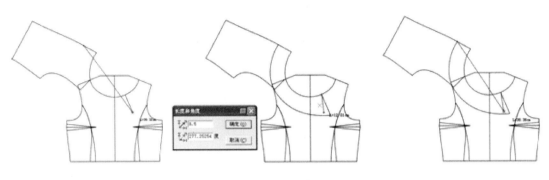

图 8-61 画领子步骤 3

⑩选择 🔨【剪断线】工具分别点击上、下口领弧线，按右键结束，然后用 ⬆【调整】工具分别调顺上、下口领弧线（图 8-62）。

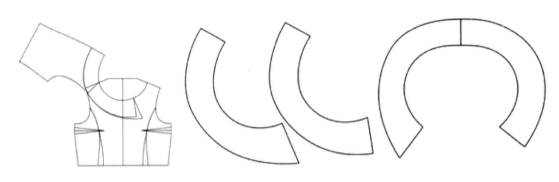

图 8-62 画领子步骤 4

（14）里布。

①选择 🔳【移动】工具按住【Shift】键，进入【复制】功能。将前后片结构图复制在空白处。为了让读者更明白，在这里我们把复制前后片结构图用虚线表示。

②后片里布后中加 1.2cm 褶量（俗称风琴位）里布比面布短 5cm，为了满足活动量，里布下摆围度加大 3.5cm。

③前片里布比面布短 5cm；为了满足活动量，里布下摆围度加大 3.5cm（图 8-63）。

④前片里布用 ⚟【对称】工具按住【Shift】键，进入【复制】功能。将前片里布复制为一整块。

⑤袖子里布与面布一样，只是袖口加缝份的量不一样（图 8-64）。

（15）拾取纸样（图 8-65）。选择 ✂【剪刀】工具拾取纸样的外轮廓线，及对应纸样的省中线，击右键切换成拾取衣片辅助线工具拾取内部辅助线，并用 🖼【布纹线】工具将布纹线调整好。

（16）加缝份（图 8-66）。选择 🗂【加缝份】工具，将工作区的所有纸样统一加 1cm 缝份，

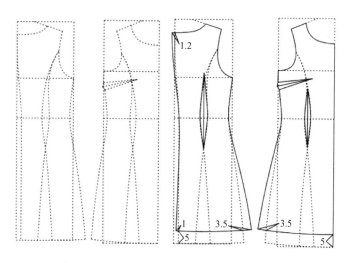

图 8-63 里布步骤 1

图 8-64 里布步骤 2

图 8-65 拾取纸样

然后将前片下拼块、后片下拼块、袖子下口缝份修改为3.5cm，同时前片与前侧、后片与后侧拼缝起点缝份修改为直角的。

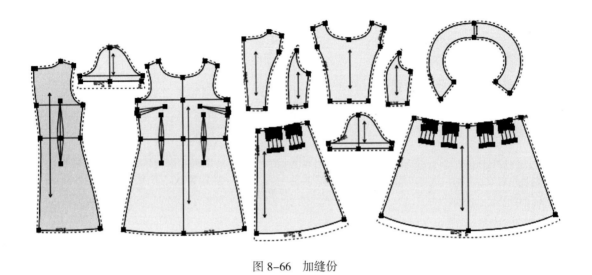

图8-66　加缝份

第三节　时装棉衣

一、时装棉衣款式效果图（图8-67）

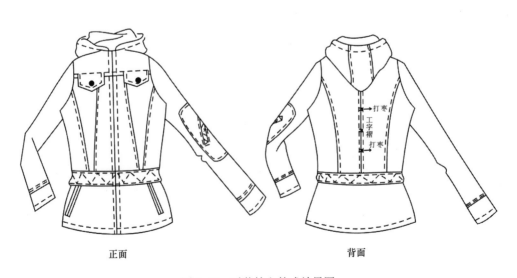

正面　　　　　　　　　　　背面

图8-67　时装棉衣款式效果图

二、时装棉衣规格尺寸表（表 8-3）

表 8-3 时装棉衣规格尺寸　　　　单位：cm

部位＼号型	S	M（基础板）	L	XL	档差
	155\80A	160\84A	165\88A	170\92A	
衣长	56	58	60	62	2
肩宽	38	39	40	41	1
胸围	90	94	98	102	4
腰围	74	78	82	86	4
摆围	91	95	99	103	4
袖长	56.5	58	59.5	61	1.5
袖肥	34.4	36	37.6	39.2	1.6
袖口	24	25	26	27	1
领围	46	47	48	49	1
帽高	29	30	31	32	1
帽肥	24	25	26	27	1

三、时装棉衣 CAD 制板步骤

（1）单击【号型】菜单→【号型编辑】，在设置号型规格表中输入尺寸（图 8-68）。

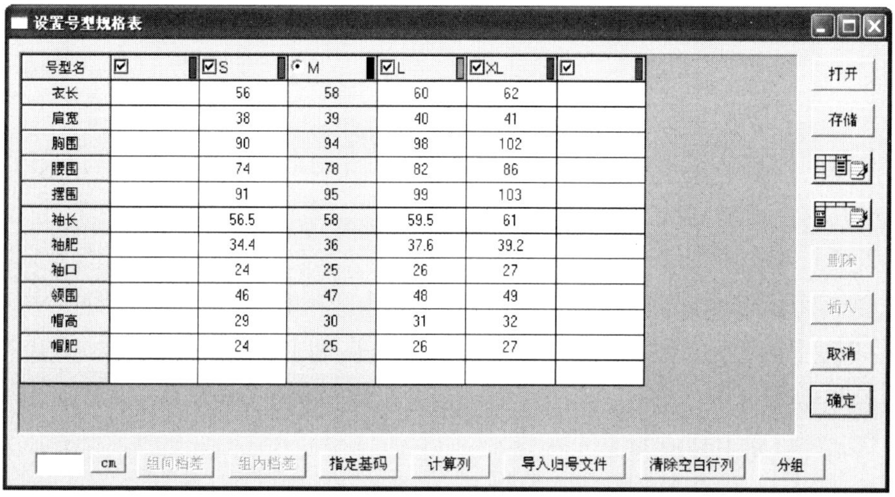

图 8-68　设置号型规格表

（2）运用我们前面所学的富怡服装 CAD 制板知识，并结合图 8-69、图 8-70 所示各部位计算方法，把图 8-71 绘制好。

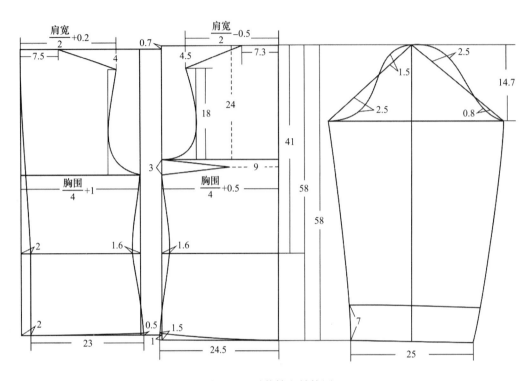

图 8-69　时装棉衣结构图

（3）后中上拼块处理（图 8-72）。

①选择 ▯▯【移动】工具按住【Shift】键，进入【复制】功能，将后中上拼块部分复制在空白处。然后用 ✐【智能笔】工具重新画后中线，原来的后中线用 ✐【橡皮擦】工具删除。

②选择 ✐【智能笔】工具按住【Shift】键，进入【平行线】功能。输入二条平行线的距离均为 2cm。

③选择 ⚠【对称】工具按住【Shift】键，进入【复制】功能，将画有平行线的部分对称复制。选择 ✐【智能笔】工具中的连角功能分别将后中线的上、下部分连角。再用 ✐【橡皮擦】工具删除多余线段。

④选择 ✐【智能笔】工具分别在平行线上、下间距为 10.5cm 做工字褶位。

⑤选择 ⚠【对称】工具按住【Shift】键，进入【复制】功能，将画好工字褶位的部分对称复制（图 8-73）。

（4）后腰带处理（图 8-74）。

①选择 ▯▯【移动】工具按住【Shift】键，进入【复制】功能，将后腰带部分复制在空白处。

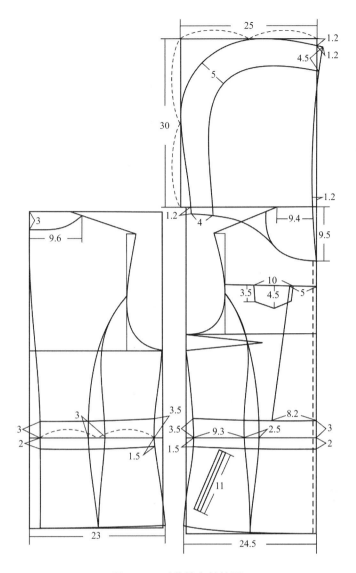

图 8-70　时装棉衣结构图

②选择 【旋转】工具按住【Shift】键，进入【旋转】功能，垂直校正后腰带。

③选择 【剪断线】工具在腰省位剪断，然后用 【智能笔】工具中的连角功能删除不要的线段。

④选择 【移动】工具按住【Shift】键，进入 【移动】功能，将二段后腰带部分移动放在一起。

⑤选择 【旋转】工具按住【Shift】键，进入【旋转】功能，合并多余的省量。

⑥选择 【剪断线】工具分别点击后腰带的二段线，按右键结束连接成一条线，再用 【调整】工具调顺腰带弧线。

⑦选择 【对称】工具按住【Shift】键，进入【复制】功能，将后腰带对称复制。

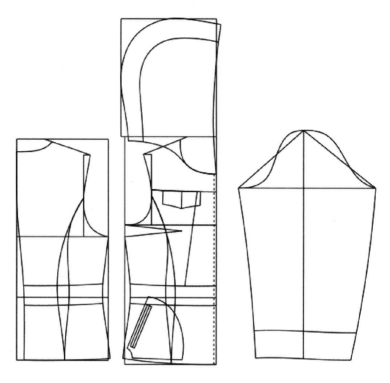

图 8-71　时装棉衣结构图

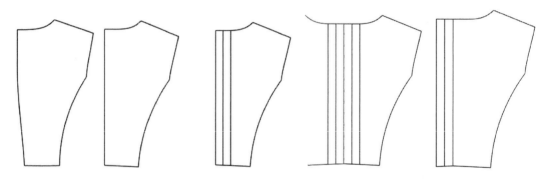

图 8-72　后中上拼块处理

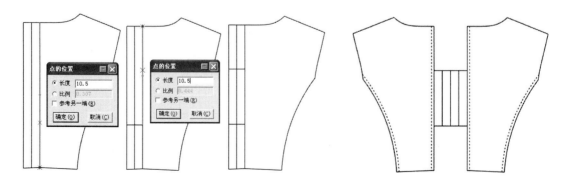

图 8-73　后中上拼块处理

图 8-74　后腰带处理

（5）后下摆拼块处理（图 8-75）。

①选择 ▣ 【移动】工具按住【Shift】键，进入【复制】功能，将后下摆拼块部分复制在空白处。

②选择 ✂ 【剪断线】工具在腰省位剪断，然后用 ✎ 【智能笔】工具中的连角功能删除不要的线段。

③选择 ▣ 【旋转】工具按住【Shift】键，进入【旋转】功能，合并多余的省量。

④选择 ✂ 【剪断线】工具分别点击后下摆拼块的二段线，按右键结束连接成一条线，再用 ▣ 【调整】工具调顺后下摆拼块弧线。

⑤选择 ▲ 【对称】工具按住【Shift】键，进入【复制】功能，将后下摆拼块对称复制。

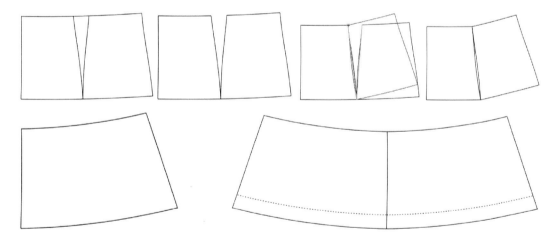

图 8-75　后下摆拼块处理

（6）前侧片处理（图 8-76）。

①选择 ▣ 【移动】工具按住【Shift】键，进入【复制】功能，将前侧片部分复制在空白处。

②选择 ✂ 【剪断线】工具在胸省位剪断，然后用 ✎ 【橡皮擦】工具删除多余线段。

③选择 ▣ 【旋转】工具按住【Shift】键，进入【旋转】功能，将胸省合并。

④选择 ✂ 【剪断线】工具分别点击分割线的二段线，按右键结束连接成一条线。再用 ▣ 【调整】工具调顺分割线。

图 8-76　前侧片处理

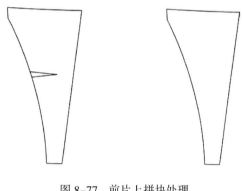

图 8-77　前片上拼块处理

（7）前片上拼块处理（图 8-77）。

①选择 【移动】工具按住【Shift】键，进入【复制】功能，将前片上拼块部分复制在空白处。

②选择 【橡皮擦】工具删除残余胸省线段。

（8）前腰带处理（图 8-78）。

①选择 【移动】工具按住【Shift】键，进入【复制】功能，将前腰带部分复制在空白处。

②选择 【剪断线】工具在腰省位剪断，然后用 【智能笔】工具中的连角功能删除不要的线段。

③选择 【移动】工具按住【Shift】键，进入【移动】功能，将二段前腰带部分移动放在一起。

④选择 【剪断线】工具分别点击前腰带的两段线，按右键结束连接成一条线。再用 【调整】工具调顺前腰带弧线。

图 8-78　前腰带处理

（9）前下摆拼块处理（图 8-79）。

①选择 【移动】工具按住【Shift】键，进入【复制】功能，将前下摆拼块部分复制在空白处。

②选择 【剪断线】工具在腰省位剪断，然后用 【智能笔】工具中的连角功能删除不要的线段。

③选择 ⟳【旋转】工具按住【Shift】键，进入【旋转】功能。将腰省合并。

④选择 ✂【剪断线】工具分别点击前下摆拼块的两段线，按右键结束连接成一条线。再用 ➤【调整】工具调顺前下摆拼块的上口线和下摆线。

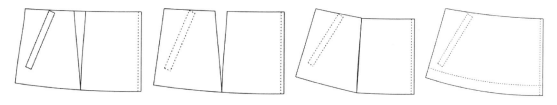

图 8-79　前下摆拼块处理

（10）袖口拼块处理（图 8-80）。

①选择 ▦【移动】工具按住【Shift】键，进入【复制】功能，将袖口拼块部分复制在空白处。

②选择 ➤【调整】工具把上、下口弧线高速整为直线，然后用 ⟳【旋转】工具按住【Shift】键，进入【旋转】功能，水平校正袖口拼块。

③选择 ◿【对称】工具按住【Shift】键，进入【复制】功能，将袖口拼块依袖口线对称复制。

图 8-80　袖口拼块处理

（11）帽中拼块处理（图 8-81）。

①选择 ⟋【比较长度】工具，点击帽中线，测量出帽中线长度为 42.58cm。

②选择 ✎【智能笔】工具在空白处拖定出长 42.58cm，宽 5cm 的矩形。

③选择 ⟋【比较长度】工具，点击帽中线，测量出帽中线帽沿至帽顶处长度为 19cm。

④选择 ✎【智能笔】工具在帽中拼块 19cm 处开始画一条直线。

⑤选择 ➤【调整】工具框选帽中拼块帽沿端点，按【Enter】键：输入纵向偏移量 0.2cm，横向偏移量 -0.5cm。

⑥选择 ➤【调整】工具框选帽中拼块后中端点，按【Enter】键：输入纵向偏移量 -0.2cm，横向偏移量 -1cm。

⑦选择 ◿【对称】工具按住【Shift】键，进入【复制】功能，将帽中拼块对称复制。

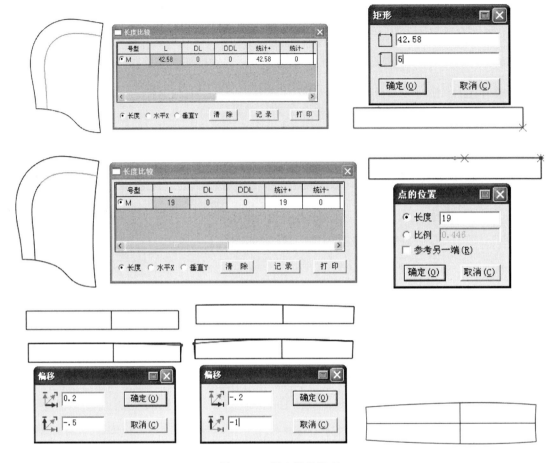

图 8-81　帽中拼块处理

（12）袋布（图 8-82）。

①选择 ✎【智能笔】工具按住【Shift】键，进入【平行线】功能，依袋口线输平行线间距量 1.2cm。

②选择 ✎【智能笔】工具按着【Shift】键，右键点击刚画的袋布线，进入【调整曲线长度】功能，两端分别输入增长量 2cm 。

③选择 ✎【智能笔】工具画好袋布的基础线。

④选择 ▶【调整】工具调顺袋布线。

（13）后领贴和后片里布（图 8-83 ~ 图 8-85）。

①选择 🔳【移动】工具，按住【Shift】键，进入【复制】功能。将前片和后片复制。然后把线型改变为虚线 ┈┈，选择 ▦【设置线的颜色类型】工具点击线段。使前片线条变为虚线。（说明：为了读者一目了然，把前、后片结构设置为虚线）。

②选择 ✎【智能笔】工具在肩斜线 4cm 处与后中线 7cm 相连，画后领贴线。

③选择 ✐ 对称【调整】工具，对称调整后领贴弧线，调好按右键结束。

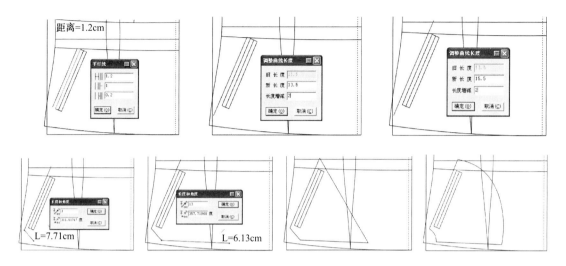

图 8-82 画袋布

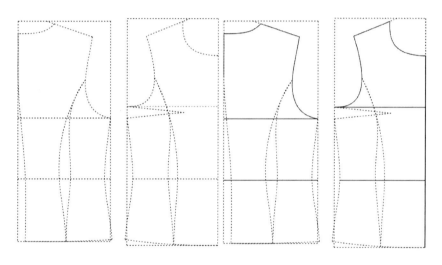

图 8-83 复制结构线

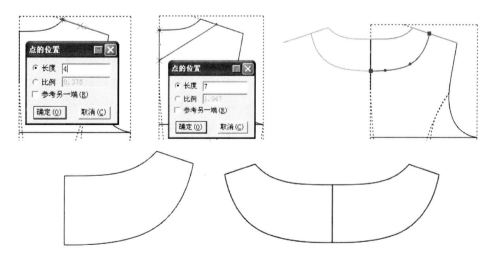

图 8-84 画后领贴

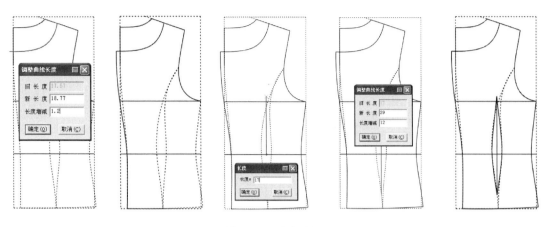

图 8-85　后片里布

④选择 【移动】工具，按住【Shift】键，进入【复制】功能，将后领贴部分复制到空白处。

⑤选择 【对称】工具按住【Shift】键，进入【复制】功能，将后领贴对称复制。

⑥选择 【智能笔】工具按着【Shift】键，右键点击后领贴线，进入【调整曲线长度】功能，二端分别输入增长量 1.2cm（1.2cm 是后中风琴位褶量）。

⑦选择 【智能笔】工具从刚延长 1.2cm 的端点经后中腰点画一条线至后中下摆端点，并用 【调整】工具调顺后中线。

⑧选择 【智能笔】工具从腰省中间垂直画一条长 17cm 的线为省中线。

⑨选择 【智能笔】工具按着【Shift】键，右键点击省中线，进入【调整曲线长度】功能。输入增长 12cm。

⑩选择 【智能笔】工具画好省，用 【调整】工具调顺省线后，再用 【对称】工具按住【Shift】键，进入【复制】功能，将腰省对称复制。

（14）挂面和前片里布（图 8-86、图 8-87）。

①选择 【智能笔】工具在肩斜线 4cm 处与下摆线 7cm 相连，画挂面线。

②选择 【调整】工具调顺挂面线。

③选择 【智能笔】工具从腰省中间垂直画一条长 13cm 的线为省中线。

④选择 【智能笔】工具按着【Shift】键，右键点击省中线，进入【调整曲线长度】功能，输入增长 12cm。

⑤选择 【智能笔】工具画好省，用 【调整】工具调顺省线后，再用 【对称】工具按住【Shift】键，进入【复制】功能。将腰省对称复制。

⑥选择 【移动】工具，按住【Shift】键，进入【复制】功能。将前片里布复制到空白处。再用 【剪断线】工具把分割线从胸省处剪断。

⑦选择 【旋转】工具按住【Shift】键，进入【旋转】功能，将胸省合并。

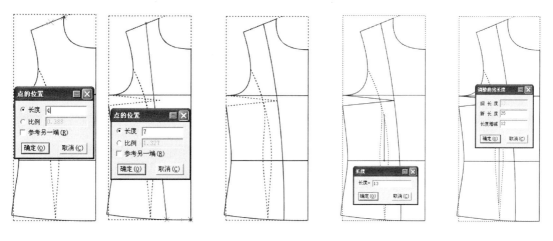

图 8-86 挂面

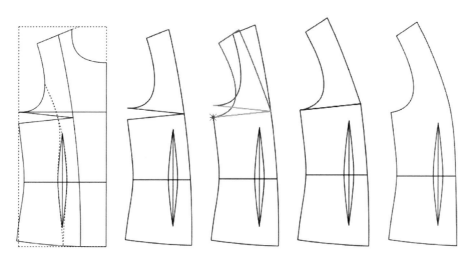

图 8-87 前片里布

⑧选择 ✂【剪断线】工具分别点击分割线的二段线，按右键结束连接成一条线，然后用 ▶【调整】工具调顺分割线。

（15）拾取纸样（图 8-88）。选择 ✂【剪刀】工具拾取纸样的外轮廓线，及对应纸样的省中线，击右键切换成拾取衣片辅助线工具拾取内部辅助线，并用 ▦【布纹线】工具将布纹线调整好。

（16）加缝份（图 8-89）。

①选择 ▱【加缝份】工具，将工作区的所有纸样统一加 1cm 缝份。

②将后下拼块、前下拼块的下摆线和帽中拼块帽沿线缝份修改为 3.8cm。

③将后上拼块、后侧片、前侧片拼缝起点缝份修改为直角。

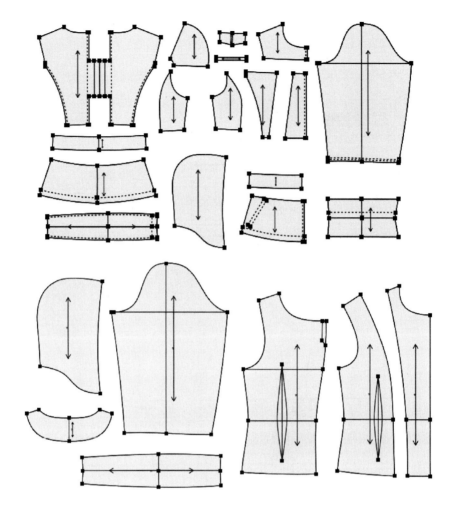

图 8-88　拾取纸样

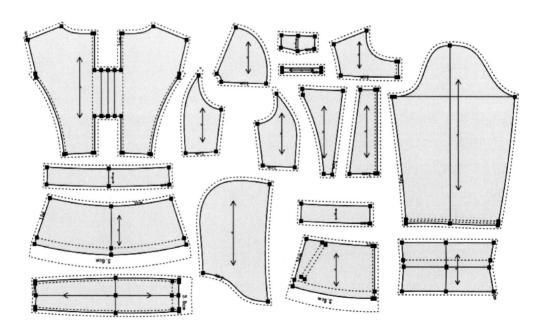

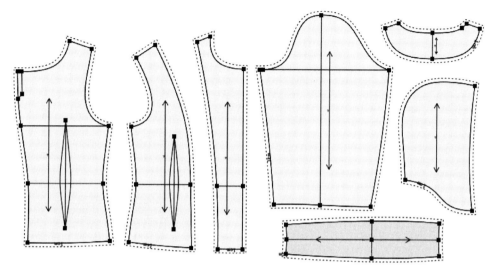

图 8-89　加缝份

第四节　休闲大衣

一、休闲大衣款式效果图（图 8-90）

正面　　　　　　　　　反面

图 8-90　休闲大衣款式效果图

二、休闲大衣规格尺寸表（表8-4）

表8-4　休闲大衣规格尺寸表　　　　　单位：cm

号型 部位	S 155\80A	M（基础板） 160\84A	L 165\88A	XL 170\92A	档差
衣长	84	86	88	90	2
肩宽	39	40	41	42	1
胸围	92	96	100	104	4
腰围	76	80	84	88	4
摆围（含褶量）	168	172	176	180	4
袖长	57	58	59	60	1
袖肥	34.4	36	37.6	39.2	1.6
袖口	24	25	26	27	1

三、休闲大衣CAD制板步骤

（1）单击【号型】菜单→【号型编辑】，在设置号型规格表中输入尺寸（图8-91）。

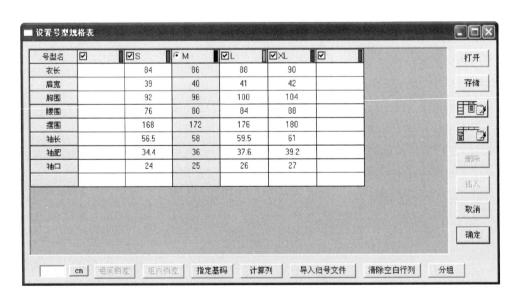

图8-91　设置号型规格表

（2）运用我们前面所学的富怡服装CAD制板知识，并结合图8-92所示各部位计算方法，运用富怡CAD把图8-93绘制好。

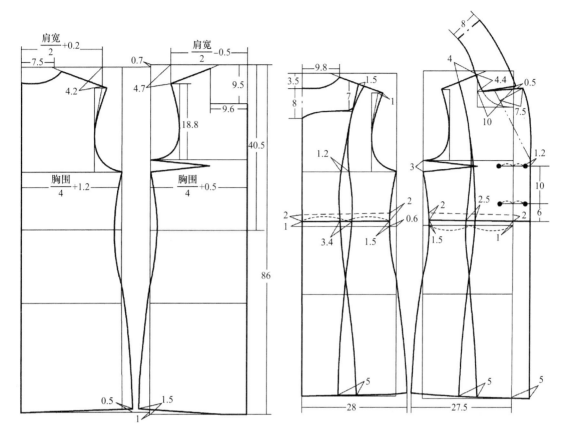

图 8-92 休闲大衣结构图

（3）后上拼块处理。

①选择 【移动】工具按住【Shift】键，进入【复制】功能，将后中上拼块部分复制在空白处。

②选择 【智能笔】工具按住【Shift】键，进入【平行线】功能，输入二条平行线的距离均为 2cm。

③选择 【对称】工具按住【Shift】键，进入【复制】功能。将画有平行线的部分对称复制，选择 【智能笔】工具中的连角功能分别将后中线的上、下部分连角。再用 【橡皮擦】工具删除多余线段（图 8-94）。

④选择 【比较长度】工具工具，点击平行线，测量出平行线长

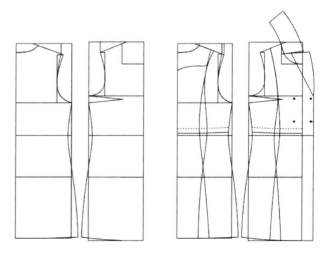

图 8-93 休闲大衣结构图

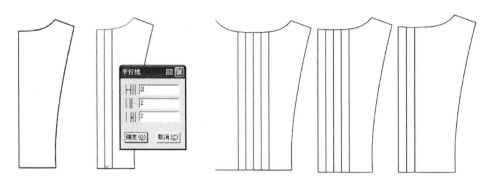

图 8-94　后上拼块处理步骤 1

度为 34.98cm。

⑤选择 ✎【智能笔】工具分别在平行线上、下间距为 10cm 做工字褶位。

⑥选择 ⚠【对称】工具按住【Shift】键，进入【复制】功能，将画好工字褶位的部分对称复制（图 8-95）。

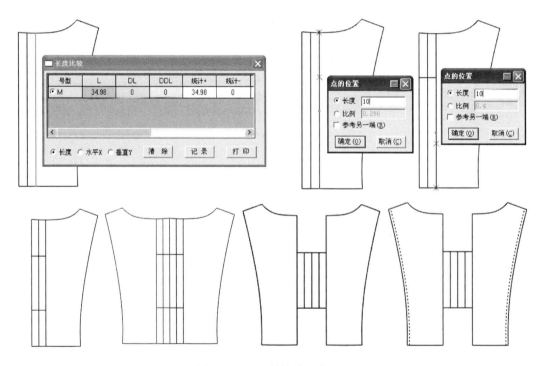

图 8-95　后上拼块处理步骤 2

（4）后片装饰拼块处理（图 8-96）。

①选择 🔲【移动】工具按住【Shift】键，进入【复制】功能，将后中上拼块部分复制在空白处。

②选择 ✎【智能笔】工具在后中线 8cm 处画一条垂直平行线相交于袖窿弧线。

③选择 ✐【智能笔】工具在袖窿弧线 2cm 处画一条直线。

④选择 ✐【橡皮擦】工具删除多余线段，选择 ✐【对称调整】工具调顺后片装饰拼块弧线。

⑤选择 ✐【智能笔】工具在袖窿弧线 2cm 处画一条线与后片装饰拼块弧线 2cm 处相连。

⑥选择 ▶【调整】工具调顺后片装饰拼块圆角。

⑦选择 ⚊【对称】工具按住【Shift】键，进入【复制】功能，将后片装饰拼块对称复制。

⑧选择 ⊞【移动】工具按住【Shift】键，进入【复制】功能，将后片装饰拼块部分复制在空白处。并画好缉明线。

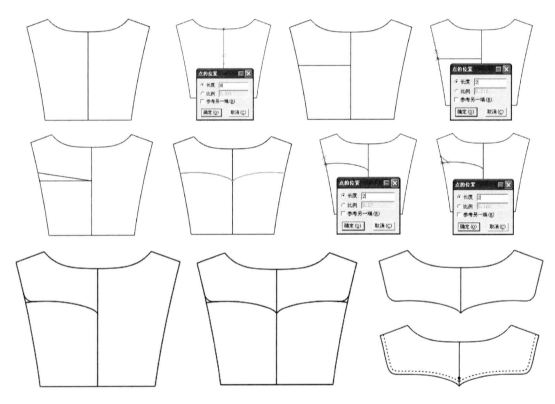

图 8-96　后片装饰拼块处理

（5）后片下拼块处理（图 8-97）。

①选择 ⊞【移动】工具按住【Shift】键，进入【复制】功能，将后下摆拼块部分复制在空白处。

②选择 ✂【剪断线】工具在腰省位剪断，然后用 ✐【智能笔】工具中的连角功能删除不要的线段。

③选择 ⟳【旋转】工具按住【Shift】键，进入【旋转】功能，合并多余的省量。

④选择 ✂【剪断线】工具分别点击后下摆拼块的二段线，按右键结束连接成一条线，

再用 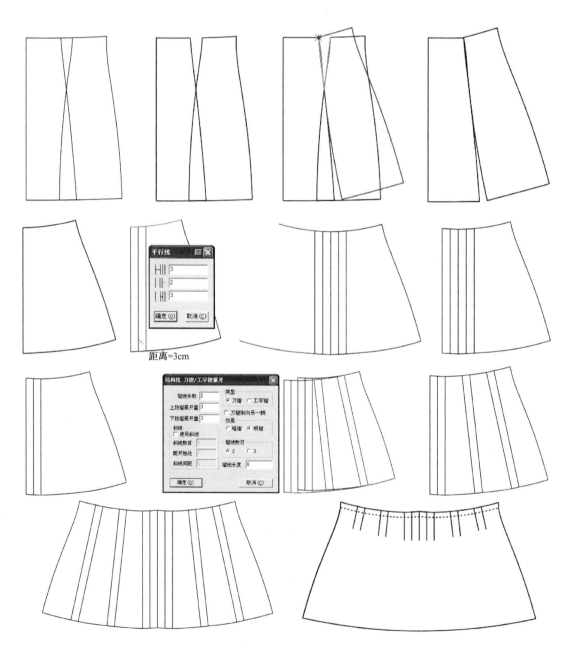【调整】工具调顺后下摆拼块弧线。

⑤选择 【智能笔】工具按住【Shift】键，进入【平行线】功能，输入二条平行线的距离均为 2cm。

⑥选择 【对称】工具按住【Shift】键，进入【复制】功能。将后片下摆拼块平行线部分对称复制，然后用 【智能笔】工具中的连角功能删除不要的线段。

⑦选择 【橡皮擦】工具删除二条平行线。

⑧选择 【褶展开】工具，将后片下拼块做二个刀字褶。

图 8-97　后片下拼块处理

⑨选择 <u>▲</u>【对称】工具按住【Shift】键，进入【复制】功能。将后片下摆拼块对称复制，然后把下摆线调整顺畅，并把工字褶和刀字褶位置做好。

（6）领子（图 8-98）。

①选择 <u>✎</u>【智能笔】工具画翻折线。

②选择 <u>✎</u>【智能笔】工具按着【Shift】键，右键点击翻折线，进入【调整曲线长度】功能。输入增长量 17cm。

③选择 <u>✎</u>【智能笔】工具在领弧线 3.5cm 处画串口线。

④选择 <u>✎</u>【智能笔】工具按住【Shift】键，进入【平行线】功能，输入平行线的距离 7.5cm 定驳头宽。

⑤选择 <u>✎</u>【智能笔】工具连角功能删除多余线段。

⑥量好后领弧线的长度，用 <u>✎</u>【智能笔】工具画好领子下口弧线和领子后中线。

⑦选择 <u>✎</u>【智能笔】工具画好领子，再用 <u>▶</u>【调整】工具调顺领子外口弧线。

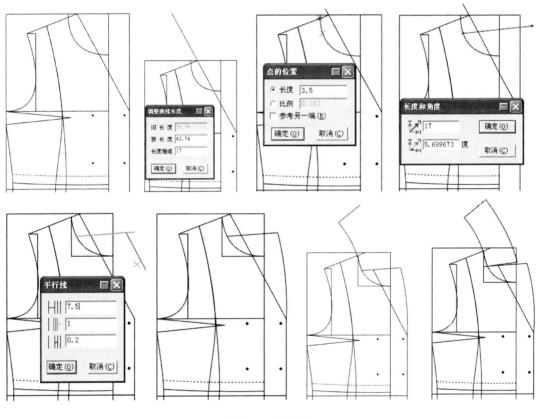

图 8-98　画领子

（7）前侧片处理（图 8-99）。

①选择 <u>品</u>【移动】工具按住【Shift】键，进入【复制】功能，将前侧片部分复制在空白处。

②选择 ✂【剪断线】工具在胸省位剪断，然后用 ✐【橡皮擦】工具删除多余线段。

③选择 ⟳【旋转】工具按住【Shift】键，进入【旋转】功能，将胸省合并。

④选择 ✂【剪断线】工具分别点击分割线的二段线，按右键结束连接成一条线，再用 ➤【调整】工具调顺分割线。

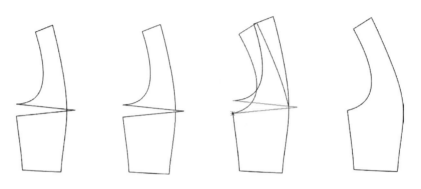

图 8-99　前侧片处理

（8）前下拼块处理（图 8-100）。

①选择 ⊞【移动】工具按住【Shift】键，进入【复制】功能，将前下拼块部分复制在空白处。

②选择 ✂【剪断线】工具在腰省位剪断，然后用 ✐【橡皮擦】工具删除多余线段。

③选择 ⟳【旋转】工具按住【Shift】键，进入【旋转】功能，将腰省合并。

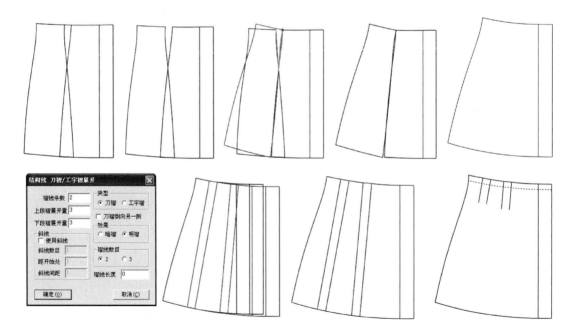

图 8-100　前下拼块处理

④选择 ✂【剪断线】工具分别点击分割线的二段线，按右键结束连接成一条线。再用 ▶【调整】工具分别调顺前下拼块的腰口线和下摆线。

⑤选择 ▨【褶展开】工具，将后片下拼块做二个刀字褶。

⑥选择 ▶【调整】工具把下摆线调整顺畅。并把刀字褶位置做好。

（9）画袖子。

①选择 ✎【比较长度】工具测量出后袖窿弧线长为 24.38cm，前窿弧线长为 23.39cm（图 8-101）。

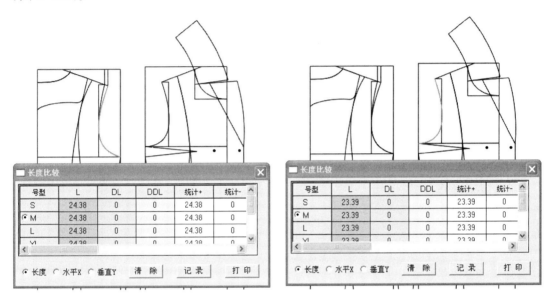

图 8-101 测量前后袖窿弧长

②选择 ✐【智能笔】工具画袖肥线 36cm。

③选择 Ⓐ【圆规】工具画好前、后袖山基础线。

④选择 ✐【智能笔】工具画袖中线 58cm（图 8-102）。

⑤选择 ✐【智能笔】工具在前片袖肥线中间按【Enter】键，输入偏移量 –3cm。然后依此画一条线至袖口下面。

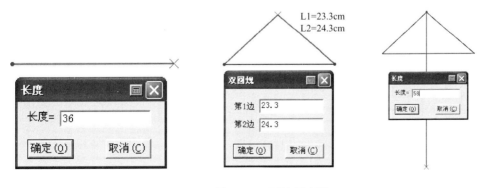

图 8-102 画袖子步骤 1

⑥选择 ◢【智能笔】工具画好前袖缝线和前片部分的袖口线。

⑦选择 ◢【智能笔】工具中的平行线功能从前袖缝线画一条6cm的平行线（图8-103）。

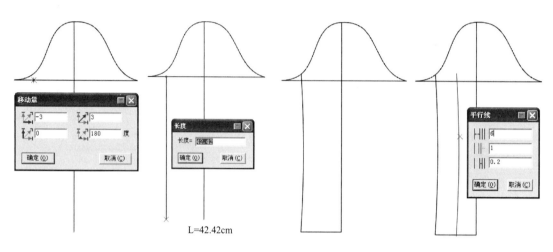

图8-103 画袖子步骤2

⑧选择 ◢【智能笔】工具按着【Shift】键，右键点击袖口线，进入【调整曲线长度】功能。输入新长度16.7cm。（计算公式：$\dfrac{袖口\ 25cm}{2}$ + 前袖互借量3cm+ 后袖互借量1.2cm）。

⑨选择 ◢【智能笔】工具在后片袖肥线中间按【Enter】键，输入偏移量1.2cm。然后依此画一条线至袖山弧线。

⑩选择 ◢【智能笔】工具将后袖缝线画至袖口线，再选择 ▧【调整】工具调顺后袖缝线。

⑪选择 ▧【调整】工具框选后袖口端点按【Enter】键，向下偏称 –0.5cm。

⑫选择 ◢【智能笔】工具中的平行线功能从后袖缝线画一条2.4cm的平行线。

⑬选择 ◢【智能笔】工具分别在前、后袖肥线中点画一条垂直线。

⑭选择 ▲【对称】工具按住【Shift】键，进入【复制】功能。分别将前、后袖山弧线对称复制，然后用 ◢【智能笔】工具连角功能删除多余线段，再用 ▧【调整】工具调顺小袖部分弧线（图8-104）。

（10）肩上装饰串带（图8-105）。

①选择 ◢【智能笔】工具在空白处拖出定长9cm，宽3.8cm的矩形。

②选择 ◢【智能笔】工具在宽度中间点画一条垂直线。

③选择 ◢【智能笔】工具从中心线画一条线与边线1.2cm处相连。

④选择 ◢【智能笔】工具中的连角功能进行连角，然后用 ◢【橡皮擦】工具删除多余线段；再用 ▲【对称】工具按住【Shift】键，进入【复制】功能。将肩上装饰串带对称复制。

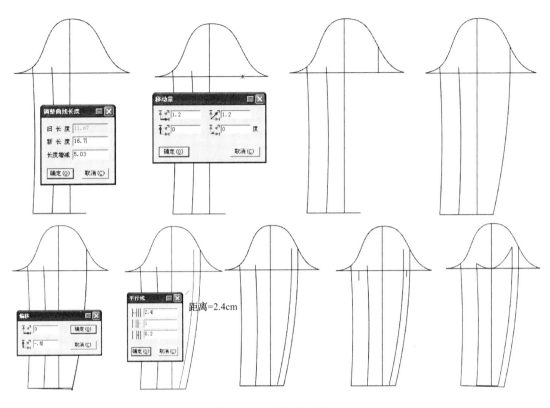

图 8-104　画袖子步骤 3

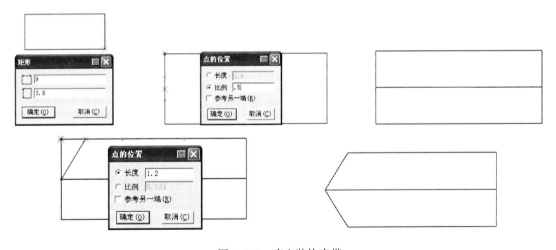

图 8-105　肩上装饰串带

（11）选择 ✎【智能笔】工具在空白处拖出定长 35cm，宽 2cm 的矩形做串带（图 8-106）。

（12）选择 ✎【智能笔】工具在空白处拖出定长 29.5cm，宽 3.8cm 的矩形做袖子上装饰串带（图 8-107）。

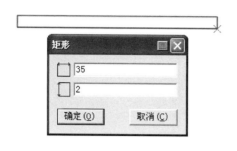

图 8-106　串带

图 8-107　装饰串带

（13）里布处理。

①选择 ■■【移动】工具，按住【Shift】键，进入【复制】功能，将前片和后片复制。然后把线型改变为虚线 ┈┈┈，选择 ▤【设置线的颜色类型】工具点击线段，使前片线条变为虚线。（说明：为了读者一目了然，把前、后片结构设置为虚线）（图 8-108）。

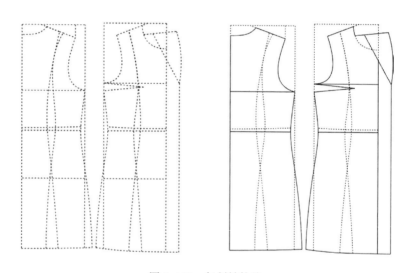

图 8-108　复制结构线

②选择 ✎【智能笔】工具做后中风琴褶位。

③选择 ✎【智能笔】工具画好腰省（图 8-109）。

④选择 ✎【智能笔】工具画好分割线，并把腰省直接去掉。

⑤选择 ✂【剪断线】工具在胸省位剪断，然后用 ✐【橡皮擦】工具删除多余线段。选择 ↻【旋转】工具按住【Shift】键，进入【旋转】功能，将胸省合并。

⑥选择 ✂【剪断线】工具分别点击分割线的二段线，按右键结束连接成一条线。再用 ▶【调整】工具分别调顺分割线（图 8-110）。

⑦前下摆拼块、后下摆拼块、大袖里布、小袖里布均与相对应的面布一样，只是加放缝份不一样。

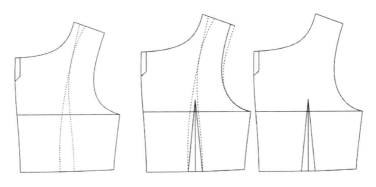

图 8-109　后片上拼块里布

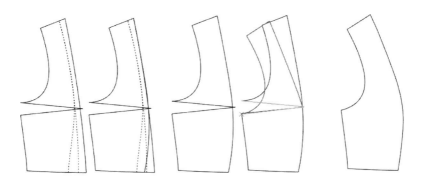

图 8-110　前侧片里布

（14）拾取纸样（图 8-111）。选择 ✂【剪刀】工具拾取纸样的外轮廓线，及对应纸样的省中线，击右键切换成拾取衣片辅助线工具拾取内部辅助线，并用 ▤【布纹线】工具将布纹线调整好。

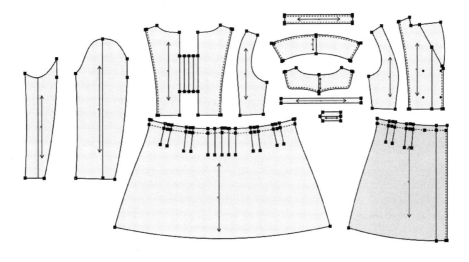

图 8-111

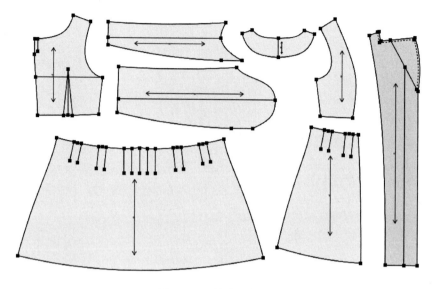

图 8-111　拾取纸样

（15）加缝份（图 8-112）。

①选择 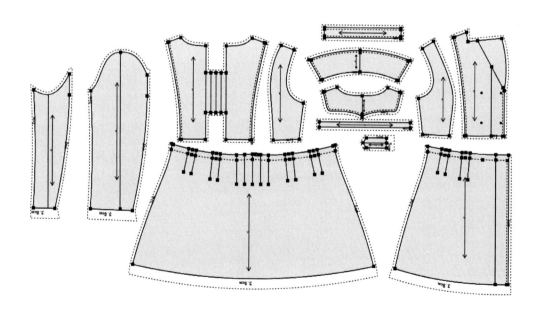【加缝份】工具，将工作区的所有纸样统一加 1cm 缝份。

②将后下拼块、前下拼块的下摆线和大袖、小袖袖口线、肩上装饰串带的缝份修改为 3.8cm。

③将大袖、小袖、大袖里布、小袖里布的拼缝起点缝份修改为直角的。

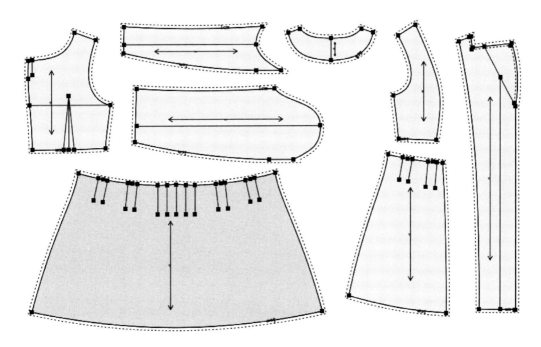

图 8-112　加缝份

思考与练习题

1. 运用富怡服装CAD，进行女西服练习训练。
2. 运用富怡服装CAD，进行连衣裙练习训练。
3. 运用富怡服装CAD，进行时装棉衣练习训练。
4. 运用富怡服装CAD，进行时装风衣练习训练。

实操篇——

工业样板制作流程与管理知识

> **课题名称：** 工业样板制作流程与管理知识
>
> **课题内容：** 1．工业样板的基本概念。
>
> 2．工业样板制作流程。
>
> 3．工业样板检查与复核。
>
> 4．板房管理知识。
>
> **课题时间：** 12课时
>
> **训练目的：** 了解工业样板的基本概念和工业样板制作流程，掌握工业样板检查与复核和工业样板管理知识等。
>
> **教学方式：** 讲授法、举例法、示范法、启发式教学、现场实训教学相结合。
>
> **教学要求：** 1．让学生了解工业样板的基本概念。
>
> 2．让学生了解工业样板制作流程。
>
> 3．让学生掌握工业样板检查与复核。
>
> 4．让学生掌握工业样板管理知识。

第九章　工业样板制作流程与管理知识

在服装批量生产中，样板具有重要的作用，它既是反映服装款式效果的结构设计图纸，又是进行裁剪和缝制加工的技术依据，还是复核检查裁片、部件规格的实际样模。因此在正式生产之前，要对样板进行复核与确认，以减少由于误差带来的不必要的损失。这种做法也同样适用单件加工，一套工业化样板由产生到确认，必须经过各项指标的复核与样衣确定才能投入正式生产。

板房是负责制板、样衣试制、推板、工艺流程设计、劳动定额设定、预算用料等相关生产技术资料的准备，并为工业化批量生产提供技术指导的技术部门。

工业样板制作是板房的工作重点，板房又是服装企业的核心部门，是为服装工业化生产提供技术指导的部门。做好板房管理工作是服装企业生产管理的首要工作。

第一节　工业样板的基本概念

一、服装工业样板概念和特征

1. 服装工业样板的概念

工业样板是指提供合乎款式要求、面料要求、规格尺寸要求的一整套利于裁剪、缝纫、后整理的样板。是成衣加工企业有组织、有计划、有步骤、保质保量地进行生产的保证。主要包含制板（打样母板）与推板（推档放缩）两个主要部分。是一套规格从小到大的系列化样板。

2. 工业样板的特征

（1）工业样板以结构图为基础，包含毛样板和净样板。

（2）工业样板是批量生产服装时裁剪衣片和缝样加工的技术依据，也是检验产品规格质量的标准，它起着图样和板型的作用。

（3）按照用途，工业样板可分为裁剪样板和工艺样板，按照制作程序又分为母板（中档或标准板）和规格系列样板。

（4）工业样板是一项技术性很强、要求很高的工作，要求做到精确、标准、齐全、一丝不苟。

二、工业样板与结构设计的区别与联系

结构设计（样图）在操作过程可省略其中的程序，如可直接在面料上进行操作（单件结构设计时）；而工业样板则必须严格按照规格标准、工艺要求进行设计和制作，样板上必须有相应合乎标准的符号或文字说明，还必须有严格的、详细的工艺说明书。其标准化、规范化极强。

1. 裁剪样板

裁剪样板主要用于批量裁剪，可分为面、里、衬等样板。

（1）面料样板：一般是加有缝份或折边等的毛板样板。

（2）衬里样板：主要是用于遮住有网眼的面料，衬里样板与面料样板一样大，通常面料与衬里一起缝合。

（3）里子样板：很少分割，里子缝份比面料样板的缝份大 0.5 ~ 1.5cm，在有折边的部位（下摆和袖口）里子的长短比衣身样板少。

（4）衬布样板：衬布有有纺或无纺、可缝或可粘之分，有毛板和净板。

（5）内衬样板：介于大身与里子之间，比里子样板稍大些。如各种絮填料。

（6）辅助样板：起到辅助裁剪作用，多数为毛板。

2. 工艺样板

工艺样板有利于成衣工艺在裁剪、缝样、后整理中顺利进行而需要使用的辅助性样板的总称。有定形样板、定位样板、修正样板等。

（1）定形样板：只用在缝制加工过程中，保持款式某些部位的形状不变，应选择较硬而又耐磨的材料。如袋盖板、领、驳头、口袋形状及小祥部件等。

（2）定位样板：主要用于缝样中或成型后，确定某部位、部件的正确位置，如门襟眼位、扣位板、省道定位、口袋位置等（绣花装饰等）。即半成品中某些部件的定位。

（3）修正样板：主要用于校正裁片。如：西服经过高温加压粘衬后，会发生热缩等变形现象，这就需要用修正样板进行修正。即主要用于面料烫缩后、确定大小、丝缕、对条格、标准大小和规定使用。

（4）辅助样板：与裁剪用样板中的辅助样板有很大的不同，只在缝制和整烫过程中起辅助作用。如在轻薄的面料上缝制暗褶后，为防止熨烫正面产生褶皱，在裥的下面衬上窄条，这个窄条就是起到辅助作用的样板，还有裤口等。

服装工业样板是服装生产中重要的技术文件，对服装生产起着标准和指导的作用，工业样板就是在服装结构制图的基础上，运用一系列技术手段制作的适合于工业化生产的服装样板和相关资料。工业样板在服装工业生产中起着标准化和模板的作用，投入工业生产使用的工业样板，必须经过严格的审核、确认。

上述这些服装工艺样板有各自的用途，每种样板随着服装工业的发展，有了不同的表现形式和使用方法，本文讨论的重点是服装工艺样板中定型样板的发展和变革，是服装生

产定规中画线定规的进化，画线定规一般用于服装生产中的缝制工序，在服装生产流水线中主要用于定型部位的制作，在很大程度上影响着生产的顺利进行以及服装产品的质量。

服装定型工艺样板一般为无缝份的净样板或能够绘制、制作出净样板线的样板，常用于控制服装某些部件的形状，如领子、驳头、袋盖、挂面、腰等，使这些部位形状准确、一致。

定型工艺样板不允许有误差，常规用无缩率的硬纸板制作，有些可以用砂纸制做（可以加大与布面的摩擦力，使定型工艺样板在使用过程中不会移动，确保准确性）。在设备不断更新的现代生产企业中，定型样板也随着设备的更新发生了重大的变革。

定型工艺样板主要的作用为控制和保证部位、部件的形状，制作出符合服装设计要求的相关部位、部件，起定型的作用。对于大批量工业生产，可以保障整个批次的服装有相同的外形轮廓和部位造型。在使用过程中，通常以沿定型工艺样板画出轮廓线的形式为主，生产时，沿画出的轮廓线缝制。使用砂纸制作的定型工艺样板在生产时，将砂纸定型工艺样板放置于需要定型的部位，沿砂纸外轮廓线缝制，缝合完毕后，取走砂纸，放于下一件服装继续制作。这两种定型工艺样板都能够起到一定的控制部位形状的作用，但是也都存在着批量使用时，会因为外轮廓磨损而影响服装部位形状的准确性问题。

第二节　工业样板制作流程

工业样板设计是将款式设计图上的效果图转化为结构图，然后复制裁片。在服装工业生产中，样板设计是一项关键性的技术工作，它不仅关系到服装产品是否能体现设计师的要求和意图，还对服装加工的工艺方法有很大的影响。同时，还会直接影响服装的外观造型。样板设计方法主要有原型法、比例分配法、基型法、立体裁剪法等。

一、样板的制作

1. 样板的纸质

样板在排料时，边缘易受磨损或变形，如果纸质太软，则难以用铅笔或画粉沿着样板的边缘将它勾画出来。

2. 样板的储存

如果样板储存不当，可能会受到损坏或遗失。损坏了的样板在排料时不易控制，会影响裁片的质量。如果样板遗失了，造成的损失将更大，除了重新裁剪造成时间、人力、物力的浪费外，漏裁的样板在补裁裁片时很可能使颜色主面与原来的不同，产生色差疵点。

3. 样板的准备

服装裁片很多都是左右对称的，例如左袖和右袖，为了节省时间和人力，通常只预备对称样板其中的一块，然后在上面写明需要裁剪的数量。

二、生产样板设计

生产样板是在初板样板基础上绘制的。初板样板是用于缝制样衣，由模特穿上样衣展示给客户以观看效果。两者有所不同。

（1）初板样板是根据模特体形制作的，生产样板则应根据销售区域的号型标准设计制作。

（2）样衣主要是由一位样衣缝纫工缝制的，而大批生产的服装则是在生产车间流水作业中分工制成的，两者的制作工艺极不相同。在制作生产样板时，要考虑适合大批量生产时的工艺。

（3）初板样板的结构设计未必是最合理、最省料的，生产样板设计要顾及在不改动样衣款式外形的基础上节省面料。

（4）设计人员可更改样衣样板上不太重要部位的分割线，使生产样板在排列时能合理节省面料。初板样板作修改时，须与设计师、排料工互相沟通。

服装工业样板设计（又称服装结构设计），首先应考虑衣身结构平衡设计。从人体工程学的角度出发，要考虑结构的合理布局，省、褶的技巧处理。在服装结构设计中，应该根据服装款式设计要求对胸省进行移位设计，这样才能保障胸省塑造出胸部形体的同时，产生款式线的变化，形成多样化的美感效果。胸省移位的方法，主要采取剪折法和旋转法。

服装样板设计是一项要求很高的技术，也是塑造服装品牌风格的重要手段。因此，在进行设计时要将制好的结构图分割复制成裁片，并进行校核或"人体假缝"。这些工作都是为了头板样衣能够达到设计的预期效果。从这方面来说，服装结构设计师除了要有很强的服装工艺基础外，还要有从平面到立体，从三维到人体的转换思维和空间设计思维才行。

三、样板记录登记

服装生产企业应保存一份样板并记录登记，即记录每一套样板裁片的状况，并对以下各项资料进行登记。

（1）样板编号和服装款式。

（2）样板裁片的数量。

（3）绘制样板的日期。

（4）客户名称。

（5）样板发送至裁剪部的日期。

（6）样板从裁剪部收回的日期。

（7）负责人签名，证实所载资料正确无误。

（8）关于样板破损或遗失等状况及是否需要再补制，用备注形式登记。

四、工业样板制作流程

1. 头板样板设计

根据设计手稿或客户制单要求，进行样板绘制。在进行样板绘制时要充分考虑其工艺处理、面料的性能、款式风格特点等等因素。

2. 试制样衣

样板绘出后，必须通过制作样衣检验前面的服装设计和样板设计工序是否合乎要求，或看订货的客户是否满意。如不符合要求，则需分析是何处发生问题。若是设计的问题，需重新设计款式。若是样板出现问题，如制成的样衣没能体现出设计师的思想，或是样板本身不合理，或样衣版型不好，制作工艺复杂等，则需修改样板，直到制成的样衣符合要求为止。

3. 推板（又称放码）

当样衣被认可符合要求之后，便可根据确认的样衣样板和相应的型号规格系列表等推放出所需型号的样板。

基型样板的尺寸常选用中心型号（女装 160/84A）的尺寸，这样便于后面的推板工作。一般在前面绘制样板时，其规格尺寸就选用中心型号的尺寸，以便减少重复工作。

在已绘制好的基型样板基础上按照型号规格系列表进行推板和卸板，最后得到生产任务单中要求的各种规格的生产系列样板，供后面排料、裁剪及制定工艺等工序使用。

4. 制定工艺

根据服装款式或订单的要求、国家制定的服装产品标准，并根据生产企业自身的实际生产状况，由技术部门确定某产品的生产工艺要求和工艺标准（如裁剪、缝制、整烫等工艺要求）、关键部位的技术要求、辅料的选用等内容，制定服装生产工艺单（表9-1）和面/辅料用量明细表（表9-2）。此外，技术部门还应制定出缝纫工艺流程等有关技术文件，以保证生产有序进行，有据可依。

表9-1　服装生产工艺单

深圳市 ×××× 时装有限公司——生产工艺单								
设计师		制板师		工艺师		单位		cm
款号	C0000028	制单号	C0028	款式	时装裙	制单日期		
下单细数				布样	款式图			
颜色	S	M	L	XL	合计	（略）		
玫红					700			
绿色					500			
黑色					600			
蓝色					600			
比例	1	3	4	4			正面	背面
合计	请按以上比例分配				2400			

续表

深圳市 ×××× 时装有限公司——生产工艺单										
成衣尺寸表										
部位	度量方法	S	M	L	XL	部位	度量方法	S	M	L	XL
裙长	腰头至下摆	54	56	58	60	腰围	全围	66	70	74	78
臀围	全围	88	92	96	100	摆围	全围	94	98	102	104

工艺要求	
裁床	面料先缩水，松布后 24 小时开裁，避边差，段差，布疵。大货测试面料缩率后按比例加放后方可铺料裁剪
黏衬部位（落朴位）	腰头、后片装饰袋盖、粘衬。黏衬要牢固，勿渗胶
用线	明线用配色粗线，暗线用配色粗线。针距：2.5cm；12 针
缝份	整件缝份按 M 码样衣缝份制作，拼缝顺直平服，所有明线线路不可过紧要美观压线要平服，不可起扭，线距宽窄要一致
前片	1. 按照对位标记收好侧缝上的省，省尖不可起窝 2. 前片贴袋根据实样包烫好后，按照对位标记车好前片贴袋。不可外露缝份，完成袋口平服，左右贴袋位置对称 3. 前中缉明线，门襟根据实样缉明线 4. 门襟拉链左盖右，搭位 0.6cm，装里襟一边拉链压子口线，装单门襟一边拉链车双线，门襟用拉链牌实样车单线，车线圆顺，不可起毛须，装好拉链平服，里襟盖过门襟贴，门里襟下边平车订位
后片	1. 后育克（后机头）缉明线，拼接后中左右育克拼缝要对齐 2. 后片装饰袋盖按实样底面做运反，按对点标记装饰袋盖，袋盖一周缉明线，完成不可外露缝份 3. 后片装饰条要平服于后片上，不能有宽窄或起扭现象 4. 后片装饰条按纸样上标记打好鸡眼，鸡眼穿绳子；并把绳子系成蝴蝶状
下摆	下摆环口缉 2cm 宽单线，缉线圆顺，不可宽窄或起扭
腰头	1. 腰头按实样包烫，腰头在与裙片缝合时要控制好腰围尺寸 2. 按对位标记装好串带（耳仔），装腰一周缉线，底面缉线间距保持一致，装好腰头要平服，不可有宽窄或起扭，两头不可有高低或有"戴帽"现象
整体要求	整件面不可驳线，跳针，污渍等，各部位尺寸跟工艺单尺寸表核准，里布内不可有杂物
商标吊牌	商标、尺码标、成份标车于后腰头下居中
锁订	1. 鸡眼 ×30（要牢固，位置要准） 2. 纽扣 ×6
后道	修净线毛，油污清理干净，大烫全件按面料性能活烫，平挺，小心不可起极光
包装	单件入一胶袋，按分码胶袋包装，不可错码
备注	具体工艺做法参照纸样及样衣，如做工及纸样有疑问，请及时与跟单员联系

表9-2　面/辅料用量明细表

深圳市 ××××时装有限公司——面/辅料用量明细表							
款示	时装裙	面料主要成分				款号	C0000028
名称		颜色搭配	规格（M#）	单位	单件用量	用法	款示图（正面）
面料		玫红		米			
		绿色		米			
		黑色		米			
		蓝色		米			
衬布		白色		米			
拉链		配色		条	1	前中	
纽扣		黑色	20#	粒	1	腰头	
装钉纽扣		黑色	20#	粒	3	串带	款示图（背面）
装饰纽扣		黑色	20#	粒	2	袋盖	
鸡眼		配色		套	30		
装饰绳		配色		条	2		
商标				个	1		
尺码标				个	1		
成分标				个	1		
吊牌				套	1		
包装胶袋				个	1	辅料实物贴样处	
具体做法请参照纸样及样衣							
大货颜色		下单总数	用线方法				
绿色		700	面料色		面线	底线	
黑色		500					
玫红色		600					
蓝色		600					
备注							
设计部			技术部			样衣制作部	
材料管理部			生产部			制作日期	

第三节　工业样板检查与复核

　　工业样板制作过程大致如下：将标准净样板描在牛皮纸或质地坚韧的纸板上然后在每片样板上标注名称、号型规格、直纱符合，加放需要的缝份、折边，确定对位标记；以头样样板结构图为基础，制作出挂面样板（有足够的里外容量）、里布样板和衬料样板（又称朴样）；按款式要求配置零部件样板、有领里、领面、领衬、袋盖面、袋片样板均需完整并标注直纱符合，还需有准确的缝份及缝份标记。

样板的结构设计是否符合款式的造型效果，就是人们常说的"板型"如何。在规格和款式相同的条件下，不同打板师制板会出现不同的板型效果，工业样板设计实践证明，只有经过样衣制作，反复验证产品外形、内外结构造型、结构组合、号型规格、细部尺寸、材料性能及工艺标准等是否达到款式设计要求，如果有任何不满意之处，都要分析其原因，修正样衣和样板结构，使其板型达到预期效果为止，被修正之前的样板称为"头板"或"基础样板"，修正之后的样板称为"复板"或"标准样板"，样板可分为净缝（未加缝份）和毛缝样板（已加缝份）二种。样板结构设计时通过添加外处理，并赋予一定的技术内涵，再通过样衣检验合格则成为生产样板（加过缝份的样板）。

一、工业样板复核

1. 主要规格与细部尺寸

样板主要部位的规格必须与设计规格相同，检查的内容包括长度、宽度和围度。长度包括衣长、裤长、裙长、袖长、腰节长、立裆等，围度包括胸围、腰围、臀围、裤口围、袖口围等（后两项列入"宽度"亦可）。检查方法是用软尺测量各片样板的长度、宽度和围度，并计算其总量是否符合规格要求。有缩水的面料样板要预加好缩水量。

细部尺寸指袖窿深、吸腰量、分割缝和省缝位置、袋位、袋盖、纽扣等尺寸，它们虽然不直接影响服装的长短胖瘦，却对服装舒适感和整体风格起着不可忽视的作用。

2. 相关结构线的检查

相关结构线是指服装样板中处于同一部位，经过缝合而成为一个整体的结构线。这种缝合存在着长度和形态两方面的组合关系，处理好这种组合关系，对于满足服装局部造型，达到整体结构协调起着重要的作用。

3. 等长结构线组合

服装的侧缝线、分割缝一般要求平缝组合，平缝要求组合处上下两层的缝边长度一致，而缝边形状有两种：一种是形状相同，另一种是形状互补，同时保持长度相等。

4. 不等长结构线组合

不等长结构线组合是出于局部塑型的需要而设计的，可分为体型需要、装饰需要和造型需要。

（1）体型需要：二片袖的大、小前袖缝，大袖略短于小袖0.3cm左右，缝合时拔直拔长大袖的袖肘部分与小袖组合，符合手臂前肘部形态；大、小后袖缝则大袖长于小袖，缝合时大袖肘部归短与小袖组合，符合手臂、手肘部形态。

（2）装饰需要：分割片需缝褶之后与另一片组合。

（3）造型需要：根据服装款式造型所做的工艺处理。

总之，相关结构线的组合应根据各种需要决定组合形状，组合形式主要包括平缝组合、吃势组合、拔开组合、吃势组合及里外匀组合五种形式，各种形式的相关结构线组合之后，都在边端出现第三条线。由于论底边，这些都要求第三线呈"平角"形态，不得有凸角或凹角，如果出现应及时修正，使外观平滑直顺美观。

二、对位标记的检查

对位标记是确保服装质量所采取的有效措施，有两种形式：一种是缝合线对位标记，通常设在凹凸点、拐点和打褶范围的两端，主要起吻合点作用，例如装袖吻合点、缩袖标点，设在前袖窿拐点和前袖山拐点处，袖山顶点（凸点）与肩缝对位等，当缝合线较长时，可用对位标记（打三角口或直刀口）分几段处理，以利于缝合线直顺，另一种用于样板中间部位的定位，如省位、纽位等。

三、样板纱向的检查

样板上标注的纱向与裁片纱向是一致的，它是根据服装款式造型效果确定的，不得擅自更改或遗漏，合理利用不同纱向的面、辅料、是实现服装外观与工艺质量的关键因素。

1. 纱向概念

经纱（直纱）是指裁片的经纱长于纬纱和斜纱，纬纱（横纱）是指裁片的纬纱长于经纱和斜纱，斜纱是指裁片的斜纱长于经纱和纬纱。

2. 纱向性能

经纱（直纱）挺拔、垂直、强度大、不易抻长；斜长富于弹性和悬垂性，尤其是正斜纱（45°）有很好的弹性；横纱性能介于直纱与横纱之间，略有弹性、丰富自然，更接近直纱。

3. 纱向使用原则

要求服装强度大且有挺拔感的前后衣片、裤片、袖片、过肩、腰头、袖克夫、腰带、立领等，均采用直纱（经纱）；要求自然悬垂有动感的斜裙、大翻领以及格、条料裁片或滚条、荡条等均采用斜纱；对要求有一定的弹性和一定强度的袋盖、领面均可采用横纱。对于有毛向面料（如丝绒、条绒）应注意毛向一致，可避免因折光方向不同产生色差。

四、缝边与折边的复核

缝份大小应根据面料薄厚及质地疏密、服装部位、工艺档次等因素确定。薄、中厚服装可分别取 0.8cm、1cm、1.5cm，质地疏松面料可多加 0.3cm 左右。在缝合线弧度较大的部位缝份可略窄，为 0.8cm 左右，如袖窿弯、大小裆弯、领口弯等处，在直线缝合处的缝份可适当增大，为 1 ~ 1.5cm。高档服装由于耐穿，一般在围度方面放肥，则在上衣侧缝、裤子下裆缝和后裆缝等处多放为 1 ~ 1.5cm。在批量生产中，为了提高工作效率，大多数款式的服装有时采取缝份尽量整齐统一的做法，例如多以 1cm 为标准，这并不影响产品质量的标准化。总之缝份应根据多种因素灵活确定，检查缝份时，除了宽窄适度以外，还应注意保持某部位的缝份宽窄一致。折边量为 2.5 ~ 4.5cm，可根据款式需要确定。

五、样板总量的复核

复核样板分为基础板（又称母板）与系列样板复核，工业样板包括面布样板、里布样板、衬布样板（又称朴样）、部件样板（领、袖克夫等）、零料样板（袋布、串带等）、部件毛样板和工艺净样板（又称工艺清剪样）等。复核时要做到种类齐备、数量完整，并分类编号管理。

六、工业样板的分类管理

工定生产样板要非常规范完整，因为裁剪操作人员必须按照样板符号和数量去排料裁剪。工业样板必须是包含缝份的样板，包括面布样板、里布样板、衬布样板、辅料（袋布、袋盖、袋口衬、袖口衬、底摆衬等）样板、部件样板（如领、袋盖）等，同时要求它们之间不可随意代替，各种样板的缝份（包括里外匀缝份）、尺寸、组合关系等各项指标必须标准完善，在管理上可用编号、字母进行归类管理。

工业生产样板还要求标注必要的文字，主要有以下内容：产品名称、号型名称、号型规格、样板名称、片数、样板的直纱方向，不对称款式式需标注反面，如有进行颜色或面料搭配的款式，要在配料（色）的样板上注明，完成文字标注和编号之后，将各片样板用打孔器打 0.5cm 的圆孔，用样板钩悬挂起来，不同款式的样板要分别排列，便于使用和管理。

第四节　板房管理知识

服装板房是服装企业的核心部门，其管理工作涉及样板管理、技术控制、生产管理、成本管理等方面的内容。

服装企业组织机构的设计，按照企业的规模和经营方式的不同可划分为品牌运营企业、加工生产型企业、中小产销型企业。这 3 种企业中，板房是不可缺少的一个部分，起到至关重要的作用。

一、样板与样衣管理

样板（样板）是服装生产过程中的技术依据。是产品规格质量的直接衡量标准。制板是工业化生产中的一个重要技术环节。制板师根据设计师或客户的服装款式要求，依据人体穿着需要，通过数据公式计算或立体构成的方法，分解为平面的服装结构图形，并结合服装工艺要求加放缝份制作成样板。

样衣是在投入批量生产前的试制样品。通过试穿看效果进行修改，初次制作样衣所用的材料、板型和工艺未必能达到设计师所要求的结果。当样衣未达到预先设计的效果时，则需要调整样板，更换材料或工艺等。进行样衣重制，直至达到设计要求为止。

在服装企业中，样板和样衣一般都是由板房负责存放及管理。样板和样衣的正确管理是保证产品质量、避免生产出错的重要手段之一。也方便追加订单时使用。

1. 样板与样衣存放

对于使用服装CAD的企业来说，样板的管理工作就会省事些。为了避免电脑中毒所带来的不必要的损失，使用服装CAD的企业，对每一款合格样板或排料图文件都要用移动硬盘备份。保存电脑文件时要按照款式特点分类，保存每个文件最好用款号作为文件号，这样便于以后追加订单使用时好快速找到文件。

没有使用服装CAD的企业，样板与样衣的存放均要把样板按照品名、款号、规格、样板数量、使用情况、存放位置进行详细登记。样板要存放在整洁通风、干燥的环境中。特别要注意防潮、防霉、防虫蛀。同时，样板吊挂时应在适当位置打孔穿绳。样板应保持完整。当外借归还时，应认真清点样板数量，检查完好性。

2. 样板与样衣领用管理

样板与样衣在工业化生产中占有重要的地位，任何样板的短缺、损坏或样衣遗失都会给生产带来巨大损失。建立样板与样衣领用管理制度，是跟踪样板与样衣的走向与使用情况的必要手段。对领用信息要造册登记管理。使用服装CAD的企业，服装样板电脑文件未经公司批准不得通过网络传输外泄。所以，大部分使用服装CAD的企业板房是不通网络的。

领用样板和样衣必须凭生产通知单或公司批条方可从板房领取，同时必须填写领用记录单。领出或归还应清点数量，查看是否有出入，领用的样板或样衣品名、款式必须与所持生产通知单吻合。

3. 样板与样衣使用要求

样板与样衣在使用期间，应该由领用部门妥善保管，不得损坏或遗失。样板设计属于企业内部的机密技术文件，任何人不得出借或外泄给第三方，也不可以与不同款式的样板混放，避免差错。为了避免各款式之间的样板混淆，每片样板上均要标注款号名。样板使用过程中如发生损坏，应及时上报，并由相关技术人员负责复制。使用完毕后，尽快如数归还，并办理归还手续。

二、板房生产管理

生产管理是对企业生产系统的设置和各项管理工作运行的总称。板房通过生产组织工作，按照企业生产要求，设置技术上可行，经济上合算、技术条件和生产环境允许的生产系统。通过生产计划工作，制定生产系统优化方案，通过生产控制工作，及时有效地调节生产过程中的内外关系。使生产系统运行符合既定生产计划要求。实现预期生产的品种、质量、产量、生产周期和生产成本的目标。生产管理的目的在于，做到投入少，产出多，取得最佳的经济效益，提高企业生产管理效率。有效管理生产过程的信息，是提升企业竞争力的保障。小规模的板房由于岗位少，各岗位的责任比较清晰，便于管理。大型的板房的组织机构则比较复杂，应由生产部门经理统一协调各部门各尽其职，管理好各职能部门的生产进度和生产质量。

1. 板房人员配置与管理

企业的生产计划是关于企业生产运作系统总体方面的计划，是企业在计划内应达到的产品品种、质量、产量和产值等生产任务的计划和对产品生产进度的安排。板房岗位及人员配置是企业根据目标和生产任务的需要，正确选择、合理使用员工，以合适的人员去完成组织结构中规定的各项生产任务。从而保证整个企业目标和各项任务完成的职能活动。通常多品种、小批量的生产形式，需要多配置制板师、放码员、工艺员、样衣工。少品种、大批量的生产形式，板房的人员配置要相对减少。

2. 板房的生产控制

生产控制贯穿于生产系统运作的始终。生产系统凭借控制的动能，监督、制约和调整系统的各环节，使生产系统按计划运行。板房中比较重要的生产进度控制，包括从接到客户订单到物料订购、制板、样衣试制、样衣确认、裁剪、缝制、整烫、包装出货等全过程的时间控制。板房接到生产通知或设计部的设计稿后，应根据各订单的缓急程度，做好制板、样衣缝制、推板、编写生产艺单等工作的安排，以确保各项工作按期完成。

3. 工艺文件的执行

工艺文件是将产品制造工艺过程的各项内容和要求按照一定的程序进行编制，并以标准的文件形式固定下来形成文本。它是组织和指挥生产的重要文件。

工艺文件必须签发到各车间班组，使整个生产流程中和每个部门都能掌握本产品的生产技术要求，明确各岗位的技术责任。在下达工艺技术文件的同时，板房需派出技术人员向车间主任或班组长解说工艺技术文件的每项细则。

三、板房成本管理

成本管理是指企业生产经营过程中各项成本核算、成本分析、成本决策和成本控制等一系列科学管理行为的总称。

1. 样衣试制的成本控制

样衣试制是生产成本的一个重要组成部分，主要包括材料成本和加工成本。材料成本包括样衣试制的面、辅料材料，制板所需的纸张等。加工成本包括直接成本和间接加工成本。直接加工成本指支付给员工的工资和福利待遇；间接加工成本包括设备折旧费、水电费、税率、办公等易耗品费用。

材料成本和直接加工成本是样衣试制的主体部分，也是实施样衣试制成本控制的主要对象。

2. 建立成本管理机制

企业应在内部施行成本管理机制，严格控制成本开支范围。挖掘降低成本的潜力，提高经济效益。最重要的就是建立成本管理机制，编制成本计划。

3. 大货生产成本控制

板房是服装企业的技术部门，为大货生产做完备的前期工作及技术指导工作。板房的各项工作中，制板工作对大货生产成本的节约具有深远的意义。板房的工艺单编写，要考虑是否符合工业化流水作业的要求，尽可能地提高工艺单流水作业的效率。板房的一切工作，应考虑到对大货生产所带来的影响。

思考与练习题

1. 简述服装工业样板的基本概念。
2. 简述工业样板制作流程。
3. 工业样板检查与复核有哪些内容？

附录1　富怡服装 CAD 软件 V9 版本快捷键介绍

附表1　设计与放码系统的键盘快捷键

A	调整工具	B	相交等距线
C	圆规	D	等份规
E	橡皮擦	F	智能笔
G	移动	J	对接
K	对称	L	角度线
M	对称调整	N	合并调整
P	点	Q	等距线
R	比较长度	S	矩形
T	靠边	V	连角
W	剪刀	Z	各码对齐
F2	切换影子与纸样边线	F3	显示／隐藏两放码点间的长度
F4	显示所有号型／仅显示基码	F5	切换缝份线与纸样边线
F7	显示／隐藏缝份线	F9	匹配整段线／分段线
F10	显示／隐藏绘图纸张宽度	F11	匹配一个码／所有码
F12	工作区所有纸样放回纸样窗	【Ctrl】+F7	显示／隐藏缝份量
Ctrl+F10	一页里打印时显示页边框	【Ctrl】+F11	1∶1显示
Ctrl+F12	纸样窗所有纸样放入工作区	【Ctrl】+N	新建
Ctrl+O	打开	【Ctrl】+S	保存
Ctrl+A	另存为	【Ctrl】+C	复制纸样
Ctrl+V	粘贴纸样	【Ctrl】+D	删除纸样
Ctrl+G	清除纸样放码量	【Ctrl】+E	号型编辑
Ctrl+F	显示／隐藏放码点	【Ctrl】+K	显示／隐藏非放码点
Ctrl+J	颜色填充／不填充纸样	【Ctrl】+H	调整时显示／隐藏弦高线
Ctrl+R	重新生成布纹线	【Ctrl】+B	旋转
Ctrl+U	显示临时辅助线与掩藏的辅助线	【Shift】+C	剪断线
Shift+U	掩藏临时辅助线、部分辅助线	【Shift】+S	线调整 ↑*
Ctrl+Shift+Alt+G	删除全部基准线	【Esc】	取消当前操作
Shift	画线时，按住【Shift】键，在曲线与折线间转换／转换结构线上的直线点与曲线点		
【Enter】键	文字编辑的换行操作／更改当前选中的点的属性／弹出光标所在关键点移动对话框		
【X】键	与各码对齐结合使用，放码量在X方向上对齐		
【Y】键	与各码对齐结合使用，放码量在Y方向上对齐		
【U】键	按住【U】键的同时，单击工作区的纸样可放回到纸样列表框中		

说明：1. 按【Shift】+U，当光标变成 后，单击或框选需要隐藏的辅助线即可隐藏。

2. F11：用布纹线移动或延长布纹线时，匹配一个码／匹配所有码；用 T 移动 T 文字时，匹配一个码／所有码；用橡皮擦删除辅助线时，匹配一个码／所有码。

3. ***：当软件界面的右下角 数字 cm 有一个点时，匹配当前选中的码，右下角 数字 cm 有三个点显示时，匹配所有码。

4. Z 键各码对齐操作

（1）用 【选择纸样控制点】工具，选择一个点或一条线。

（2）按【Z】键，放码线就会按控制点或线对齐，连续按【Z】键放码量会以该点在 XY 方向对齐、Y 方向对齐、X 方向对齐、恢复间循环。

5. 鼠标滑轮

在选中任何工具的情况下，向前滚动鼠标滑轮，工作区的纸样或结构线向下移动；向后滚动鼠标滑轮，工作区的纸样或结构线向上移动；单击鼠标滑轮为全屏显示。

6. 按【Shift】键

向前滚动鼠标滑轮，工作区的纸样或结构线向右移动；向后滚动鼠标滑轮，工作区的纸样或结构线向左移动。

7. 键盘方向键

（1）按上方向键，工作区的纸样或结构线向下移动。

（2）按下方向键，工作区的纸样或结构线向上移动。

（3）按左方向键，工作区的纸样或结构线向右移动。

（4）按右方向键，工作区的纸样或结构线向左移动。

8. 小键盘 + −

（1）小键盘 + 键，每按一次此键，工作区的纸样或结构线放大显示一定的比例。

（2）小键盘 − 键，每按一次此键，工作区的纸样或结构线缩小显示一定的比例。

9. 空格键功能

（1）在选中任何工具情况下，把光标放在纸样上，按一下空格键，即可变成移动纸样光标；

（2）在使用任何工具情况下，按下空格键（不弹起）光标转换成放大工具，此时向前滚动鼠标滑轮，工作区内容就以光标所在位置为中心放大显示，向后滚动鼠标滑轮，工作区内容就以光标所在位置为中心缩小显示。单击右键为全屏显示。

10. 对话框不弹出的数据输入方法

（1）输一组数据：敲数字，按【Enter】键。

例，用智能笔画 30cm 的水平线，左键单击起点，切换在水平方向输入数据 30，按回车键即可。

（2）输两组数据：敲第一组数字，按【Enter】键，按第二组数字，按【Enter】键。

例如，用矩形工具画 24×60 的矩形，用矩形工具定起点后，输 24，按【Enter】键，

输 60，按回车键即可。

11. 表格对话框右击菜单

在表格对话框中的表格上单击右键可弹出菜单，选择菜单中的数据可提高输入效率。如在表格输 1 寸 8 分 3，操作方法，在表格中先输"1."再击右键选择 3/8 即可。

附表 2　排料系统的键盘快捷键

Ctrl+A	另存	【Ctrl】+D	将工作区纸样全部放回到尺寸表中
Ctrl+I	纸样资料	【Ctrl】+M	定义唛架
Ctrl+N	新建	【Ctrl】+O	打开
Ctrl+S	保存	【Ctrl】+Z	后退
Ctrl+X	前进	【Alt】+1	主工具匣
Alt+2	唛架工具匣 1	【Alt】+3	唛架工具匣 2
Alt+4	纸样窗、尺码列表框	【Alt】+5	尺码列表框
Alt+0	状态条、状态栏主项	F5	刷新
空格键	工具切换（在纸样选择工具选中状态下，空格键为放大工具与纸样选择工具的切换；在其他工具选中状态下，空格键为该工具与纸样选择工具的切换）		
F3	重新按号型套数排列辅唛架上的样片		
F4	将选中样片的整套样片旋转 180 度		
Delete	移除所选纸样		
双击	双击唛架上选中纸样可将选中纸样放回到纸样窗内；双击尺码表中某一纸样，可将其放于唛架上		
8 2 4 6	可将唛架上选中纸样作向上【8】、向下【2】、向左【4】、向右【6】方向滑动，直至碰到其他纸样		
5 7 9	可将唛架上选中纸样进行 90 度旋转【5】、垂直翻转【7】、水平翻转【9】		
1 3	可将唛架上选中纸样进行顺时针旋转【1】、逆时针旋转【3】		

说明：1. 9 个数字键与键盘最左边的 9 个字母键相对应，有相同的功能，对应如下图。

1	2	3	4	5	6	7	8	9
Z	X	C	A	S	D	Q	W	E

2.【8】&【W】、【2】&【X】、【4】&【A】、【6】&【D】键跟【NUM LOCK】键有关，当使用【NUM LOCK】键时，这几个键的移动是一步一步滑动的，不使用【NUM LOCK】键时，按这几个键，选中的样片将会直接移至唛架的最上、最下、最左、最右部分。

3.【↑】可将唛架上选中纸样向上移动、【↓】向下移动、【←】向左移动、【→】向右移动，移动距离为一个步长，无论纸样是否碰到其他纸样。

附录2 富怡服装 CAD 软件 V9 增加功能表

附表3 V9 版本新增功能

设计	1	在不弹出对话框的情况下定尺寸	制作结构图时，可以直接输数据定尺寸，提高了工作效率
	2	就近定位	在线条不剪断的情况下，能就近定尺寸。如下图所示
	3	自动匹配线段等分点	在线上定位时能自动抓取线段等分点
	4	曲线与直线间的顺滑连接	一段线上部分直线部分曲线，连接处能顺滑对接，不会起尖角
	5	调整时可有弦高显示	CL=22.14cm H=2.26cm
	6	文件的安全恢复	V9 每一个文件都能设自动备份
	7	线条显示	线条能光滑显示
	8	右键菜单	右键菜单显示工具能自行设置
	9	圆角处理	能做不等距圆角
	10	曲线定长调整	在长度不变的情况调整曲线的形状
	11	荷叶边	可直接生成荷叶边纸样
	12	自动生成朴、贴	在纸样上能自动生成新的朴样、贴样
	13	缝迹线 绗缝线	V9 有缝迹线、绗缝线并提供了多种直线类型、曲线类型，可自由组合不同线型。绗缝线可以在单向线与交叉线间选择，夹角能自行设定
	14	缩水	在纸样上能局部加缩水
	15	剪口	在袖子、在大身上同时打剪口
	16	拾取内轮廓	可做镂空纸样
	17	线段长度	纸样的各线段长度可显示在纸样上
	18	纸样对称	关联对称，在调整纸样的一边时对称的另一边也在关联调整
	19	激光模板	是用于激光切割机切割样板的。就是可以按照样板外廓形状来切割纸样
	20	角度基准线	在导入的手工纸样上作定位线
	21	播放演示	有播放演示工具的功能
手工纸样的导入		数码输入	通过数码相机把手工纸样变成电脑中的纸样
放码	1	自动判断正负	点放码表放码时，软件能自动判断各码放码量的正负

放码	2	边线与辅助线各码间平行放码	纸样边线及辅助线各码间可平行放码
	3	分组放码	V9 有分组放码，可在组间放码也可在组内放码
	4	文字放码	T 文字的内容在各码上显示可以不同，及位置也能放码
	5	扣位、扣眼	放码时在各码上的数量可不同
	6	点随边线段放码	放码点可随线段按比例放码
	7	对应线长	根据档差之和放码
	8	档差标注	放码点的档差数据可显示在纸样上
改版	1	影子	改版时下方可以有影子显示，对纸样是否进行了修改一目了然。多次改版后纸样也能返回影子原形
	2	平行移动	调整纸样时可沿线平行调整
	3	不平行移动	调整纸样时可不平行调整
	4	放缩	可整体放缩纸样
	5	角度放码	放码时可保持各码角度一致
	6	省褶合并调整	在基码上或放了码的省褶上，能把省褶收起来查看并调整省褶底线的顺滑
	7	行走比拼	用一个纸样在另一个样上行走并调整对接线圆顺情况
排料	1	超排	能避色差，捆绑，也可在手工排料的基础上超排，也能排队超排
	2	绘图打印	能批量绘图打印
	3	虚位	对工作区选中纸样加虚位及整体加虚位
绘图	1	输出风格	有半刀切割的形式
	2	布纹线信息	网样或输出多个号型名称
	3	对称纸样	绘制对称纸样可以只绘一半

附录 3 富怡服装 CAD 系统键盘快捷键介绍

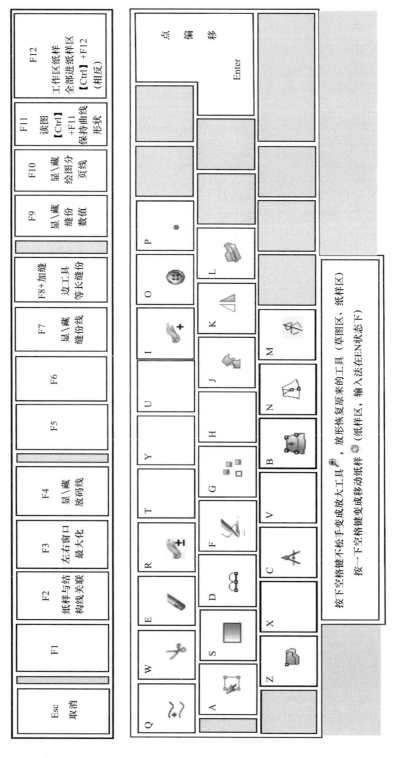

1. T 单项靠边 2. H 双向靠边 3. V 连角 4. ←↑→↓用于上下左右移动工作区
5. 【Ctrl】+2 线上加两等距点 6. 小键盘 +- 随着光标所在位置【+】放大显示【-】缩小显示。
7. 修改工具在自由设计法中按【Ctrl】键左键框选可同步移动所选部位，右键单击某点对该点进行偏移。

按下空格键不松手变成放大工具，放形恢复原来的工具（草图区、纸样区）
按一下空格键变成移动纸样（纸样区，输入法在EN状态下）

后记

　　服装设计界是一个充满诱惑的行业。当模特们穿着最流行的时装在T台上展示时，很少有人能够按住此刻激动的心情，因为这是一个放飞梦想的时刻。当今社会浮华的事情太多，急功近利的事情也太多。很多人已经不能够静下心来，脚踏实地地把一事情做得尽善尽美了，尤其是在服装设计界光鲜靓丽的背后，更是需要无尽的付出。写一本实用的服装设计类的图书更是需要大量的精力和时间的付出。在一张张美妙的服装设计效果图背后，都是一个个不眠之夜。幸好我的爱好和工作是重叠的，才使得我在乏味的写作过程中，能有快乐的创作激情完成本书的编写。

　　在教材的编写过程中，我力求做到在教材的编写内容体现"工学结合"，力求取之于工，用之于学。既吸纳本专业领域的最新技术，坚持理论联系实际、深入浅出的编写风格，又以大量的实例介绍了工业纸样的应用原理、方法与技巧。如果本书对服装职业的教学有所帮助，那我将非常欣慰。同时，希望本书能成为服装职业的教学体制改革道路上的一块探路石，以引出更多更好的服装教学方法，共同推动中国服装职业教育的发展。

　　本书出版后，我将继续编著服装专业书，欢迎广大读者朋友提出宝贵的建议或意见，作者不胜感激！

　　本人长期从事高级服装设计和板型的研究工作，积累了丰富的实践操作经验。为了做好服装教材研究与辅导工作，作者特创立了广东省时尚服装研究院和中国服装网络学院（网址：www.3d-zj.com），读者在操作过程中，如有疑问可以通过中国服装网络学院向陈老师求助。中国服装网络学院不定期增加新款教学视频。欢迎广大服装爱好者与我们一起探讨服装设计和服装技术的相关问题。

作　者

2015 年 1 月